이해평

소방유체역학

Fire service fluid mechanics

화수목

Preface

소방은 인간의 생명과 재산을 보호하는 필수적인 분야이며, 현대 사회에서 그 중요성은 더욱 커지고 있습니다. 산업이 발전하고 도시화가 가속됨에 따라 화재 및 각종 재난의 위험성이 증가하고 있으며, 이를 효과적으로 예방하고 대응하기 위해서는 체계적인 이론과 실무적 역량을 갖춘 전문가가 반드시 필요합니다. 이에 본 도서는 소방공학을 전공하는 대학생뿐만 아니라, 소방공무원 임용시험과 소방설비기사 및 소방기술사와 같은 자격시험을 준비하는 이들에게도 실질적인 도움을 줄 수 있도록 구성하였습니다.

이 책은 소방학의 기초 개념을 충실히 다루면서도, 실무에서 활용할 수 있는 법규 및 시설 운용지식을 포함하여 보다 균형 잡힌 학습이 이루어질 수 있도록 하였습니다. 특히, 최근 시험 출제 경향을 반영하여 필수적으로 숙지해야 할 개념을 강조하고, 소방 관련 법령과 기술적 요소를 체계적으로 정리하여 학습의 효율성을 높이고자 하였습니다.

본 도서는 크게 다섯 개의 부분으로 구성되어 있습니다. 첫째, 소방학의 개론과 행정 분야를 통해 소방이 역사적으로 어떻게 발전해 왔으며, 현재 어떤 조직 체계를 갖추고 있는지를 설명합니다. 또한, 소방공무원법과 화재 예방, 소방시설 설치·유지 및 안전관리에 관한 법률, 위험물안전관리법 등 주요 법규를 포함하여 소방 관련 제도를 폭넓게 이해할 수 있도록 하였습니다.

둘째, 연소 및 화재이론에서는 연소의 원리와 화재의 발생 과정, 폭발 메커니즘, 연소생성물의 특성 등 기초적인 과학 원리를 다룹니다. 화재는 단순히 불이 나는 현상이 아니라, 물리적·화학적 과정을 포함한 복잡한 현상이므로 이를 명확하게 이해하는 것이 중요합니다. 화재가 어떤 조건에서 발생하고, 어떻게 확산하며, 어떤 요소들이 위험성을 증가시키는지에 대한 학습은 소방학의 핵심이라고 할 수 있습니다.

셋째, 소화 및 소방시설 분야에서는 다양한 소화 방식과 소화약제의 특성, 그리고 소방시설의 설계 및 운용 원리를 설명합니다. 화재 예방과 진압의 핵심 요소인 소화시스템을 효과적으로 활용하기 위해서는 각 설비의 작동 원리와 유지·관리 기준을 정확히 이해해야 합니다. 이에 따라, 자동소화설비, 경보설비, 피난설비, 소화활동설비 등 주요 소방시설의 기능과 특성을 체계적으로 정리하였습니다.

넷째, 화재 조사 및 구조·구급 분야에서는 화재가 발생한 후 그 원인을 분석하는 절차와 방법을 다루고, 구조·구급 활동의 중요성과 장비 활용법을 설명합니다. 화재 조사는 단순한 감식 작업이 아니라, 법적·과학적 근거를 바탕으로 화재의 원인을 규명하고 유사 사고의 재발을 방지하는 중요한 과정입니다. 또한, 구조·구급 활동은 인명 피해를 최소화하는 핵심적인 업무로, 이를 수행하기 위해서는 119시스템과 응급의료 체계에 대한 충분한 이해가 필요합니다.

마지막으로, 재난 및 안전관리에 대한 내용을 통해 재난의 예방·대비·대응·복구 과정에 대해 설명하고, 대형 재난 사례를 분석하여 실질적인 대응 전략을 제시하고자 하였습니다. 현대 사회에서 소방의 개념은 더 이상 화재 진압에 국한되지 않으며, 다양한 유형의 재난 관리까지 포함하는 방향으로 확대되고 있습니다. 이에 따라, 소방 전문가로서 반드시 갖추어야 할 종합적인 사고력과 문제 해결 능력을 기를 수 있도록 내용을 구성하였습니다.

이 책은 소방학을 처음 접하는 학생들에게는 기본적인 기초를 제공하고, 시험을 준비하는 수험생들에게는 효과적인 학습 도구가 될 것입니다. 또한, 실무에 종사하는 이들에게도 최신 소방 관련 법규와 기술 동향을 정리하는 데 유용한 자료로 활용될 수 있을 것입니다.

소방은 단순한 학문이 아니라, 사람의 생명을 지키는 중요한 사명감을 요구하는 분야입니다. 소방 전문가가 되기 위해서는 단순히 이론을 학습하는 것에 그치지 않고, 실무와 법규를 함께 익혀야 합니다. 이 책이 소방을 공부하는 모든 분들에게 유용한 지침서가 되기를 바라며, 이를 통해 더욱 안전한 사회를 만드는 데 기여할 수 있기를 바랍니다.

끝으로, 본 도서가 출간될 수 있도록 많은 지원과 협조를 해 주신 도서출판 화수목 임직원 여러분께 깊은 감사의 뜻을 전합니다. 그분들의 노력과 헌신이 있었기에 더욱 완성도 높은 도서를 출간할 수 있었습니다. 이 책이 소방을 공부하는 많은 이들에게 유익한 자료로 활용되기를 바라며, 앞으로도 소방 분야의 발전에 기여할 수 있는 더욱 깊이 있는 연구와 저술이 이어지기를 기대합니다.

Contents

Chapter 04 소방 유체 시스템 설계

Chapter 05 개수로 및 압축성 유동

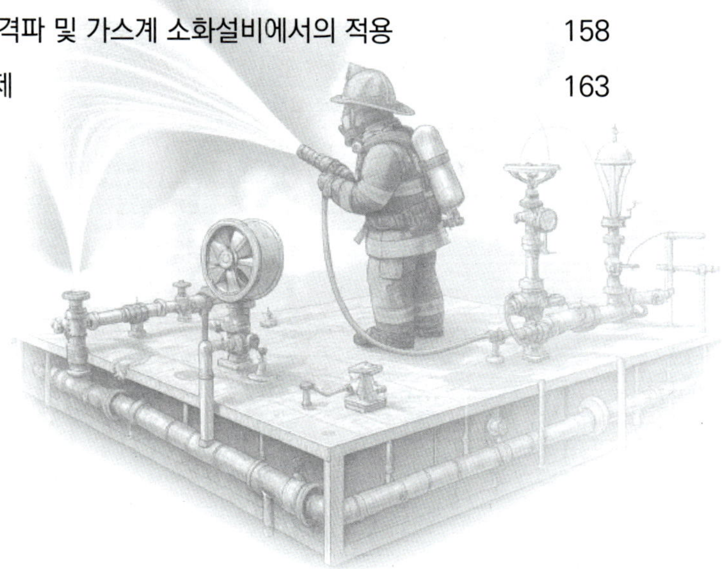

Chapter 06 소방 시스템 내 열역학 적용

Chapter 07 소방 유체기계 실무 응용

Chapter 08 소방 유체역학 실무 사례 연구

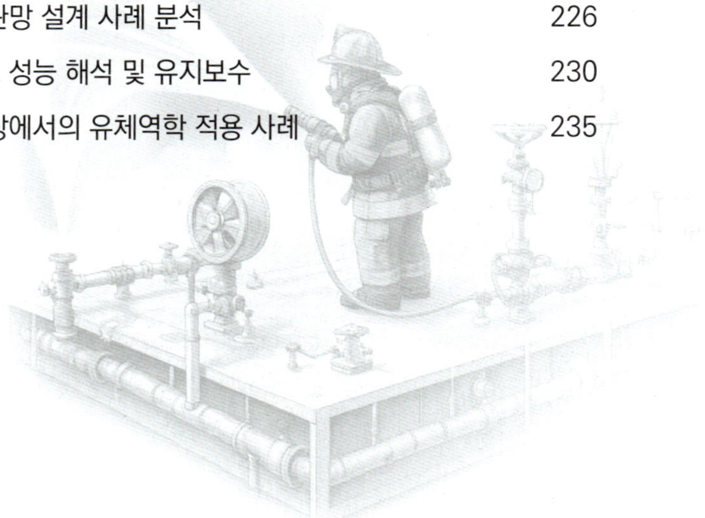

CHAPTER 01

유체역학 기본 개념

1 유체의 정의 및 분류

2 차원과 단위

3 유체의 기본 물리적 성질

CHAPTER 01

유체역학 기본 개념

학습목표

- 유체의 정의와 특성을 이해하고, 고체와의 차이점을 명확히 설명할 수 있다.
- 유체의 분류 기준을 이해하고, 점성, 압축성 및 유동 형태에 따른 차이를 분석할 수 있다.
- 유체의 물리적 성질(밀도, 점도, 압축성, 표면장력 등)을 설명하고, 각 물리량이 소방 유체역학에서 갖는 중요성을 이해할 수 있다.
- 차원과 단위계의 개념을 숙지하고, SI 단위와 FPS 단위 간 변환을 수행할 수 있다.
- 소방 시스템에서 유체역학이 적용되는 다양한 사례를 분석하고, 실제 소방 설계 및 운용에 활용할 수 있다.

1 유체의 정의 및 분류

1.1 유체의 정의

유체(fluid)는 외부 힘, 특히 전단력(shear force)이 작용할 때 변형을 계속해서 일으키는 물질을 말한다. 고체(solid)와 비교했을 때, 고체는 전단력이 가해져도 일정 범위 내에서는 변형이 한정적이거나 정적이지만 유체는 전단력이 작용하는 동안에는 끊임없이 변형을 이어가는 특징이 있다. 이러한 유체는 크게 액체와 기체로 구분되며, '연속적으로 변형이 가능한 물질'이라는 점이 핵심이다.

소방 유체역학에서는 이러한 유체의 특성을 정확히 이해하는 것이 매우 중요하다. 예를 들어, 화재 현장에서 사용하는 물은 액체이지만, 스프레이 노즐을 통해 기체 비슷한 분무 형태로 분사되기도 하고, 다른 한편으로는 가스계 소화약제(예 CO_2, N_2, 할론 등)를 사용할 때는 유체역학의 관점이 필요하기 때문이다. 또한, 유체가 정지해 있는 경우에는 주로 압력(pressure)이, 흐르고 있는 경우에는 전단 응력(shear stress)과 점성(viscosity) 효과 등이 중요하게 고려된다.

외부 힘(특히 전단력)이 작용하면 고체는 변형이 제한적이나, 유체는 지속적인 변형이 일어난다.

유체는 전단 응력에 대해 저항을 거의 하지 않으며, 작은 전단력이라도 작용하면 흐름이나 변형이 바로 일어난다.

정지 상태의 유체(정지 유체)에서는 내부에서 전단력이 0에 가깝고, 대신 모든 방향에서 동일한 크기의 압력이 작용한다.

흐르는 유체(유동 유체)에서는 속도 분포가 존재하며, 점성에 의해 전단 응력이 발생한다.

1. 압력과 전단력

압력(Pressure, P)은 단위 면적당 수직으로 작용하는 힘을 의미한다. 예를 들어 소방 호스에서 분출되는 물은 노즐의 단면적이 작아질수록 같은 유량이라도 압력이 상승하여 더 멀리 물을 분사할 수 있게 된다. 수식으로는 다음과 같이 나타낸다.

$$P = \frac{F}{A} \tag{1.1}$$

여기서, P는 압력(Pa, N/m^2 등), F는 작용하는 힘(N), A는 면적(m^2)이다.

한편, 전단 응력(Shear Stress, τ)은 접촉면을 따라 평행하게 작용하는 힘에 의한 변형력을 나타낸다. 뉴턴 유체(Newtonian fluid)의 경우, 점성 계수(μ)와 속도 구배($\frac{du}{dy}$)의 곱으로 표현된다.

$$\tau = \mu \frac{du}{dy} \tag{1.2}$$

여기서, τ는 전단 응력(Pa), μ는 점성 계수(Pa·s), $\frac{du}{dy}$는 속도 구배(단위 길이당 속도 변화량)이다.

소방 유체역학에서 전단 응력은 호스나 배관 내부를 흐르는 물에 의한 마찰손실과 깊은 관련이 있다. 배관 내벽과 유체 사이, 그리고 유체 각 층 사이에서 발생하는 전단 응력을 계산함으로써, 실제 소방 설비의 흐름 성능과 압력 손실을 추정할 수 있다. 전단 응력이 클수록 유체가 움직이기 어려워져서 추가적인 에너지가 필요해지고, 결국 펌프의 성능이나 동력 비용에 영향을 미친다.

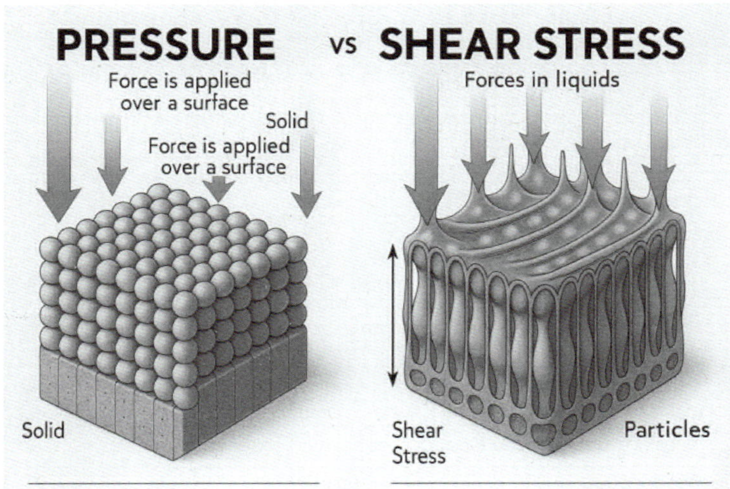

그림 1.1 유체의 연속적 변형 개념

1.2 유체의 분류

유체는 다양한 관점에서 구분될 수 있으며, 소방 분야에서 어떤 유체를 다루느냐에 따라 설계나 분석 방법이 달라진다. 아래는 대표적인 분류 기준들이다.

1. 점성(viscosity)에 따른 분류

1) 점성 유체(Viscous Fluid)

점성 계수(μ)가 0이 아닌 유체로, 실생활에서 대부분의 액체와 기체가 이에 해당한다. 뉴턴 유체(Newtonian Fluid)인 물(water)과 공기(air)는 점성 법칙(뉴턴의 점성 법칙)을 따르므로, 전단 응력이 속도 구배에 비례한다. 소방 호스나 스프링클러 시스템에서 주로 다루는 물이 대표적이다.

- 예 : 물, 오일, 글리세린, 대부분의 일반 기체 등

- 소방 현장에서의 의미 : 배관이나 호스 내에서의 점성에 의한 마찰손실 고려, 노즐 분무 패턴 제어 등

2) 비점성 유체(Inviscid Fluid)

점성 계수가 매우 작아 거의 0으로 가정할 수 있는 유체를 이상 유체(Ideal fluid)라고도 한다. 실제로 완전 무점성인 유체는 존재하기 어렵지만, 일부 고속 공기 흐름이나 매우 묽은 기체 등은 계산 편의를 위해 비점성으로 취급하기도 한다.

- 예 : 이론적인 이상기체, 매우 희박한 공기
- 소방 현장에서의 의미 : 일반적으로는 점성을 완전히 무시하긴 어렵지만, 고압가스 배출 해석 등에서 점성 효과가 상대적으로 미미하면 비점성 근사를 적용하기도 한다.

2. 압축성(compressibility)에 따른 분류

1) 비압축성 유체(Incompressible Fluid)

압력이 변해도 밀도 변화가 극히 적어서 일정하다고 볼 수 있는 유체를 의미한다. 대부분의 액체는 온도나 압력이 큰 폭으로 변하지 않는 한 밀도 변화가 미미하기 때문에 비압축성으로 취급한다.

- 예 : 물, 액체 연료, 수성 소화약제
- 소방 현장에서의 의미 : 배관망 해석이나 펌프 설계 시 물의 밀도를 거의 일정하다고 보고 계산하면 해석이 간편해진다.

2) 압축성 유체(Compressible Fluid)

압력 변화에 따라 밀도가 크게 달라지는 유체로, 기체가 대표적이다. 화재 현장에서 쓰이는 가스 소화설비(예 CO_2, N_2)는 방출 압력과 온도 변화에 따라 밀도가 크게 변하므로 압축성 효과를 무시하기 어렵다.

- 예 : 공기, 이산화탄소(CO_2), 질소(N_2) 등
- 소방 현장에서의 의미 : 고압의 가스를 저장 탱크에서 배출할 때, 배관을 따라 흐르는 가스의 압력과 속도가 크게 변한다. 압축성 유체역학을 적

용해 배출 시간, 배관 직경, 밸브 개폐 특성 등을 정확히 계산해야 한다.

3. 흐름 상태에 따른 분류

1) 정상 유동(Steady Flow)

시간에 따라 속도, 압력, 유량 등의 유동 특성이 변하지 않는 흐름을 말한다. 큰 공정 설비나 장기간 일정 유량으로 운전되는 소방 배관망 등에 해당한다.

- 예 : 일정한 유량으로 운영되는 배관망, 일정 압력의 시험 장치
- 소방 현장에서의 의미 : 펌프가 꾸준히 동작하여 배관 내 압력과 유량이 일정할 경우, 설계 및 해석이 간단해진다.

2) 비정상 유동(Unsteady Flow)

시간에 따라 유동 특성이 변하는 흐름이다. 펌프의 기동·정지, 밸브 개폐, 호스 이동 등 실무에서 매우 자주 발생한다.

- 예 : 펌프가 순간적으로 가동되면서 압력과 유량이 변하는 경우, 차고가 있는 배관에서 유량이 단속적으로 변할 때 등
- 소방 현장에서의 의미 : 실제 화재 상황에서는 밸브를 열고 닫거나 펌프 속도를 조절하기 때문에 비정상 유동이 매우 자주 발생한다. 유량의 변동, 충격압(워터 해머) 등의 문제가 발생할 수 있으므로 이를 예측하고 설계해야 한다.

표 1.1 유체의 분류 기준

분류 기준	유형	예시
점성	점성 유체	물, 오일, 글리세린
	비점성 유체	이론적 이상기체, 극저압 기체
압축성	비압축성 유체	물, 액체 연료
	압축성 유체	공기, CO_2, 질소 등 고압 가스
흐름 상태	정상 유동	일정 유량 배관, 시험 장치
	비정상 유동	펌프 기동·정지, 밸브 개폐

위의 분류를 종합하면, 소방 시나리오에서는 대체로 '점성 + 비압축성 유체'(즉 물)를 가장 많이 다루지만, 가스계 소화설비나 배연 시스템 설계에서는 '점성 + 압축성 유체'(즉 기체)도 고려해야 한다는 점에서 복합적인 해석이 요구된다.

2 차원과 단위

2.1 차원의 개념

물리량을 정확하게 다루기 위해서는 해당 물리량이 어떤 기본 차원의 조합으로 이루어져 있는지를 이해해야 한다. 예를 들어 소방펌프의 출력, 방수압, 유량 등은 서로 다른 물리량이지만, 이들이 어떻게 연결되어 있는지 파악하려면 차원을 이해해야 한다.

1. 기본 차원(Fundamental Dimension)

물리학적으로 가장 기초가 되는 차원으로, 길이(L), 질량(M), 시간(T), 온도(Θ) 등이 대표적이다.

- 길이(L) : m, cm, ft 등
- 질량(M) : kg, g, lbm 등
- 시간(T) : s, min, hr 등
- 온도(Θ) : K(켈빈), °C(섭씨), °F(화씨)

2. 유도 차원(Derived Dimension)

기본 차원을 조합하여 얻는 물리량으로, 속도, 가속도, 힘, 압력 등이 있다.

- 속도(V) : LT^{-1} → (길이/시간)
- 가속도(a) : LT^{-2} → (길이/시간^2)
- 힘(F) : MLT^{-2} → (질량×가속도)
- 압력(P) : $ML^{-1}T^{-2}$ → (힘/면적)

소방 유체역학에서는 압력, 유량, 속도, 에너지(펌프 동력) 등이 중요한 물리량이다. 예를 들어 펌프 동력은 힘(MLT^{-2})에 속도(LT^{-1})를 곱한 $ML^{2}T^{-3}$의 차원을 갖는다. 이를 정확히 이해하면, 단위 환산 과정에서 발생할 수 있는 오류를 줄이고, 설계 계산의 일관성을 유지할 수 있다.

2.2 단위계와 단위 환산

소방 관련 설계도나 장비 매뉴얼을 살펴보면, 국제 단위계(SI)뿐 아니라 미국 단위계(FPS), 심지어는 CGS 단위계를 혼합하여 사용하는 경우가 많다. 예를 들어, 소방펌프는 미터(m) 단위를 쓰지만, 압력은 psi로 표기하거나, 파이프 직경은 인치(inch)로 표기하는 일이 빈번하다. 이렇듯 여러 단위계가 동시에 쓰이므로, 정확한 환산을 위한 지식이 필수적이다.

1. SI 단위계(International System of Units)

- 길이 : 미터(m)
- 질량 : 킬로그램(kg)
- 시간 : 초(s)
- 힘 : 뉴턴(N)
- 압력 : 파스칼($Pa = N/m^2$)
- 특징 : 물리학과 공학 전반에서 국제 표준이며, 소방 분야에서도 점차 도입이 확대되고 있다.

2. FPS 단위계(Foot-Pound-Second System)

- 길이 : 피트(ft)
- 질량 : 슬러그(slug) 또는 파운드질량(pound-mass, lb_m)
- 시간 : 초(s)
- 힘 : 파운드힘(pound-force, lb_f)
- 압력 : psi(pounds per square inch)
- 특징 : 미국 등 일부 국가에서 여전히 많이 사용된다. 소방 장비나 배관 부속품에서 인치 단위를 흔히 볼 수 있다.

그림 1.2 유체역학에서의 단위 변환 비교(SI 단위와 FPS 단위)

3. CGS 단위계(Centimeter-Gram-Second System)

- 길이 : 센티미터(cm)
- 질량 : 그램(g)
- 시간 : 초(s)
- 힘 : 다인(dyne)
- 압력 : 바(bar, dyn/cm^2)
- 특징 : 과거 실험 물리나 특정 실험 연구에서 많이 사용되었으나, 공학 분야에서는 상대적으로 덜 쓰인다.

표 1.2 단위 변환표

물리량	SI 단위	FPS 단위	대표 변환식
길이	m	ft	1 m = 3.2808 ft
힘	N	lb_f	1 N = 0.2248 lb_f
압력	Pa	psi	1 Pa = 0.000145 psi
속도	m/s	ft/s	1 m/s ≈ 3.2808 ft/s
질량	kg	lb_m	1 kg ≈ 2.2046 lb_m

위 표에 제시된 변환식을 사용할 때, 주의해야 할 점이 있다. 특히 질량(lb_m)과 무게(lb_f)는 FPS 단위계에서 혼동하기 쉽다. 실제 소방 장비의 사양 표에서 '파운드(lb)'라고만 적혀 있을 경우, 질량인지 힘인지를 구분해야 한다. 공학 계산에서는 혼동을 막기 위해 단위 표기를 분명하게 해야 한다.

3 유체의 기본 물리적 성질

3.1 밀도(Density, ρ)

1. 정의

밀도(ρ)는 단위 부피당 유체의 질량을 의미한다. 즉, 일정 부피 안에 얼마나 많은 질량이 들어 있는지를 나타내는 척도이며, 유체의 압축성과 직접적인 관련이 있다.

$$\rho = \frac{m}{V} \tag{1.3}$$

여기서, ρ : 밀도(kg/m^3), m : 질량(kg), V : 부피(m^3)

2. 특징

- 액체는 일반적으로 비압축성으로 가정할 수 있어(특히 물) 온도나 압력이 큰 폭으로 변하지 않는 한 밀도가 거의 일정하다.
- 기체는 온도와 압력에 따라 밀도가 크게 달라진다(보일-샤를 법칙, 이상기체 법칙 등).

3. 소방 분야에서의 활용

- 펌프 압력 계산 : 물(밀도 약 1000 kg/m^3)을 주로 사용하는 소방 시스템에서는 배관 설계 시 물의 밀도를 일정값으로 두고 압력손실을 계산한다. 하지만 특수 소화약제(예 거품액, 고점도 액체)를 사용할 경우, 그 밀도 차이를 반영해 펌프 사양을 선정해야 한다.

- 수조(물탱크) 설계 : 소방용 물탱크의 부피와 저장량을 결정할 때, 물의 밀도에 따라 무게가 결정되므로 구조적 안전 검토에도 영향을 미친다.
- 가스계 소화 시스템 : CO_2, N_2, Ar 등 가스계 소화약제는 온도·압력 조건에 따라 밀도가 크게 달라지므로, 탱크 저장 용량 및 방출량 계산 시 압축성 효과와 함께 밀도 변화를 고려해야 한다.

3.2 비중(Specific Gravity, SG)

1. 정의

비중(SG)은 특정 유체의 밀도를 기준 물질(주로 물) 밀도와 비교하여 나타낸 비율이다.

$$SG = \frac{\rho_{fluid}}{\rho_{reference}} \tag{1.4}$$

여기서, ρ_{fluid} : 유체의 밀도(kg/m^3), $\rho_{reference}$: 기준 물질의 밀도(주로 1,000 kg/m^3; 4℃ 물 기준)

2. 특징

- 비중이 1보다 크면 물보다 무거운 유체, 1보다 작으면 물보다 가벼운 유체를 의미한다.
- 예 : 바닷물의 비중은 약 1.025, 휘발유의 비중은 약 0.7~0.8 수준

3. 소방 분야에서의 활용

- 소화약제 선택 : 물과 성상이 다른 액체형 소화약제(예 폼 원액)의 비중을 통해, 배관에서의 흐름 특성이나 저장 탱크 내 층 분리 여부 등을 판단한다.
- 수조나 배관 배치 : 비중이 다른 액체가 동시에 쓰이는 경우(예 물 + 폼액), 분리 현상 가능성을 검토하고, 교반 장치나 별도 저장 탱크 설계를 검토해야 한다.

3.3 비중량(Specific Weight, γ)

1. 정의

비중량(γ)은 단위 부피당 유체의 무게(질량 × 중력가속도)를 의미한다. 즉, '부피당 얼마나 무거운가'를 직접적으로 알려준다.

$$\gamma = \rho g \tag{1.5}$$

여기서, γ : 비중량(N/m^3), ρ : 밀도(kg/m^3), g : 중력가속도($9.81\ m/s^2$)

2. 특징

- 비중량은 단위가 N/m^3(또는 $(kg \cdot m/s^2) \cdot (1/m^3) \rightarrow kg/(m^2 \cdot s^2)$)와 같이 힘(무게)을 기준으로 한다.
- 액체 표면에서의 정수압 계산, 저수조의 수압, 펌프 흡입압력 등을 구할 때 직접적으로 사용된다.

3. 소방 분야에서의 활용

- 수력학적 해석 : 배관 높이에 따른 수두(수압) 계산 시, γh 형태의 공식이 자주 쓰인다.
- 압력 손실 분석 : 수직 방향으로 배관이 설치된 경우, 유체의 비중량이 크면 그만큼 인양에 필요한 에너지도 커진다.
- 탱크 설계 : 탱크 바닥에 작용하는 수압을 판단하기 위해, 유체의 비중량과 수심(깊이)을 곱해 하중을 산정한다.

3.4 비체적(Specific Volume, ν)

1. 정의

비체적(ν)은 단위 질량당 유체의 부피를 나타내는 양으로, 밀도의 역수와 같다.

$$\nu = \frac{1}{\rho} \tag{1.6}$$

여기서, v : 비체적(m^3/kg), ρ : 밀도(kg/m^3)

2. 특징

- 일반적으로 액체보다는 기체의 해석에서 중요하다. 기체는 온도·압력 변화 시 비체적이 크게 달라진다.
- 열역학에서 상태방정식(이상기체 방정식)이나 엔탈피·엔트로피 해석 시 자주 등장한다.

3. 소방 분야에서의 활용

- 가스 소화설비 : 탱크 내 고압 가스계 소화약제(예 CO_2)의 상태를 파악할 때, 비체적을 이용해 압력-온도-부피 관계를 해석한다.
- 기체 방출량 계산 : 배출구에서의 흐름 상태(초음속/아음속) 판단이나 배관 내 압력 분포 해석 시, 기체의 비체적이 중요한 열역학적 매개변수가 된다.

3.5 점도(Viscosity, μ)

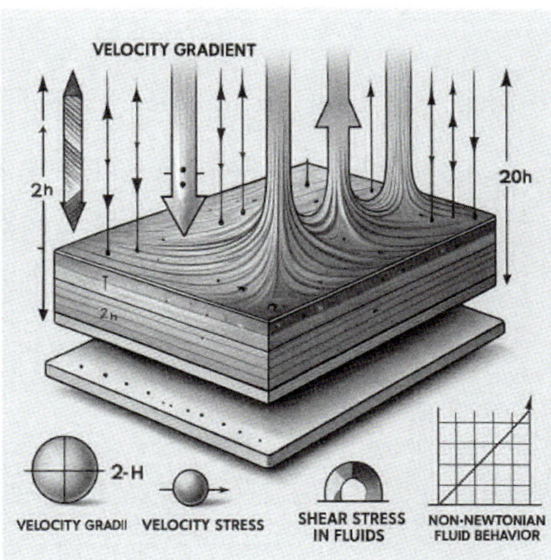

그림 1.3 유체의 점도 개념과 전단 응력 (Newtonian 및 Non-Newtonian 유체 비교)

1. 정의

점도(μ)는 유체의 내부 마찰 저항 정도를 나타낸다. 즉, 유체가 '얼마나 끈적거리는지'를 정량화한 값으로, 층류나 난류를 판별하거나 마찰손실을 계산할 때 매우 중요하다.

2. 뉴턴의 점성 법칙

$$\tau = \mu \frac{du}{dy} \tag{1.7}$$

여기서, τ : 전단 응력(Pa), μ : (동)점도(Pa·s), $\frac{du}{dy}$: 속도 구배((m/s)/m)

뉴턴 유체의 경우, 전단 응력(τ)이 속도 구배(du/dy)와 선형적으로 비례한다.

3. 종류

- 점도(μ) : SI 단위로 Pa·s, cP(centiPoise) 등
- 동점도(ν) : $\nu = \frac{\mu}{\rho}$로, 밀도로 나눈 값(m^2/s)

4. 소방 분야에서의 활용

- 배관 내 마찰손실 : 점도가 클수록 마찰손실(전단 응력)이 커진다. 따라서 점도가 큰 폼 용액이나 화학 소화약제를 사용할 경우, 일반적인 물 대비 더 큰 압력 차가 필요하다.
- 층류·난류 판별 : 레이놀즈 수($Re = \frac{\rho VD}{\mu}$) 계산 시 점도는 매우 중요한 인자로, 흐름이 층류인지 난류인지 구분하면 설계 방식이 달라진다.
- 펌프 성능 곡선 해석 : 일반적으로 펌프 성능 곡선은 물(1 cP) 기준이나, 점도가 큰 유체 사용 시 성능이 크게 떨어질 수 있다. 이를 수정 보정하는 작업이 필요하다.

3.6 압축성(Compressibility, β)

1. 정의

압축성(β)은 유체가 압력 변화에 따라 부피가 변하는 정도를 나타낸다.

$$\beta = -\frac{1}{V}\frac{dV}{dP} \tag{1.8}$$

여기서, β : 압축률(Pa^{-1}), V : 부피(m^3), P : 압력(Pa)

2. 특징

- 기체는 압력 변화에 따라 부피가 크게 달라져 압축성이 매우 크다.
- 액체는 압축성이 매우 작아(물의 경우 약 4.6×10^{-10} Pa^{-1} 수준) 비압축성으로 간주할 수 있다.

3. 소방 분야에서의 활용

- 가스계 소화 시스템 설계 : 고압 상태의 기체가 배관을 지나 방출되면서 압력이 급격히 변하고, 이에 따라 밀도·부피도 크게 변한다. 이를 고려해야 정확한 방출량 및 방출 시간을 예측할 수 있다.
- 배관 수격 작용(워터해머) : 실제 액체도 매우 약간의 압축성을 가지므로, 관성효과와 결합돼 급작스런 밸브 개폐 시 충격압(워터해머)이 발생한다. 소화 배관 설계 시 배관 재질 및 완충장치 등을 고려해야 한다.

3.7 팽창률(Volumetric Expansion Coefficient, α)

1. 정의

팽창률(α)은 유체가 온도 변화에 따라 부피가 변하는 정도를 나타내는 물리적 특성(열팽창 계수)이다.

$$\alpha = \frac{1}{V}\frac{dV}{dT} \tag{1.9}$$

여기서, α : 열팽창률 또는 체적 팽창 계수(1/K), V : 유체의 부피(m^3), T : 절대온도(K)

2. 특징

- 액체는 일반적으로 온도가 상승할수록 밀도가 낮아지고 부피가 증가하지만, 변화 폭은 기체에 비해 상대적으로 작다.
- 기체는 온도 변동에 더욱 민감하여, 압력이 일정(등압 과정)하다고 가정

하면 부피가 크게 변할 수 있다(샤를 법칙).

- 어떤 액체나 기체든, 온도가 높아질수록(특히 고온 상태로 갈수록) 팽창률이 달라질 수 있으므로, 평균 값이 아닌 해당 온도 범위에서의 값을 사용해야 정확하다.

3. 소방 분야에서의 활용

1) 화재 현장의 온도 영향

- 화재 시 주변 온도가 급상승하면, 인접 관로의 유체(물 또는 소화약제) 부피도 일정 부분 팽창할 수 있다.
- 특히 밀폐된 용기(탱크 등)에 들어 있는 액체나 기체는 온도 상승 시 내부 압력이 크게 올라 안전밸브(릴리프 밸브)가 작동할 수도 있다.

2) 스프링클러 배관 시험

- 고온 혹은 극저온 환경에서 배관 내 물의 밀도 변화를 사전에 예측해야 흐름 특성 및 압력 손실 계산에서 오차를 줄일 수 있다.
- 온도 변화가 매우 큰 창고형 냉동·냉장 시설, 엔진실 등 특수 환경에서 팽창률 개념이 유체 해석에 적용된다.

3) 가스계 소화 시스템

- 고압 기체는 온도 변화에 따라 압력 변동 폭이 크므로, 용기충전율(Charge density)이나 방출 시간 설계 시 열팽창을 고려해야 한다.
- 예) CO_2 소화설비에서는 탱크 내부 온도가 상승하면 기체 상태의 압력이 크게 높아져 밸브, 배관 선정에 영향을 미친다.

3.8 표면장력(Surface Tension, σ)

1. 정의

표면장력(σ)은 액체 표면에서 액체 분자 간 응집력으로 인해 표면이 최소화하려는 성질을 나타내는 물리량이다.

$$\sigma = \frac{F}{L} \tag{1.10}$$

여기서, σ : 표면장력(N/m), F : 액체 표면에서 작용하는 힘(N), L : 액체 표면 길이(m)

2. 특징

- 표면장력이 클수록 액체 표면이 쉽게 퍼지지 않고, 물방울이 둥글게 유지된다.
- 비누나 계면활성제는 표면장력을 낮추어 액체가 쉽게 퍼지도록 한다.

3. 소방 분야에서의 활용

- 스프레이/노즐 설계 : 물방울의 형성 및 분무 각도에 직접적인 영향을 미치므로, 분사 압력·노즐 형상과 함께 표면장력이 방수 패턴 형성에 중요 요인이다.
- 폼 소화약제 : 계면활성제 포함으로 인해 표면장력이 물에 비해 낮아, 유류 화재에서 연소면을 덮기 쉬운 거품막을 형성한다.
- 분무 냉각 : 미세 물 입자를 생성하면 표면적이 커져 증발 열 흡수가 빨라진다. 이때 물의 표면장력 특성을 이해하면 분무 효율을 높일 수 있다.

3.9 모세관 현상(Capillary Action)

1. 정의

모세관 현상은 액체가 외부의 별다른 힘(펌프, 중력 등) 없이도 좁은 관이나 틈 사이로 스며들거나 상승/하강하는 현상이다.

$$h = \frac{2\sigma\cos\theta}{\rho g r} \tag{1.11}$$

여기서, h : 모세관 상승 높이(m) σ : 표면장력(N/m), θ : 접촉각(°), ρ : 밀도(kg/m^3), g : 중력가속도(m/s^2), r : 모세관 반경(m)

2. 특징

- 액체와 고체 표면 간의 인력(습윤성)에 따라 접촉각(θ)이 달라지고, 이에 따라 액체가 관 벽을 타고 올라가거나(젖음) 내려갈 수 있다.
- 물과 유리(주로 친수성) 조합에서 물은 관 벽을 타고 상승하려는 성질이 강하다.

3. 소방 분야에서의 활용

- 미세 누수 탐지 : 소방 배관이나 연결부에서 발생하는 아주 작은 틈에도 물이 모세관 효과로 스며들 수 있어, 누수 여부 판별 시 참고한다.
- 흡수성 소재 활용 : 친수성 섬유나 유사 재료를 이용해 화재 시 물 또는 소화약제를 빠르게 흡수·전달하도록 하는 연구 사례도 존재한다.
- 전기·전자 설비 보호 : 화재 진압 후, 물이 예상치 못한 영역으로 스며들어 전기적 쇼트 등을 일으킬 수 있으므로, 배선·장비 제작 시 모세관 현상을 고려한 방수 대책이 필요하다.

3.10 소방 유체역학에서의 응용

앞서 언급한 유체역학적 개념(밀도, 비중, 비중량, 비체적, 점도, 압축성, 표면장력, 모세관 현상)은 소방 설비 전반에 걸쳐 다양하게 적용된다. 이들 물성은 소방펌프 선정, 배관망 설계, 스프레이 노즐의 분무 특성, 가스계 소화 시스템, 배연 설비 등에서 유체 흐름과 거동을 정확히 예측하고 제어하기 위한 핵심 지식이다.

1. 소방펌프 시스템

- 펌프 성능 곡선(유량 vs 양정)을 해석할 때, 유체의 점도와 밀도를 고려한다.
- 일반적으로 소방에서 사용하는 물(점도 약 1 cP, 밀도 약 1000 kg/m^3)을 기준으로 하나, 다른 특수 소화약제(거품액, 고점도 액체 등) 사용 시 보정이 필요하다.
- 펌프 운전점(BEP) 파악을 통해 실제 화재 상황에서 효율적 운용 가능 여

부를 평가한다.

2. 방수 패턴 설계

- 소방 호스와 노즐, 스프레이 시스템에서 물이 분사되는 형태는 표면장력, 점도, 분사 압력 등에 의해 결정된다.
- 분사 압력이 높아질수록 물방울 분무각 및 입자 크기가 달라져 진압 효율에 영향을 준다.
- 노즐 형상에 따른 방수 패턴(직사형, 분무형 등)을 선정할 때, 마찰손실과 방사 거리도 함께 고려한다.

3. 소방 배관망 설계

- 소방 배관에서 마찰손실이 중요하다. 이는 배관 내벽과 유체 사이 전단응력에 의해 발생하며, Darcy-Weisbach 공식 또는 Hazen-Williams 식 등으로 계산한다.
- 유속이 너무 크면 마찰손실 증가로 동력 소비가 커지고, 너무 작으면 대형 배관이 필요해 설치 비용이 오른다. 적정한 직경·유속 선택이 핵심이다.
- 층류-난류 전환(Reynolds 수)과 점성 등도 고려해 최적 배관망을 구축한다.

4. 기체 소화 시스템

- CO_2, 질소(N_2), 아르곤(Ar) 등 가스계 소화약제는 방출 시 급격한 압력 변화가 발생하며, 이에 따라 기체 밀도와 온도가 변한다(압축성).
- 밸브 개도나 배관 직경, 소화약제 탱크 압력 등을 종합적으로 고려해 유량계수(Cv), 마하 수 등을 확인하고, 설계 기준(방출 시간, 충전량 등)을 준수한다.
- 압축성 유동 해석(등엔트로피 팽창, 초음속 여부 등)이 필요할 수 있다.

5. 배연 시스템

- 화재 발생 시 발생하는 연기·열을 효과적으로 배출하기 위해 배연 팬, 덕트 등을 설치한다.

- 팬 성능 곡선(유량 vs 정압), 덕트 내 압력 강하(마찰 및 국부손실)가 핵심 분석 항목이며, 유체역학 이론을 적용해 배연 효율을 극대화한다.
- 건물 구조, 화재 성장 특성, 공기 밀도(온도 상승에 따른 밀도 감소) 등을 복합적으로 고려해 배연 시스템의 위치와 용량을 결정한다.

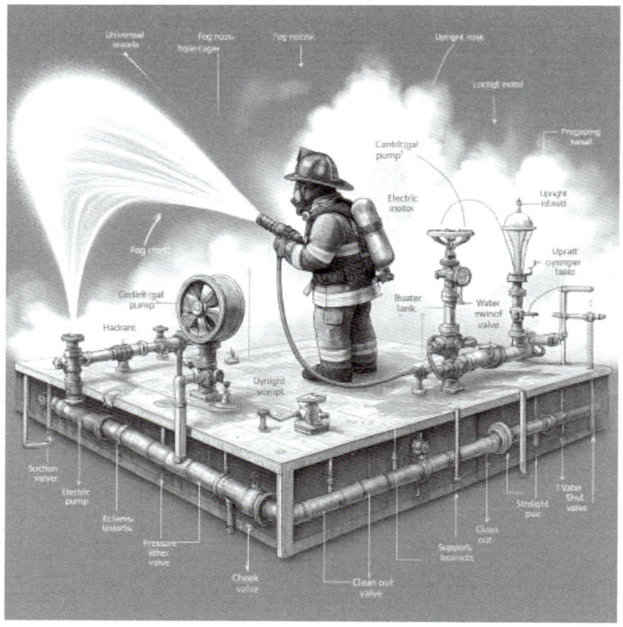

그림 1.4 소방 시스템에서 유체역학 응용

위와 같이 유체의 물성치(밀도, 비중, 점도 등)와 유체역학 현상(압축성, 표면장력, 모세관 현상)을 정확히 이해하고 적절히 설계에 반영함으로써, 소방 시스템은 더욱 안전하고 효율적으로 구성될 수 있다. 화재 진압뿐 아니라 예방, 초기 진화, 배연 등 다양한 상황에서 유체역학적 접근은 필수적이며, 실제 시공 및 운용 단계에서도 이러한 이론이 뒷받침되어야 최적의 성능을 달성할 수 있다.

연습문제

01 100 $kg_f \cdot s/m^2$은 몇 poise인가?

풀이

$$100\ kg_f \cdot s/m^2 = \frac{100\ kg_f \cdot s}{m^2} \left| \frac{9.81\times10^5\ dyn \cdot s}{1\ kg_f \cdot s} \right| \frac{1\ m^2}{10^4\ cm^2} \left| \frac{1\ poise}{1\ dyn \cdot s/cm^2} \right| = 9{,}810\ poise$$

02 100 poise는 몇 $N \cdot s/m^2$인가?

풀이

$$100\ poise = \frac{100\ poise}{} \left| \frac{1\ dyn \cdot s/cm^2}{1\ poise} \right| \frac{10^4\ cm^2}{1\ m^2} \left| \frac{10^{-5}\ N}{1\ dyn} \right| = 10\ N \cdot s/m^2$$

03 동점성계수 0.5 stokes를 m^2/s로 나타내어라.

풀이

$$0.5\ stokes = \frac{0.5\ stokes}{} \left| \frac{1\ cm^2/s}{1\ stokes} \right| \frac{1\ m^2}{10^4\ cm^2} \right| = 5\times10^{-5}\ m^2/s$$

04 20 $kg \cdot m/s^2$의 힘을 kg_f의 중력단위로 환산하라.

풀이

$$20\ kg \cdot m/s^2 = \frac{20\ kg \cdot m/s^2}{} \left| \frac{1\ kg_f}{9.81\ kg \cdot m/s^2} \right| = 2.039\ kg_f$$

05 20 $kg \cdot m/s$의 운동량을 $kg_f \cdot s$의 중력단위로 환산하라.

풀이

$$20\ kg \cdot m/s = \frac{20\ kg \cdot m/s}{} \left| \frac{1\ kg_f}{9.81\ kg \cdot m/s^2} \right| = 2.039\ kg_f \cdot s$$

06 20 kg/m · s²의 압력을 kg_f/m^2의 중력단위로 환산하라.

풀이

$$20\ kg/m \cdot s^2 = \frac{20\ kg/m \cdot s^2}{} \left| \frac{1\ kg_f}{9.81\ kg \cdot m/s^2} \right| = 2.039\ kg_f/m^2$$

07 20 kg/m³의 밀도를 $kg_f \cdot s^2/m^4$의 중력단위로 환산하라.

풀이

$$20\ kg/m^3 = \frac{20\ kg/m^3}{} \left| \frac{1\ kg_f}{9.81\ kg \cdot m/s^2} \right| = 2.039\ kg_f \cdot s^2/m^4$$

08 200 ft를 m 단위로 환산하라.

풀이

$$200\ ft = \frac{200\ ft}{} \left| \frac{0.3048\ m}{1\ ft} \right| = 60.96\ m$$

09 200 in²을 cm² 단위로 환산하라.

풀이

$$200\ in^2 = \frac{200\ in^2}{} \left| \frac{2.54^2\ cm^2}{1\ in^2} \right| = 1,290.32\ cm^2$$

10 3.5 ℓ를 m³과 ft³ 단위로 환산하라.

풀이

$$3.5\ \ell = \frac{3.5\ \ell}{} \left| \frac{1,000\ cm^3}{1\ \ell} \right| \frac{1\ m^3}{10^6\ cm^3} \right| = 0.0035\ m^3$$

$$0.0035\ m^3 = \frac{0.0035\ m^3}{} \left| \frac{1\ ft^3}{0.3048^3\ m^3} \right| = 0.1236\ ft^3$$

11 50 lb를 kg 단위로 환산하라.

풀이

$$50\ lb = \frac{50\ lb}{} \left| \frac{0.4535924\ kg}{1\ lb} \right| = 22.7\ kg$$

12 0.5 poise를 Pa · s 단위로 환산하라.

풀이

$$0.5 \text{ poise} = \frac{0.5 \text{ poise}}{} \left| \frac{1 \text{ Pa} \cdot \text{s}}{10 \text{ poise}} \right| = 0.05 \text{ Pa} \cdot \text{s}$$

13 0.5 poise를 $kg_f \cdot s/m^2$ 단위로 환산하라.

풀이

$$0.5 \text{ poise} = \frac{0.5 \text{ poise}}{} \left| \frac{0.0102 \text{ kg}_f \cdot \text{s/m}^2}{1 \text{ poise}} \right| = 0.0051 \text{ kg}_f \cdot \text{s/m}^2$$

14 800 mmHg의 압력단위를 kPa 단위로 환산하라.

풀이

$$800 \text{ mmHg} = \frac{800 \text{ mmHg}}{} \left| \frac{101.325 \text{ kPa}}{760 \text{ mmHg}} \right| = 106.7 \text{ kPa}$$

15 7.5 mH_2O의 압력단위를 kg_f/cm^2 단위로 환산하라.

풀이

$$7.5 \text{ mH}_2\text{O} = \frac{7.5 \text{ mH}_2\text{O}}{} \left| \frac{1.033 \text{ kg}_f/\text{cm}^2}{10.34 \text{ mH}_2\text{O}} \right| = 0.75 \text{ kg}_f/\text{cm}^2$$

16 중력가속도가 9.81 m/s^2인 곳에서 질량 10 kg인 물체의 중량은 몇 N인가?

풀이

$$w = mg = 10 \times 9.81 \text{ kg} \cdot \text{m/s}^2 = 98.1 \text{ kg} \cdot \text{m/s}^2 = 98.1 \text{ N}$$

17 지구상에서 중량이 100 N인 물체는 중력가속도가 1.5 m/s^2인 장소에서 중량은 몇 N에 해당하는가?

풀이

$$m = \frac{w}{g} = \frac{100}{9.81} = 10.19368 \text{ kg}$$

$$w = mg = 10.19368 \text{ kg} \times 1.5 \text{ m/s}^2 = 15.291 \text{ kg} \cdot \text{m/s}^2 = 15.291 \text{ N}$$

18 중력가속도가 9.81 m/s^2인 곳에서 금속의 중량을 측정했더니 200 N이었다면 이 금속의 질량[kg]은 얼마인가?

풀이

$$m = \frac{w}{g} = \frac{200\ \text{N}}{9.81\ \text{m/s}^2} = \frac{200\ \text{kg}\cdot\text{m/s}^2}{9.81\ \text{m/s}^2} = 20.387\ \text{kg}$$

19 질량 10 kg인 물체의 중량을 N과 kg_f로 구하라.

풀이

$$w = mg = 10\ \text{kg} \times 9.81\ \text{m/s}^2 = 98.1\ \text{kg}\cdot\text{m/s}^2 = 98.1\ \text{N}$$

$$98.1\ \text{N} = \frac{98.1\ \text{N}}{} \left|\frac{1\ \text{kg}_f}{9.81\ \text{N}}\right| = 10\ \text{kg}_f$$

20 질량 100 g인 물체의 중량을 N과 kg_f로 구하라.

풀이

$$w = mg = 0.1\ \text{kg} \times 9.81\ \text{m/s}^2 = 0.981\ \text{kg}\cdot\text{m/s}^2 = 0.981\ \text{N}$$

$$0.981\ \text{N} = \frac{0.981\ \text{N}}{} \left|\frac{1\ \text{kg}_f}{9.81\ \text{N}}\right| = 0.1\ \text{kg}_f$$

21 질량이 0.1 kg인 물체에 5 N의 힘이 작용할 때의 가속도[m/s^2]를 구하라.

풀이

$$a = \frac{F}{m} = \frac{5\ \text{N}}{0.1}\text{kg} = 50\ \text{N/kg} = 50\ \text{kg}\cdot\text{m/s}^2\cdot\text{kg} = 50\ \text{m/s}^2$$

22 가속도가 10 m/s^2인 물체가 5 N의 힘을 가질 때 질량[kg]을 구하라.

풀이

$$m = \frac{F}{a} = \frac{5\ \text{N}}{10\ \text{m/s}^2} = 0.5\ \text{N}\cdot\text{s}^2/\text{m} = 0.5\ \text{kg}\cdot\text{m}\cdot\text{s}^2/\text{m}\cdot\text{s}^2 = 0.5\ \text{kg}$$

23 중력가속도가 9.81 m/s^2인 곳에서 물체에 가해진 힘이 3 N일 때 물체의 질량[kg]을 구하라.

풀이

$$m=\frac{w}{g}=\frac{3\ \mathrm{N}}{9.81\ \mathrm{m/s^2}}=\frac{3\ \mathrm{kg\cdot m/s^2}}{9.81\ \mathrm{m/s^2}}=0.3058\ \mathrm{kg}$$

24 중력가속도가 9.81 m/s^2인 곳에서 중량이 30 kg_f일 때 물체의 질량[kg]을 구하라.

풀이

$$m=\frac{w}{g}=\frac{30\ \mathrm{kg_f}}{9.81\ \mathrm{m/s^2}}=\frac{30\times 9.81\ \mathrm{kg\cdot m/s^2}}{9.81\ \mathrm{m/s^2}}=30\ \mathrm{kg}$$

25 중력가속도가 9.5 m/s^2인 곳에서 중량이 200 kg_f일 때 물체의 질량[kg]을 구하라.

풀이

$$m=\frac{w}{g}=\frac{200\ \mathrm{kg_f}}{9.5\ \mathrm{m/s^2}}=\frac{200\times 9.81\ \mathrm{kg\cdot m/s^2}}{9.5\ \mathrm{m/s^2}}=206.53\ \mathrm{kg}$$

26 중력가속도가 9.5 m/s^2인 곳에서 물체의 중량이 5 kg_f라면 중력가속도가 9.81 m/s^2인 곳에서 그 물체의 중량[kg_f]을 구하라.

풀이

$$m=\frac{w}{g}=\frac{5\ \mathrm{kg_f}}{9.5\ \mathrm{m/s^2}}=\frac{5\times 9.81\ \mathrm{kg\cdot m/s^2}}{9.5\ \mathrm{m/s^2}}=5.163\ \mathrm{kg}$$

$$w=mg=5.163\ \mathrm{kg}\times 9.81\ \mathrm{m/s^2}=50.65\ \mathrm{kg\cdot m/s^2}$$

$$=50.65\ \mathrm{kg\cdot m/s^2}\times\frac{1\ \mathrm{kg_f}}{9.81\ \mathrm{kg\cdot m/s^2}}=5.163\ \mathrm{kg_f}$$

27 밀도가 50 $kg_f \cdot s^2/m^4$인 액체의 비체적[m^3/kg]을 구하라.

풀이

$$\overline{V}=\frac{1}{\rho}=\frac{1}{50\ \mathrm{kg_f\cdot s^2/m^4}}\times\frac{1\ \mathrm{kg_f}}{9.81\ \mathrm{kg\cdot m/s^2}}=\frac{1}{490.5\ \mathrm{kg/m^3}}=0.002039\,\mathrm{m^3/kg}$$

28 체적이 5 m^{3}이고 중량이 1,000 N인 기름의 비중을 구하라. (단, 물의 밀도는 1,000 kg/m^{3}이다.)

풀이

$$s=\frac{\rho}{\rho_w}=\frac{\frac{w}{V\cdot g}}{\rho_w}=\frac{\frac{1000}{5\times 9.81}}{1,000}=0.020387$$

29 체적이 3 m^{3}이고 중량이 3,000 kg$_f$인 기름의 비중량[kg$_f$/m^3]은 얼마인가?

풀이

$$\gamma=\frac{w}{V}=\frac{3,000\ \text{kg}_\text{f}}{3\ \text{m}^3}=1,000\ \text{kg}_\text{f}/\text{m}^3$$

30 체적이 5 m^{3}이고 중량이 500 kg$_f$인 액체의 비중을 구하라.

풀이

$$s=\frac{\gamma}{\gamma_w}=\frac{\frac{w}{V}}{\gamma_w}=\frac{\frac{500\ \text{kg}_\text{f}}{5\ \text{m}^3}}{9,810\ \text{N/m}^3}=\frac{100\ \text{kg}_\text{f}/\text{m}^3\times 9.81\ \text{N/kg}_\text{f}}{9,810\ \text{N/m}^3}=0.1$$

31 체적이 5 m^{3}이고 중량이 500 N인 액체의 비중을 구하라. (단, 물의 밀도는 1,000 kg/m^{3}이다.)

풀이

$$s=\frac{\rho}{\rho_w}=\frac{\frac{w}{V\cdot g}}{\rho_w}=\frac{\frac{500}{5\times 9.81}}{1,000}=0.01$$

32 물 10 g의 체적이 10 cm^{3}일 때 물의 밀도[g/cm^3]와 비중량[dyn/cm^3]을 구하라.

풀이

$$\rho=\frac{m}{V}=\frac{10\ \text{g}}{10\ \text{cm}^3}=1\ \text{g/cm}^3$$

$$\gamma=\rho g=1\ \text{g/cm}^3\times 981\ \text{cm/s}^2=981\ \text{g/cm}^2\cdot\text{s}^2=981\ \text{dyn/cm}^3$$

33 비중이 13.6인 수은의 밀도[kg/m^3]와 비체적[m^3/kg], 비중량[N/m^3]을 구하라.

풀이

$$\rho=s\cdot\rho_w=13.6\times 1,000\ \text{kg/m}^3=1.36\times 10^4\ \text{kg/m}^3$$

$$\overline{V}=\frac{1}{\rho}=\frac{1}{1.36\times 10^4}\ \text{m}^3/\text{kg}=7.35\times 10^{-5}\ \text{m}^3/\text{kg}$$

$\gamma = \rho g = (1.36 \times 10^4 \text{ kg/m}^3) \times (9.81 \text{ m/s}^2) = 1.33 \times 10^5 \text{ N/m}^3$

34 중량이 40,000 N이고 체적이 5 m^3인 유체의 비중을 구하라.

풀이

$$s = \frac{\gamma}{\gamma_w} = \frac{\frac{40,000}{5}}{9,810} = 0.8155$$

35 기체상수가 296.8 J/kg · K인 기체의 5 MPa, 27℃에서의 비체적[m^3/kg]을 구하라.

풀이

$$\overline{V} = \frac{RT}{p} = \frac{(296.8 \text{ J/kg} \cdot \text{K}) \cdot (300 \text{ K})}{5 \text{ MPa}} = \frac{(296.8 \text{ N} \cdot \text{m/kg} \cdot \text{K}) \cdot (300 \text{ K})}{5 \times 10^6 \text{N/m}^2}$$

$$= 1.781 \times 10^{-2} \text{ m}^3/\text{kg}$$

36 비중이 0.75인 위험물 1,000 ℓ 를 저장할 경우, 중량은 몇 kN인가?

풀이

$$w = s \cdot \rho_w \cdot V \cdot g = 0.75 \times 1,000 \ l \times 1,000 \text{ kg/m}^3 \times 9.81 \text{ m/s}^2$$

$$= 0.75 \times 1 \text{ m}^3 \times 1,000 \text{ kg/m}^3 \times 9.81 \text{ m/s}^2 = 7,357.5 \text{ kg} \cdot \text{m/s}^2 = 7.3575 \text{ kN}$$

37 비중량이 800 kg_f/m^3인 기름 2 ℓ 의 중량[kg_f]은?

풀이

$$w = \gamma V = (800 \text{ kg}_f/\text{m}^3) \times (2 \ l) = (800 \text{ kg}_f/\text{m}^3) \times (2 \times 10^{-3} \text{ m}^3) = 1.6 \text{ kg}_f$$

38 20℃에서 비중이 0.7인 액체의 비중량[N/m^3], 밀도[kg/m^3], 비체적[m^3/kg]을 SI 단위로 구하라.

풀이

$$\gamma = s \cdot \gamma_w = 0.7 \times 9,810 \text{ N/m}^3 = 6,867 \text{ N/m}^3$$

$$\rho = \frac{\gamma}{g} = \frac{6,867 \text{ N/m}^3}{9.81 \text{ m/s}^2} = 700 \text{ N} \cdot \text{s}^2/\text{m}^4 = 700 \text{ kg} \cdot \text{m} \cdot \text{s}^2/\text{m}^4 \cdot \text{s}^2 = 700 \text{ kg/m}^3$$

$$\overline{V} = \frac{1}{\rho} = \frac{1}{700} \text{ m}^3/\text{kg} = 0.0014 \text{ m}^3/\text{kg}$$

39 비중이 1.5이고 체적이 $5.25\times10^{-4}\ \mathrm{m^3}$인 물체의 중량[N]을 구하라.

풀이

$$w = s\cdot\rho_w\cdot V\cdot g = 1.5\times5.25\times10^{-4}\ \mathrm{m^3}\times1{,}000\ \mathrm{kg/m^3}\times9.81\ \mathrm{m/s^2}$$
$$= 7.7254\ \mathrm{kg\cdot m/s^2} = 7.7254\ \mathrm{N}$$

40 어떤 액체의 밀도가 $1{,}500\ \mathrm{kg/m^3}$일 때 비중과 비중량[$\mathrm{kg/m^3}$]을 구하라.

풀이

$$s = \frac{\rho}{\rho_w} = \frac{1{,}500\ \mathrm{kg/m^3}}{1{,}000\ \mathrm{kg/m^3}} = 1.5$$

$$\gamma = s\cdot\gamma_w = 1.5\times1{,}000\,\mathrm{kg_f/m^3} = 1{,}500\ \mathrm{kg_f/m^3}$$

41 액체의 비중이 0.85일 때 이 액체의 밀도를 $\mathrm{kg/m^3}$과 $\mathrm{lb/ft^3}$ 단위로 구하라.

풀이

$$\rho = s\rho_w = 0.85\times1{,}000\ \mathrm{kg/m^3} = 850\ \mathrm{kg/m^3}$$

$$850\ \mathrm{kg/m^3} = \frac{850\ \mathrm{kg/m^3}}{} \left|\frac{1\ \mathrm{lb}}{0.4535924\ \mathrm{kg}}\right|\frac{0.0283\ \mathrm{m^3}}{1\ \mathrm{ft^3}}\right| = 53.03\ \mathrm{lb/ft^3}$$

42 유체 3 ℓ 의 중량이 $2\ \mathrm{kg_f}$일 때 유체의 비중을 구하라.

풀이

$$m = \frac{w}{g} = \frac{2\ \mathrm{kg_f}}{9.81\ \mathrm{m/s^2}} = \frac{2\times9.81\ \mathrm{kg\cdot m/s^2}}{9.81\ \mathrm{m/s^2}} = 2\ \mathrm{kg}$$

$$\rho = \frac{m}{V} = \frac{2\ \mathrm{kg}}{3\ l} = \frac{2\ \mathrm{kg}}{0.003\ \mathrm{m^3}} = 666.67\ \mathrm{kg/m^3}$$

$$s = \frac{\rho}{\rho_w} = \frac{666.67}{1{,}000} = 0.7$$

43 체적이 $20\ \mathrm{cm^3}$일 때 질량이 35 g인 유체의 비중량[$\mathrm{kg_f/m^3}$]을 구하라.

풀이

$$\gamma = \rho g = \frac{m}{V}g = \frac{0.035\ \mathrm{kg}}{20\ \mathrm{cm^3}}\times\frac{10^6\ \mathrm{cm^3}}{1\ \mathrm{m^3}}\times9.81\ \mathrm{m/s^2} = 17{,}167.5\ \mathrm{kg\cdot m/s^2\cdot m^3}$$

$$\gamma = 17{,}167.5\ \mathrm{kg\cdot m/s^2\cdot m^3}\times\frac{1\ \mathrm{kg_f}}{9.81\ \mathrm{kg\cdot m/s^2}} = 1{,}750\ \mathrm{kg_f/m^3}$$

44 $0.03\ m^3$의 체적을 가진 구 안에 유체가 가득 들어있다. 이 구형 물질을 물속에 넣고 수직 방향으로 50 N의 힘을 가해서 들어주면 구의 2/3가 물속에 잠긴다. 구의 두께와 중량은 모두 무시할 정도로 작다고 할 때 구 안에 있는 유체의 비중량[N/m^3]을 구하라.

풀이

부력과 비중량의 관계로부터

$$\gamma V = \gamma_w \frac{2V}{3} + F \rightarrow \gamma = \frac{\gamma_w \frac{2V}{3} + F}{V}$$

$$\gamma = \frac{\gamma_w \frac{2V}{3} + F}{V} = \frac{9{,}810\ N/m^3 \times 2 \times \frac{0.03\ m^3}{3} + 50\ N}{0.03\ m^3} = 8206.7\ N/m^3$$

45 상온, 상압 하에서 물의 체적을 10% 줄이는데 필요한 압력[MPa]을 구하라. (단, 물의 압축률은 $5\times10^{-8}\ m^2/N$이다.)

풀이

$$\Delta p = -\frac{1}{\beta}\frac{\Delta V}{V} = \frac{1}{5\times10^{-8}\ m^2/N} \times \frac{0.1V}{V} = 2\times10^6\ Pa = 2\times10^3\ kPa = 2\ MPa$$

46 상온, 상압에서 물의 체적을 5% 압축하는데 필요한 압력은 몇 kg_f/cm^2인가? (단, 물의 압축률은 $\beta = 4.5\times10^{-5}\ cm^2/kg_f$이다.)

풀이

$$\Delta p = -\frac{1}{\beta}\frac{\Delta V}{V} = \frac{1}{4.5\times10^{-5}\ cm^2/kg_f} \times \frac{0.05V}{V} = 1.11\times10^3\ kg_f/cm^2$$

47 체적이 $0.05\ m^3$인 액체가 10,000 Pa의 압력을 받으면 체적이 $0.025\ m^3$으로 축소한다고 할 때 체적탄성계수[kPa]를 구하라.

풀이

$$K = -\frac{\Delta p}{\Delta V/V} = \frac{10{,}000\ Pa}{\frac{0.025}{0.05}} = 20{,}000\ Pa = 20\ kPa$$

48 압력이 100 kPa인 상온의 공기가 단열가역변화를 할 때 체적탄성계수[kPa]를 구하라.

풀이

$p\overline{V}^{\kappa}=const.$(상수), 공기의 비열비 $\kappa=1.4$

$\left(p\overline{V}^{\kappa}\right)'=p\kappa\overline{V}^{\kappa-1}d\overline{V}+\overline{V}^{\kappa}dp=0$

$p=-\dfrac{1}{\kappa}\dfrac{dp}{d\overline{V}/\overline{V}},\ K=-\dfrac{dp}{dV/V}$

$K=\kappa p=1.4\times 100=140\ \text{kPa}$

49 물의 체적탄성계수가 2×10^4 kg_f/cm^2일 때 물의 체적을 5% 감소시키기 위해서 몇 kg_f/cm^2의 압력을 가해야 하는가?

풀이

$\Delta p=-K\dfrac{\Delta V}{V}=2\times10^4\times0.05=1{,}000\ \text{kg}_\text{f}/\text{cm}^2$

50 압축률이 5.5×10^{-2} m^2/N인 물의 체적을 1.5% 감소시키는데 필요한 압력[N/m^2]을 구하라.

풀이

$\beta=\dfrac{1}{K}=-\dfrac{1}{V}\dfrac{\Delta V}{\Delta p}$

$\Delta p=-\dfrac{\frac{\Delta V}{V}}{\beta}=\dfrac{0.015}{5.5\times10^{-2}\ \text{m}^2/\text{N}}=0.273\ \text{N/m}^2$

51 100 kg_f/cm^2의 압력에서 체적이 0.25 m^3인 액체가 150 kg_f/cm^2의 압력에서 체적이 0.2 m^3이라고 할 때 이 액체의 체적탄성계수[kg_f/cm^2]를 구하라.

풀이

$\Delta p=150-100=50\ \text{kg}_\text{f}/\text{cm}^2$

$\Delta V=0.2-0.25=-0.05\ \text{m}^3$

$K=-\dfrac{\Delta p}{\Delta V/V}=0.25\ \text{m}^3\times\dfrac{50\ \text{kg}_\text{f}/\text{cm}^2}{0.05\ \text{m}^3}=250\ \text{kg}_\text{f}/\text{cm}^2$

52 외부에서 압력을 가했더니 액체의 체적이 5% 감소하였다. 이 액체의 체적탄성계수를 조사하였더니 5×10^3 kg_f/cm^2이었다. 이 액체에 가한 압력[kg_f/cm^2]을 구하라.

풀이

$$\Delta p = -K\frac{\Delta V}{V} = 5{,}000\ kg_f/cm^2 \times 0.05 = 250\ kg_f/cm^2$$

53 벽면에서의 거리를 y [m], 유체의 속도분포를 $u = 10\sqrt{y}$ [m/s]라고 할 때, 벽으로부터 50 mm 떨어진 곳에서의 전단 응력[Pa]을 구하라. (단, 유체의 점도는 0.5 Pa · s이다.)

풀이

$$u = 10\sqrt{y} = 10y^{\frac{1}{2}}\ [m/s]$$

$$\frac{du}{dy} = 5y^{-\frac{1}{2}} = \frac{5}{\sqrt{y}}\ [s^{-1}]$$

$$\tau_{y=0.05} = \mu\left(\frac{du}{dy}\right)_{y=0.05} = 0.5\ Pa \cdot s \times \frac{5}{\sqrt{0.05}}\ s^{-1} = 11.18\ Pa$$

54 유체의 속도분포가 $u = 2\sqrt{y}$로 주어질 때 벽에서 200 mm 떨어진 곳에서의 전단 응력[Pa]을 구하라. (단, 유체의 점성계수는 0.9 pa · s이다.)

풀이

$$\frac{du}{dy} = y^{-\frac{1}{2}} = \frac{1}{\sqrt{y}}$$

$$\tau_{y=0.2} = \mu \cdot \left(\frac{du}{dy}\right)_{y=0.2} = (0.9\ Pa \cdot s) \times \left(\frac{1}{\sqrt{0.2}}\ s^{-1}\right) = 2.012\ Pa$$

55 그림과 같이 베어링 안에서 직경이 20 cm인 축이 2 m/s의 속도로 축방향으로 운동할 때 베어링과 축 사이에는 점성계수 0.001 $kg_f \cdot s/m^2$인 기름이 유막을 형성할 때 축을 2 m/s의 속도로 유지하려면 얼마의 힘[kgf]이 필요한가? (단, 유막에서의 속도분포는 선형분포라고 가정한다.)

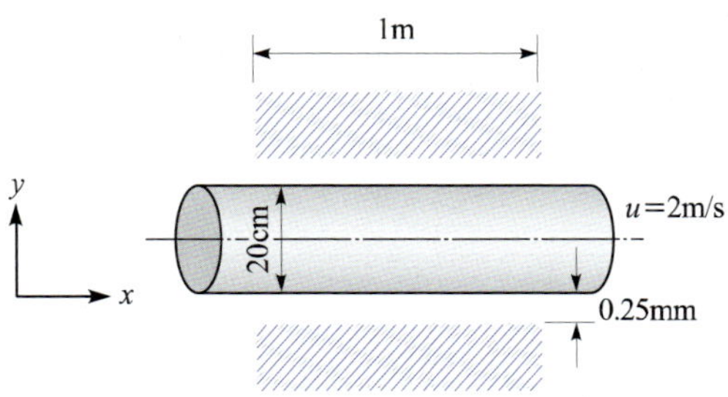

풀이

$$\tau = \mu\frac{du}{dy} = 0.001 \times \frac{2}{0.25 \times 10^{-3}} = 8\ kg_f/m^2$$

$$F = \tau A = \tau \cdot (\pi dL) = 8 \times (\pi \times 0.2 \times 1) = 5.03\ kg_f$$

56 간격이 20 mm로 평행한 두 평판 사이에 점성이 5 poise인 유체가 가득 차 있다. 아래평판을 고정하고 위쪽의 평판을 2 m/s의 속도로 이동시킬 때 평판에 발생하는 전단 응력[N/m^2]을 구하라.

풀이

$$\tau = \mu \frac{du}{dy} = 5 \text{ poise} \times \frac{2 \text{ m/s}}{0.02 \text{ m}} = 0.5 \text{ N} \cdot \text{s/m}^2 \times \frac{2 \text{ m/s}}{0.02 \text{ m}} = 50 \text{ N/m}^2$$

57 유속분포가 $u = 1.5y^2 - 1.23y$ [m/s]인 점성 유체가 수평형 원관을 흐르고 있을 때 바닥으로부터 y [m]인 지점에서 전단력이 최소가 되었다면 이 지점까지의 높이는 아랫부분으로부터 몇 m인가?

풀이

$$u = 1.5y^2 - 1.23y \rightarrow \frac{du}{dy} = 3y - 1.23$$

$$\frac{du}{dy} = 3y - 1.23 = 0 \rightarrow y = 0.41 \text{ m}$$

58 수평 원통형 관을 통해 흐르는 유체의 속도분포가 $u = 5y^2 - 3y$ [m/s]로 나타날 때 바닥 면에서 0.5 m인 지점에서 유체의 속도구배[s^{-1}]를 구하라.

풀이

$$u = 5y^2 - 3y \rightarrow \frac{du}{dy} = 10y - 3 \text{ [s}^{-1}\text{]}$$

$$y = 0.5 \text{ m} \rightarrow \frac{du}{dy} = 10y - 3 = 10(0.5) - 3 = 2 \text{ [s}^{-1}\text{]}$$

59 점성계수가 0.02 N · s/m^2인 유체가 평판 위를 $u = 100y - 4 \times 10^{-7}y^2$ [m/s]의 속도분포로 흐르고 있다. 여기서 y [m]는 벽면으로부터 측정된 수직거리일 때 벽면에서의 전단 응력[N/m^2]을 구하라.

풀이

$$u = 100y - 4 \times 10^{-7}y^2 \rightarrow \frac{du}{dy} = 100 - 8 \times 10^{-7}y$$

벽면에서 $y = 0$이므로

$$\frac{du}{dy} = 100 \text{ [s}^{-1}\text{]}$$

$$\tau = \mu \frac{du}{dy} = 0.02 \text{ N} \cdot \text{s/m}^2 \times 100/\text{s} = 2 \text{ N/m}^2$$

60 바닥으로부터 거리가 y [m]일 때 유속분포가 $u=-3y^2+5y$ [m/s]인 점성 유체의 전단력이 0이 될 때의 바닥으로부터의 거리[m]를 구하라.

풀이

$$u=-3y^2+5y \rightarrow \frac{du}{dy}=-6y+5$$

$$\frac{du}{dy}=-6y+5=0 \rightarrow y=0.83 \text{ m}$$

61 동점성계수가 5 stokes이고 비중량이 5×10^{-3} N/cm^{3}인 액체의 점성계수[Pa · s]를 구하라.

풀이

1 stoke = 1 cm^2/s 이므로

$$\nu=5 \text{ stokes}=5 \text{ cm}^2/\text{s}=5\times10^{-4} \text{ m}^2/\text{s}$$

$$\rho=\frac{\gamma}{g}=\frac{5\times10^{-3} \text{ N/cm}^3}{9.81 \text{ m/s}^2}=\frac{5\times10^{3} \text{ N/m}^3}{9.81 \text{ m/s}^2}=5.097\times10^2 \text{ kg/m}^3$$

$$\mu=\nu\rho=(5\times10^{-4} \text{ m}^2/\text{s})\times(5.097\times10^2 \text{ kg/m}^3)=0.25485 \text{ Pa}\cdot\text{s}$$

62 동점성계수가 0.4×10^{-5} m^2/s이고 밀도가 1,000 kg/m^{3}인 물의 점성계수[Pa · s]를 구하라.

풀이

$$\mu=\rho\nu=(1000 \text{ kg/m}^3)\times(0.4\times10^{-5}\text{m}^2/\text{s})=4\times10^{-3} \text{ kg/m}\cdot\text{s}$$

$$=4\times10^{-3} \text{ Pa}\cdot\text{s}$$

63 비중이 0.8이고 점성계수가 0.05 kg$_f$ · s/m^{2}인 기름의 동점성계수[m^2/s]를 구하라. (단, 중력가속도는 9.81 m/s^{2}이다.)

풀이

$$\nu=\frac{\mu}{\rho}=\frac{\mu\cdot g}{\gamma}=\frac{\mu\cdot g}{s\cdot\gamma_w}=\frac{(0.05 \text{ kg}_f\cdot\text{s/m}^2)\times(9.81 \text{ m/s}^2)}{0.8\times1{,}000 \text{ kg}_f/\text{m}^3}=6.13\times10^{-4} \text{ m}^2/\text{s}$$

64 동점성계수가 2 stokes이고 비중량이 5×10^{-3} N/cm^{3}인 액체의 점성계수[N · s/cm^2]를 구하라. (단, 중력가속도는 981 cm/s^{2}이다.)

풀이

$$\mu=\nu\rho=\nu\frac{\gamma}{g}=2 \text{ stokes}\times\frac{5\times10^{-3} \text{ N/cm}^3}{981 \text{ cm/s}^2}=2 \text{ cm}^2/\text{s}\times\frac{5\times10^{-3} \text{ N/cm}^3}{981 \text{ cm/s}^2}$$

$$=1.02\times10^{-5} \text{ N}\cdot\text{s/cm}^2$$

65 비중이 0.5이고 점성계수가 0.01 $kg_f \cdot s/m^2$인 기름의 동점성계수[m^2/s]를 구하라. (단, 중력가속도는 9.81 m/s^2이다.)

풀이

$$\nu = \frac{\mu}{\rho} = \frac{\mu \cdot g}{\gamma} = \frac{\mu \cdot g}{s \cdot \gamma_w} = \frac{(0.01\ kg_f \cdot s/m^2) \times (9.81\ m/s^2)}{0.5 \times 1{,}000\ kg_f/m^3} = 1.962 \times 10^{-4}\ m^2/s$$

66 점성계수가 0.5 poise이고 밀도가 80 $kgf \cdot s^2/m^4$인 액체의 동점성계수는 몇 m^2/s인가?

풀이

$$\nu = \frac{\mu}{\rho} = \frac{0.5\ poise}{80\ kg_f \cdot s^2/m^4} = \frac{0.5 \times \frac{1}{98.1}\ kg_f \cdot s/m^2}{80\ kg_f \cdot s^2/m^4} = 6.37 \times 10^{-5}\ m^2/s$$

67 동점성계수가 $5 \times 10^{-4}\ m^2/s$인 액체의 비중이 0.8이라면 이 액체의 점성계수는 몇 $kg/m \cdot s$인가? (단, 물의 밀도는 1,000 kg/m^3이다.)

풀이

$$\mu = \nu \rho_w s = 5 \times 10^{-4}\ m^2/s \times 1{,}000\ kg/m^3 \times 0.8 = 0.4\ kg/m \cdot s$$

68 동점성계수가 2 stokes이고 비중량이 0.0005 kg_f/cm^3인 액체의 점성계수[$kg_f \cdot s/m^2$]를 구하라.

풀이

$$\mu = \nu\rho = \nu\frac{\gamma}{g} = (2\ stokes) \times \frac{0.0005\ kg_f/cm^3}{9.81\ m/s^2} = (2 \times 10^{-4}\ m^2/s) \times \left(\frac{0.0005 \times 10^6\ kg_f/m^3}{9.81\ m/s^2}\right)$$

$$= 0.0102\ kg_f \cdot s/m^2$$

69 온도 27℃인 기체의 절대압력이 100 kPa일 때 동점성계수는 0.15 cm^2/s이다. 이 온도와 압력에서 기체의 점성계수는 약 몇 $kg/m \cdot s$인가? (단, 기체상수는 257 $J/kg \cdot K$이다.)

풀이

$$257\ J/kg \cdot K = \frac{257\ J}{kg \cdot K}\left|\frac{1\ N \cdot m}{1\ J}\right|\frac{1\ kg \cdot m/s^2}{1\ N}\right| = 257\ m^2/s^2 \cdot K$$

$$\mu = \nu\rho = \nu\frac{p}{RT} = (0.15\ cm^2/s) \times \frac{100\ kPa}{(257\ m^2/s^2 \cdot K)(300\ K)}$$

$$= (1.5 \times 10^{-5}\ m^2/s) \times \frac{100000\ Pa}{(257\ m^2/s^2 \cdot K)(300\ K)}$$

$$= 1.946 \times 10^{-5}\ Pa \cdot s = 1.946 \times 10^{-5}\ kg/m \cdot s$$

70 직경이 10 mm인 비눗방울의 내부초과압력이 50 kg_f/m^2일 때 표면장력[kg_f/cm]을 구하라. (단, 비눗방울은 구로 간주한다.)

풀이

$$\sigma = \frac{\Delta pd}{4} = \frac{10\ mm \times 50\ kg_f/m^2}{4} = \frac{(10\times10^{-3})\,m\times 50\ kg_f/m^2}{4} = 0.125\ kg_f/m = 12.5\ kg_f/cm$$

71 중력가속도가 9.81 m/s^2인 조건에서 액체의 비중이 0.750이고 점성계수는 0.004 $kg_f\cdot s/m^2$이다. 이 액체의 동점성계수[m^2/s]를 구하라.

풀이

$$\rho = s\rho_w = 0.75\times1{,}000\ kg/m^3 = 750\ kg/m^3$$

$$\nu = \frac{\mu}{\rho} = \frac{0.004\ kg_f\cdot s/m^2}{750\ kg/m^3}\times\frac{9.81\ kg\cdot m/s^2}{1\ kg_f} = 5.23\times10^{-5}\ m^2/s$$

72 표면장력이 0.5 N/m이고 직경이 5 mm인 물방울의 내부압력[kPa]을 구하라.

풀이

p_1은 내부압력, p_2는 외부압력(=대기압=101.325 kPa)이라고 하면

$$\Delta p = p_1 - p_2 = \frac{2\sigma}{r}$$

$$p_1 = p_2 + \frac{2\sigma}{r} = 101.325\ kPa + \frac{2\times0.5\ N/m}{2.5\ mm} = 101.325\ kPa + \frac{2\times0.5\ N/m}{0.0025\ m}$$

$$= 101.325\ kPa + 0.4\times10^3\ N/m^2 = 101.325\ kPa + 0.4\ kPa = 101.725\ kPa$$

73 $\beta = 0^\circ$이고, $\sigma = 5.5\times10^{-2}$ N/m라고 할 때, 직경 5 mm인 모세관에서 물의 최대 상승 높이는 몇 mm인가?

풀이

$$h = \frac{4\sigma\cos\beta}{\gamma d} = \frac{4\times5.5\times10^{-2}\times1}{9{,}810\times5\times10^{-3}} = 0.0045\ m = 4.5\ mm$$

74 물속에 직경 5 mm의 유리관을 삽입할 때 모세관에 의한 상승 높이는 약 몇 mm인가? (단, 물과 유리관의 접촉각은 0° 이고, 물의 표면장력은 0.05 N/m이다.)

풀이

$$h = \frac{4\sigma\cos\beta}{\gamma d} = \frac{4\times0.05\times1}{9{,}810\times5\times10^{-3}} = 0.0041\ m = 4.1\ mm$$

75 내부가 차 있는 물방울 내부의 압력이 대기압보다 0.005 kg_f/cm^2만큼 높다. 물방울의 표면장력이 5.75×10^{-5} kg_f/cm라면 물방울의 직경[cm]은 얼마인가?

풀이

$$d=\frac{4\sigma}{\Delta p}=\frac{4\times5.75\times10^{-5}}{0.005}=0.046\ \text{cm}$$

76 직경이 d인 비눗방울로 D까지 불어서 크게 하는데 필요한 일은 얼마인가? (단, 비누 막의 표면장력은 σ, 비눗방울의 반경은 r이다.)

풀이

$$V=\frac{4}{3}\pi r^3,\ dV=4\pi r^2 dr$$

$$\sigma=\frac{pd}{4}=\frac{pr}{2},\ p=\frac{2\sigma}{r}$$

$$W=\int_{V_1}^{V_2} p\,dV=\int_{r_1}^{r_2}\frac{2\sigma}{r}4\pi r^2 dr=\int_{r_1}^{r_2}8\sigma\pi r\,dr=4\sigma\pi\left(r_2^2-r_1^2\right)=\sigma\pi\left(D^2-d^2\right)$$

77 비중이 1.5인 액체의 표면장력이 50 dyn/cm이다. 이 액체에 수직으로 들어있는 직경 2.5 mm인 모세관이 액체와 5° 의 접촉각 상태로 액체 속에 들어있다. 이 액체의 모세관에서 상승 높이[m]를 구하라.

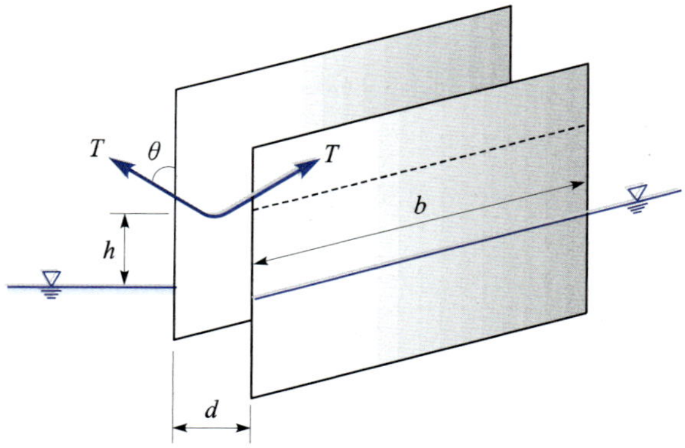

풀이

$$50\ \text{dyn/cm}=\frac{50\ \text{dyn/cm}}{}\left|\frac{1\ \text{N}}{10^5\ \text{dyn}}\right|\frac{100\ \text{cm}}{1\ \text{m}}=0.05\ \text{N/m}$$

$$0.05\ \text{N/m} = \frac{0.05\ \text{N/m}}{} \boxed{\frac{1\ \text{kg}_f}{9.81\ \text{N}}} = 0.0051\ \text{kg}_f/\text{m}$$

$$h = \frac{4\sigma\cos\theta}{\gamma d} = \frac{4\times 0.0051\ \text{kg}_f/\text{m}\times\cos 5°}{1{,}500\ \text{kg}_f/\text{m}^3\times 0.0025\ \text{m}} = 0.00542\ \text{m}$$

78 대기압이 750 mmHg일 때 진공압력이 45 kPa이면 절대압력[mmHg]은 얼마인가?

풀이

절대압력 = 대기압 - 진공압력 = 750 mmHg - 45 kPa

$$= 750\ \text{mmHg} - 45\ \text{kPa}\times\frac{760\ \text{mmHg}}{101.325\ \text{kPa}} = 412.47\ \text{mmHg}$$

79 간격이 $d=2$ mm, 폭이 $b=15$ mm인 평판이 그림과 같이 설치되어 있다. 이 평판을 표면장력이 0.05 g_f/cm이고, 비중량이 1.2 g_f/cm^3인 액체 속에 넣었더니 액체와 평판 사이의 각이 5.5° 이다. 이때 평판 사이로 상승하는 액체의 높이[cm]를 구하라.

풀이

$$h = \frac{2\sigma\cos\theta}{\gamma d} = \frac{2\times 0.05\ \text{g}_f/\text{cm}\times\cos 5.5°}{1.2\ \text{g}_f/\text{cm}^3\times 0.2\ \text{cm}} = 0.4147\ \text{cm}$$

80 용접용 기체 저장 용기에 부착된 압력계의 지침이 2.5 kg_f/cm^2을 가리키고 있다. 이때의 대기압이 760 mmHg라면 이 기체 저장 용기 안의 절대압은 ftHg로 얼마인가?

풀이

$$2.5\ \text{kg}_f/\text{cm}^2 = \frac{2.5\ \text{kg}_f/\text{cm}^2}{} \boxed{\frac{760\ \text{mmHg}}{1.033\ \text{kg}_f/\text{cm}^2}} = 1{,}839.3\ \text{mmHg}$$

절대압 = 대기압 + 게이지압 = 760 mmHg + 1,839.3 mmHg = 2,599.3 mmHg

$$2{,}599.3\ \text{mmHg} = \frac{2{,}599.3\ \text{mmHg}}{} \boxed{\frac{1\ \text{ftHg}}{304.8\ \text{mmHg}}} = 8.528\ \text{ftHg}$$

참고문헌

- Çengel, Y. A., & Cimbala, J. M. (2017). Fluid Mechanics : Fundamentals and Applications. McGraw-Hill Education.
- Fox, R. W., McDonald, A. T., & Pritchard, P. J. (2020). Introduction to Fluid Mechanics. Wiley.
- White, F. M. (2016). Fluid Mechanics. McGraw-Hill.
- Munson, B. R., Young, D. F., & Okiishi, T. H. (2015). Fundamentals of Fluid Mechanics. Wiley.
- Batchelor, G. K. (2000). An Introduction to Fluid Dynamics. Cambridge University Press.
- Kundu, P. K., Cohen, I. M., & Dowling, D. R. (2015). Fluid Mechanics. Academic Press.
- 한국소방산업기술원 (2020). 소방설비기술기준 해설.
- 대한기계학회 (2018). 유체역학.
- 한국소방안전원 (2021). 소방펌프 및 배관 시스템 설계 기준.
- 국립재난안전연구원 (2019). 소방유체역학과 화재진압 적용 연구.
- 김형준 (2017). 소방 유체역학 개론. 한국소방과학회.
- 한국소방기술연구소 (2022). 소방 유체역학 실무 적용.
- Panton, R. L. (2013). Incompressible Flow. Wiley.
- Mott, R. L. (2015). Applied Fluid Mechanics. Pearson.
- Crowe, C. T., Elger, D. F., & Williams, B. C. (2019). Engineering Fluid Mechanics. Wiley.

CHAPTER 02

정지 유체와 압력

1. 정수압 및 수두
2. 압력 측정법 및 소방 시스템에서의 압력 응용
3. 정지 유체 속의 힘
4. 정압과 동압, 전압 개념 및 소방 설비에서의 적용

CHAPTER 02

정지 유체와 압력

학습목표

- 정지 상태에서 유체의 압력 개념과 수두의 관계를 이해하고 활용할 수 있다.
- 다양한 압력 측정 방법을 익히고, 소방 시스템에서 적절한 압력 측정 기법을 적용할 수 있다.
- 정지 유체 속에서 작용하는 힘을 분석하고, 부력의 원리를 수식적으로 설명할 수 있다.
- 정압, 동압 및 전압 개념을 이해하고, 이를 소방 설비 설계 및 운용에 적용할 수 있다.
- 수리학적 원리를 기반으로 정수압과 관련된 실무적 문제를 해결할 수 있다.

유체가 정지해 있을 때 발생하는 압력(정수압)은 소방 유체역학에서 가장 기본이 되며, 다양한 소방 설비(급수탱크, 펌프, 배관망, 수조 등)의 설계와 운용에 매우 중요한 요소로 작용한다. 이 장에서는 정수압의 개념과 이를 수두로 환산하는 방법, 압력 측정 기기의 작동 원리, 그리고 정지 유체 내부에서 발생하는 힘(부력 등)에 대해 상세히 살펴본다.

1 정수압 및 수두

1.1 정수압의 개념

1. 정수압(Hydrostatic Pressure)

정수압은 정지 상태의 유체 내부에서 '깊이'에 따라 작용하는 압력을 의미한다. 지표면 가까운 곳에서 쉽게 접할 수 있는 예로는 수조나 물탱크 안의 물이 있으며, 수면에서부터 일정 깊이 h만큼 내려간 지점에서 발생하는 압력은 다음 식으로 주어진다.

$$P = \rho g h \tag{2.1}$$

여기서, P : 정수압 (Pa, N/m^2), ρ : 유체의 밀도 (kg/m^3), g : 중력가속도 (약 9.81 m/s^2), h : 유체 깊이 (m)

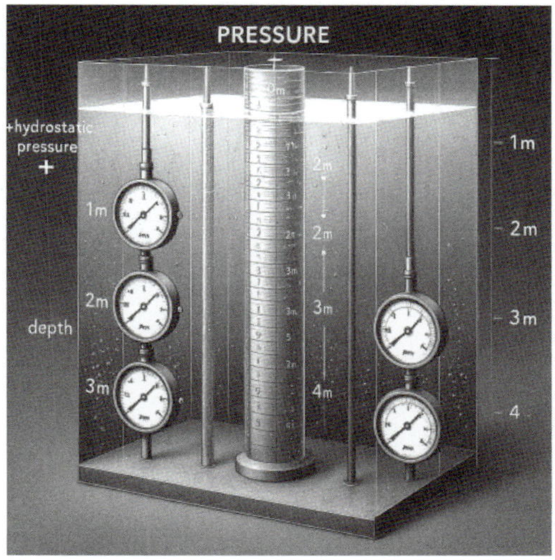

그림 2.1 정수압과 깊이의 관계

2. 정수압의 특징

- 깊이에 비례 : 깊어질수록 정수압이 선형적으로 증가한다. 즉, 수면에서 2 m 깊이와 4 m 깊이의 압력 차이는 두 배가 된다.
- 방향성 무관 : 유체가 정지해 있을 때, 특정 깊이에서 유체 내부 모든 점의 압력 크기는 동일하나, 그 압력은 모든 방향으로 똑같이 작용한다(유체 정역학의 기본 원리).
- 대기압 영향 : 만약 유체가 대기에 노출되어 있다면, 실제 계측되는 절대 압력은 $P_0 + \rho gh$로 나타난다. 여기서 P_0는 유체 표면에 작용하는 대기압(약 101,325 Pa)을 의미한다.
- 수조나 탱크 내부 : 실린더형 탱크를 예로 들면, 탱크 바닥에서 작용하는 수압은 내용물이 물인지 다른 액체인지에 따라 달라지고, 탱크 높이가 크면 그만큼 바닥 압력도 커진다.

3. 실제 적용 사례

- 소방 급수탱크 : 건물 옥상이나 특정 층에 설치된 물탱크(소화수조)에서 물의 높이(깊이)가 얼마인지에 따라 배관 출구 압력이 달라진다. 이를 통해 펌프가 작동하기 전에도 일정 압력을 확보할 수 있다.

- 수중 화재 진압 : 선박이나 잠수함 내부 화재 등 특수 상황에서, 잠수부(소방관)가 일정 수심에 있을 때 작용하는 주변 수압을 고려해 장비(호흡기, 방수장비)의 내압 성능을 확인해야 한다.
- 고층 건물 소방 시스템 : 층수가 높아질수록 수직 배관을 통해 올라가는 물의 정수압이 달라진다. 1층과 30층에서의 수압 차이를 계산해, 각 층에서 안정적인 방수가 가능한지를 평가한다.

1.2 수두의 개념

1. 수두(Head)

유체가 갖는 에너지를 '높이(수두, m)'로 환산하여 표현하는 개념이다. 에너지를 길이 단위로 간단히 바꿔서 생각할 수 있기 때문에, 다양한 유체역학 방정식에서 자주 활용된다.

2. 총 수두 식

유체가 지니는 에너지는 크게 압력에 의한 에너지, 운동에 의한 에너지(속도), 그리고 위치에 의한 퍼텐셜 에너지(높이)로 나눌 수 있으며, 이를 통합한 식이 다음과 같다.

$$H = \frac{P}{\gamma} + \frac{v^2}{2g} + z \tag{2.2}$$

H : 총 수두 (m), $\gamma = \rho g$: 비중량 (N/m^3), P : 유체의 압력 (Pa), v : 유체의 속도 (m/s), z : 위치(높이) (m)

3. 수두의 종류

1) 압력 수두(Pressure Head)

- $\frac{P}{\gamma}$ 압력을 높이(m)로 환산한 개념이다.
- 예를 들어, 200 kPa 압력은 물의 경우 약 20 m 수두에 해당한다(물 밀도 1,000 kg/m^3 기준).

2) 속도 수두(Velocity Head)

- $\frac{v^2}{2g}$ 유체가 흐르면서 가지는 운동 에너지를 높이로 표현한 것
- 빠른 유속은 큰 속도 수두를 의미하며, 이에 비례해 압력이 낮아질 수 있다(베르누이 방정식).

3) 위치 수두(Elevation Head) :

- z 유체가 갖는 위치 에너지를 높이(m)로 직접 나타낸다.
- 고층 탱크에 있는 물은 높은 위치 수두를 가지게 된다.

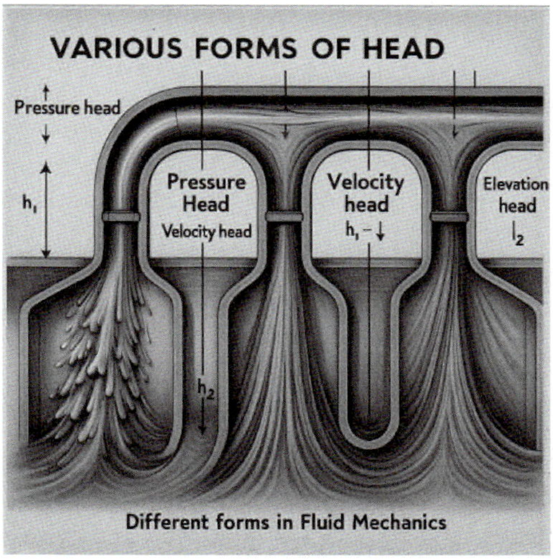

그림 2.2 다양한 형태의 수두

4. 소방 분야 적용 사례

- 펌프 선정 및 설치 높이 : 펌프를 어느 층에 둘 것인가, 펌프가 제공해야 할 양정(헤드)은 얼마인가 등을 결정할 때, 위치 수두·압력 수두·속도 수두를 모두 고려한다.
- 스프링클러 헤드에서 방수 거리 : 노즐(헤드)에서 물이 분사될 때 필요한 압력(압력 수두)을 맞춰주어야 방사 패턴이 적절하게 형성된다.
- 수직 배관 내 압력 차이 : 고층으로 올라갈수록 위치 수두가 커져서 결국 수압(압력 수두)이 낮아지므로, 보조 펌프나 압력 유지 장치가 필요할 수 있다.

2 압력 측정법 및 소방 시스템에서의 압력 응용

압력은 유체역학과 소방 공학에서 핵심적인 변수이다. 정확한 압력 측정과 해석은 화재 진압의 성공 여부를 좌우할 수 있으므로, 압력측정기기, 측정 방법, 압력 데이터의 소방 시스템 활용 전 과정이 중요하다.

2.1 압력측정기기

소방 시스템에서 사용되는 압력측정기기의 종류와 특성을 이해하면, 현장 및 설비에 맞는 적절한 계측 방식을 선택할 수 있다.

1. 마노미터(Manometer)

- 원리 : U자관 등 액주 높이차를 통해 압력을 간접적으로 측정. 물, 수은 등 비중이 알려진 유체를 사용
- 장점 : 단순 구조, 저압 범위에서 높은 정밀도. 눈금만 읽으면 되므로 직관적
- 단점 : 고압 측정 어려움, 설치 공간이 크고, 휴대가 불편
- 사용 예 : 스프링클러 헤드 주변의 저압 차이 측정, 실험실 차원의 교정 장치

2. 부르동관 압력계(Bourdon Tube Gauge)

- 원리 : 반원형 또는 나선형 금속 튜브에 압력이 가해지면 튜브가 펴지거나 휘는 변형을 기계적 링크로 지침(게이지)에 전달
- 장점 : 견고하고 고압 범위까지 사용 가능, 아날로그 지침으로 신속한 현장 판독
- 단점 : 아주 미세한 저압 측정에는 오차가 클 수 있음. 정밀도는 전자식에 비해 떨어질 수 있음
- 사용 예 : 소방펌프 흡입·토출측 압력계, 소화전 방수압 가시화, 배관 상시 감시용

3. 전자식 압력 센서(Electronic Pressure Sensor)

- 원리 : 반도체 스트레인 게이지, 압전소자 등을 이용해 압력 변화 → 전기 신호 변화로 변환. 디지털 출력
- 장점 : 소형화, 원격 모니터링 및 자동 제어 시스템과 연동 용이, 높은 정밀도
- 단점 : 전원 필요, 고온·고습 환경에서 센서 보호가 필수, 초기 비용 상대적으로 높음
- 사용 예 : 대형 소방펌프장 자동제어(PLC, SCADA), 화재 감시 시스템, 배연팬 차압 제어

4. 다이어프램 압력계(Diaphragm Pressure Gauge)

- 원리 : 얇은 금속막(다이어프램)이 압력 차에 따라 변형되며, 이를 기계식(지침) 또는 전자식(센서)으로 계측
- 장점 : 저압 측정에 민감하게 반응, 점성 유체나 오염물질이 있는 배관에도 사용 가능(밀폐막)
- 단점 : 극고압에는 막 손상 위험, 측정 범위 한계가 있음
- 사용 예 : 폼액 배관, 계면활성제 등 특수 소화약제 라인의 저압 모니터링, 정밀 차압 측정

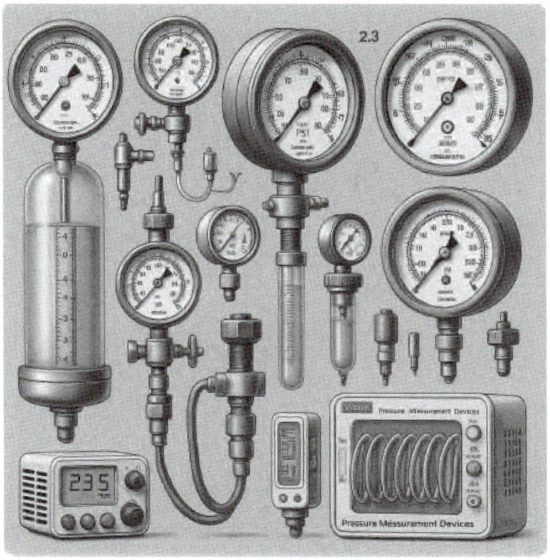

그림 2.3 다양한 압력 측정 기기

2.2 압력측정방법

1. 절대압(Absolute Pressure) 측정

- 대기압(약 101 kPa)을 포함한 절대 기준(진공 0 Pa)에서의 압력을 측정
- 예 : 특정 소화약제 탱크 내부 압력을 절대값으로 모니터링(외부 대기와 무관)

2. 게이지압(Gauge Pressure) 측정

- 대기압을 0점으로 설정하여, 대기압 대비 얼마나 높은지(또는 낮은지) 측정
- 소방 현장에서 일반적인 방식 : 펌프 토출압, 소화전 방수압 등은 대개 게이지압 계수

3. 차압(Differential Pressure) 측정

- 두 지점 간 압력 차이를 직접 측정하여 배관 손실이나 환기 차압 등을 파악
- 예 : 배연팬 운전에 따른 건물 내부·외부 차압, 필터 전·후 단 압력 손실 측정

4. 동압 측정(Pitot Tube 등)

- 유체 유속이 빠른 경우, 유동 중인 흐름에서 동압을 측정하려면 피토관(Pitot Tube)을 사용
- 예 : 노즐 분출 유속(방사 속도) 측정, 덕트 내 공기 흐름 속도 측정으로 환기량 계산

5. 온도·밀도 보정

- 물성 변화(온도·밀도)에 따라 압력계 결과 해석이 달라짐
- 고온 화재 현장이나 냉동창고에서는 측정 신호를 물성표와 비교·보정하는 절차가 필요

2.3 소방 시스템에서의 압력 활용

1. 배관 설계 및 점검

- 설계압력 : 배관, 밸브, 피팅류가 견딜 수 있는 최대 설계압력을 파악해 선정
- 운전 압력 모니터링 : 압력계(부르동관, 전자식 등)를 통해 배관 내 정상 동작 범위를 확인. 유량 부족이나 누설 발생 시 압력이 급격히 변동한다.

2. 소방펌프 운전 상태 제어

- 흡입압 vs 토출압 비교 : 펌프 효율 점검. 성능 곡선과 실제 운전점을 비교해, 필요한 양정을 제대로 공급하는지 확인
- 자동제어 : 전자식 센서로 실시간 압력 데이터를 수집 → PLC 또는 SCADA 시스템에서 분석 후 펌프 출력 조절, 밸브 개도 변경

3. 스프링클러·소화전 방사압 확인

- 게이지 읽기 : 스프링클러 헤드나 소화전 근처에 부르동관식 게이지를 설치해 적정 방수압 유지 여부를 파악
- 분사 효율 : 압력이 너무 낮으면 방사 거리가 부족하고, 너무 높으면 호스 반동이 커져 안전 문제가 생길 수 있다.

4. 배연 시스템 차압 관리

- 건물 내부·외부 차압 : 연기가 퍼지지 않도록 일정한 양압을 유지하거나, 배연 팬으로 음압을 유지해 연기를 외부로 배출
- 전자식 센서 : 다이어프램식 차압계나 전자식 차압 센서를 사용해 실시간으로 모니터링해 밸브·댐퍼 등을 제어

5. 특수 소화약제 라인 압력 관리

- CO_2, N_2 등 가스계 소화 : 고압 탱크에서 방출될 때, 급격한 압력 변화와 냉각(줄-톰슨 효과)을 고려해 탱크 압력·배관 압력을 모니터링
- 폼(거품) 시스템 : 폼액 농도 공급 압력과 물 공급 압력을 적절히 조절해 혼합 비율을 일정하게 유지

3 정지 유체 속의 힘

정지한 유체에 담긴 물체나 구조물에는 유체에 의한 압력이 면적 전체에 걸쳐 작용하며, 물체가 잠긴 면이나 내부 공간에 상당한 힘이 가해진다. 특히 잠긴 물체는 아르키메데스 원리에 따라 부력도 받게 된다.

3.1 정지 유체 속의 힘

1. 유체 내 압력 분포

정지 유체에서 압력은 수심(깊이)에 선형 비례하므로, 면적 A가 유체 속 특정 깊이 범위에 걸쳐 잠겨 있다면, 그 면적에 작용하는 전체 힘은 아래와 같이 표현할 수 있다(단, 대상 면이 수평면일 경우).

$$F = P \times A = P \times \rho g h \tag{2.3}$$

여기서, F : 면에 작용하는 합력(N), A : 면적(m^2), h : 기준 깊이(m)

하지만, 만약 면이 기울어져 있거나 깊이가 일정하지 않다면(예 댐 벽), 압력은 깊이에 따라 연속적으로 변하므로 적분을 통해 계산해야 한다.

2. 소방 분야에서의 적용

- 침수된 구조물 내부 압력 계산 : 홍수나 화재 진압 과정에서 지하실이 물로 가득 찼다면, 벽이나 문에 작용하는 유체압을 고려해 파손 위험을 평가해야 한다.
- 수중 소방 로봇 : 특수 상황에서 사용하는 수중 로봇(무인 잠수장비 등)은 일정 수심 이상에서 높은 정수압을 견디도록 설계해야 한다.
- 수리 터널이나 물 흐름 실험 장치 : 소방용 펌프의 대형 테스트베드 등에서, 벽면에 작용하는 수압을 계산해 안전을 확보한다.

3.2 부력(Buoyancy)

1. 아르키메데스 원리

물체가 유체에 잠기면, 물체가 밀어낸 유체의 무게만큼의 상승 힘(부력)을 받는다. 부력의 크기는 다음 식으로 나타낼 수 있다.

$$F_B = \rho g V \tag{2.4}$$

여기서, F_B : 부력(N), V : 물체가 잠긴 부피(m^3), ρ : 유체 밀도(kg/m^3)

2. 특징

- 물체가 유체보다 밀도가 작으면, 부력이 중력보다 커서 물체가 뜬다(물 위에 부유).
- 물체가 유체보다 밀도가 크면 가라앉는다.
- 일부 잠긴 상태(부력과 중력이 균형)로 부유하는 경우도 있다(예 잠수함).

3. 소방 시스템 적용 사례

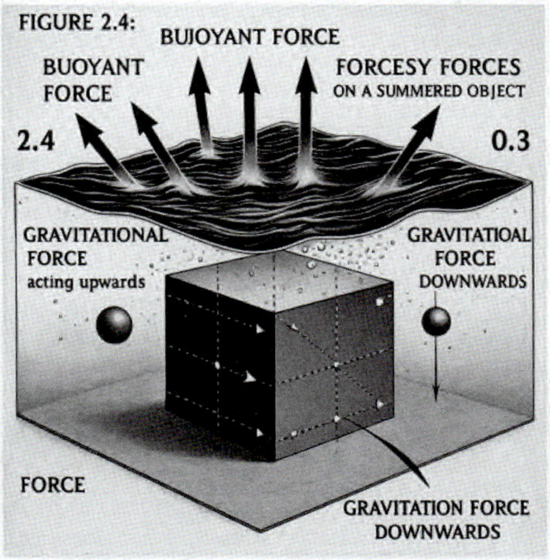

그림 2.4 부력의 개념 및 응용

- 부유식 소방 장치 : 홍수 지역에서 물 위에 떠다니며 화재 진압 또는 구조 작업을 수행할 수 있는 부유식 펌프나 플로팅 헤더 등
- 배수 및 자동 개폐장치 : 물이 일정 높이 이상 차오르면 부력에 의해 플로트(부유체)가 올라가 밸브를 열어 물을 빼내는 방식(배수 시스템)
- 수중 구조·수색 장비 : 수중 환경에서 화재 후 잔해를 수색할 때, 부력을 계산해 드론이나 로봇이 중성 부력을 유지하도록 설계하면 에너지 효율이 높아진다.

4 정압과 동압, 전압 개념 및 소방 설비에서의 적용

정지 유체 상태에서는 '정수압' 개념이 중요하지만, 유체가 흐르는 경우(동유체역학)에는 압력을 정압과 동압, 그리고 이 둘의 합인 전압으로 구분해 이해하는 것이 유용하다.

4.1 정압(Static Pressure)

- 정의 : 유체 속에서 흐름 방향과 무관하게 작용하는 압력으로, 유체를 관찰자와 함께 이동시키면서 측정했을 때 느껴지는 압력이다.
- 특징 : 베르누이 방정식에서 "P" 항에 해당하며, 유체가 고속으로 이동해도 관측점에 상대적인 정압은 달라지지 않는다(물론 마찰·경로 변화 등 없다고 가정).
- 소방 설비 예시 : 소방펌프가 토출 전에 배관 내부에 형성하는 '대기와 무관한 가압 상태'를 말할 수 있으며, 노즐이 닫혀있는 상태에서 측정되는 압력(=static pressure)과 유사하다.

4.2 동압(Dynamic Pressure)

- 정의 : 유체가 가지는 운동 에너지를 압력 형태로 환산한 값이며, $\frac{1}{2}\rho V^2$으로 표현된다. "속도 압력(Velocity Pressure)"이라고도 함
- 특징 : 유체 유속이 클수록 동압이 증가. 실제 소방 호스 또는 노즐에서 빠르게 분출될 때 발생하는 압력 에너지가 이 동압이다.
- 소방 설비 예시 : 노즐로부터 분사되는 고속 물줄기가 갖는 운동 에너지(동압)는 화재 진압 범위와 관통력(방수 압력)에 직접적인 영향을 끼친다.

4.3 전압(Total Pressure)

- 정의 : 정압 + 동압의 합

$$P_{total} = P_{static} + P_{dynamic} \tag{2.5}$$

- 특징 : 베르누이 방정식의 기본 개념으로, 점성 등 손실이 없는 이상 유체 흐름에서 전압은 일정하게 유지된다.
- 소방 설비 예시 : 펌프에서 토출되는 전체 에너지는 배관·노즐로 이어지면서 일부는 마찰손실로 소모되나, 남은 에너지는 정압과 동압 형태로 분배된다. 노즐 근처에서 계측되는 정압+동압이 실제 방사 성능을 결정한다.

4.4 소방 설비에서의 활용

1. 노즐 설계

노즐 출구에서의 유속(동압)이 충분히 높아야 화재 진압 효율(방사 거리, 물방울 분무 각도 등)이 좋아진다.
그렇다고 동압만 지나치게 커지면, 호스 반동 등 제어가 어려워질 수 있으며, 필요한 정압 유지를 위해 더 큰 펌프가 필요해진다.

2. 덕트·배연팬 설계

팬이 제공하는 전압(전체 압력)은 건물 내부 정압(차압 유지용)과 공기 흐름(동압)을 합쳐 구분할 수 있다.
연기를 신속히 배출하기 위해서는 어느 정도 높은 동압(유속)과 적절한 정압 차가 동시에 만족되어야 한다.

3. 펌프 양정 해석

펌프가 공급하는 에너지는 '수두'로 표현될 뿐 아니라, 전압으로도 해석 가능하다. 압력이 올라가면(정압 증가) 유속이 낮아지고, 유속을 높이면(동압 증가) 상대적으로 정압이 떨어지는 상호보완적 관계가 있다.

연습문제

01 압력 3 kg_f/cm^2를 수주로 표시하라.

풀이

$$3\ kg_f/cm^2 = \frac{3\ kg_f/cm^2}{} \left| \frac{10.34\ mH_2O}{1.033\ kg_f/cm^2} \right| = 30.03\ mH_2O$$

02 압력계의 계기눈금이 3 kg_f/cm^2이다. 이 압력을 수은주 mmHg로 환산하라.

풀이

$$3\ kg_f/cm^2 = \frac{3\ kg_f/cm^2}{} \left| \frac{760\ mmHg}{1.033\ kg_f/cm^2} \right| = 2,207.2\ mmHg$$

03 해저의 압력이 30 kg_f/cm^2일 때 바다의 깊이[m]를 구하라.

풀이

$$p = \rho g h \rightarrow h = \frac{p}{\rho g}$$

$$h = \frac{30\ kg_f/cm^2}{9.81\ m/s^2 \times 1,000\ kg/m^3} = \frac{30 \times 9.81 \times 10^4\ N/m^2}{9.81 \times 10^3\ N/m^3} = 300\ m$$

04 국소대기압이 600 mmHg일 때 절대압력이 0.5 kg_f/cm^2이었다. 계기압력[kg_f/cm^2]을 구하라.

풀이

$$600\ mmHg = \frac{600\ mmHg}{} \left| \frac{1.033\ kg_f/cm^2}{760\ mmHg} \right| = 0.82\ kg_f/cm^2$$

계기압력 = 절대압력 − 국소대기압

= $(0.5 - 0.82)\ kg_f/cm^2 = -0.32\ kg_f/cm^2 = 0.32\ kg_f/cm^2$ 진공

05 계기압력이 5 kg_f/cm^2일 때 실험실에 놓인 수은기압계의 수은 높이는 740 mmHg이었다. 절대압력[kg_f/cm^2]을 구하라.

풀이

$$740\ mmHg = \frac{740\ mmHg}{} \left| \frac{1.033\ kg_f/cm^2}{760\ mmHg} \right| = 1.006\ kg_f/cm^2$$

절대압력 = 국소대기압 + 계기압력 = (1.006+5) kg_f/cm^2 = 6.006 kg_f/cm^2

06 그림과 같은 플런저 A와 B의 면적이 각각 0.005 m^2과 0.5 m^2이고 B의 중량이 50 kN이다. 또한, 용기와 연결관 내에는 비중량이 5,800 N/m^3인 기름으로 채워져 있다. A의 중량을 무시한 상태에서 두 플런저가 평형이 되기 위한 힘 F[N]를 구하라.

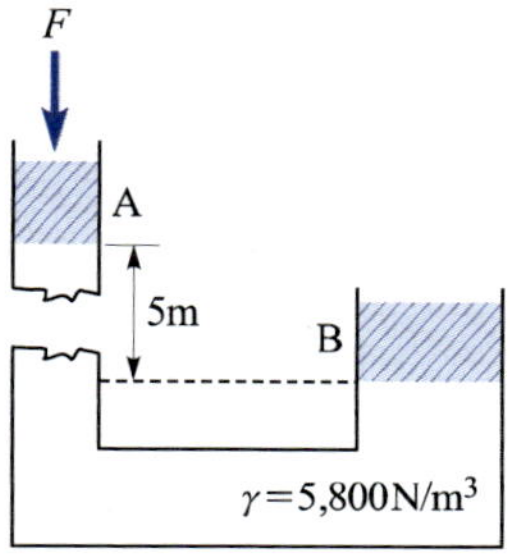

풀이

$p_A = p_B \rightarrow \dfrac{F}{A_A} + \gamma h = \dfrac{w_B}{A_B}$이므로

$$\frac{F}{0.005} + 5{,}800 \times 5 = \frac{50{,}000}{0.5}$$

$F = 355$ N

07 그림에서 점 x의 압력 p_x의 계기압력[kg_f/cm^2]을 구하라.

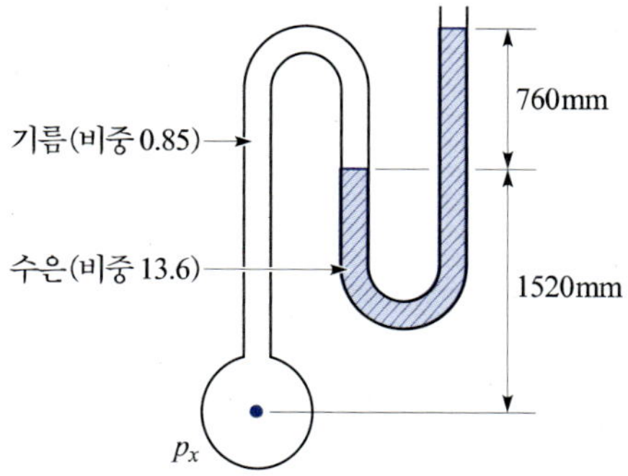

풀이

$$p_x - (0.85 \times 1{,}000) \times 1.52 - (13.6 \times 1{,}000) \times 0.76 = 0$$

$$p_x = 11{,}628\ kg_f/m^2 = 1.1628\ kg_f/cm^2$$

08 그림과 같은 U자 관에 혼합되지 않고 화학작용도 하지 않는 두 종류의 액체가 담겨있다. ρ_A =1,000 kg/m^3, l_A = 50cm, ρ_B =500 kg/m^3일 때 l_B[cm]를 구하라.

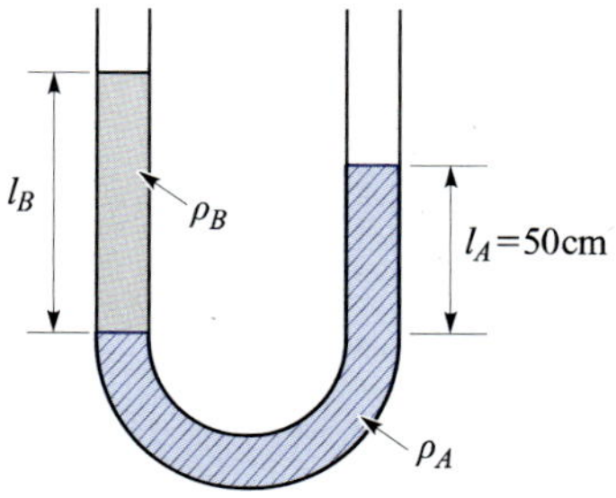

풀이

$p_A = p_B \rightarrow \rho_A g l_A = \rho_B g l_B$이므로

$$l_B = \frac{\rho_A l_A}{\rho_B} = \frac{1{,}000 \times 0.5}{500} = 1\ m = 100\ cm$$

09 물의 깊이가 15 m인 곳에서 반경이 1 m인 원판이 그림과 같이 수평으로 놓여있을 때 원판이 받는 압력 힘[kg_f]을 구하라.

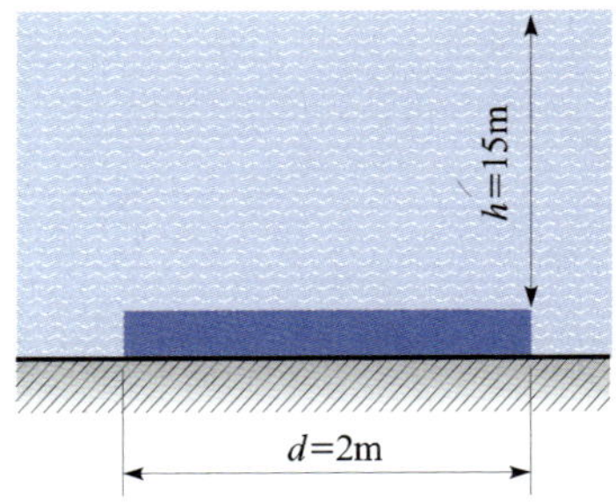

풀이

$$pA = \rho ghA$$
$$= 1{,}000\ kg/m^3 \times 9.81\ m/s^2 \times 15\ m \times \pi \times (1\ m)^2$$
$$= 462{,}285\ kg \cdot m/s^2 = 462{,}285\ N$$
$$= 462{,}285\ N \times \frac{1\ kg_f}{9.81\ N} = 47{,}124\ kg_f$$

10 340 mmHg의 압력은 계기압으로 몇 kg_f/cm^2인가? (단, 대기압의 크기는 760 mmHg이다.)

풀이

계기압 = 절대압 − 대기압

계기압 = $340 - 760 = -420\ mmHg$

계기압 = $-420 mmHg \times \dfrac{1.0332\ kg_f/cm^2}{760\ mmHg} = -0.57\ kg_f/cm^2$

11 Bourdon 압력계의 지침이 500 kPa을 가리키고 있고 수은기압계의 눈금이 700 mm를 나타내고 있을 때 이 압력을 절대압[kPa]과 계기압[kPa]으로 계산하라. (단, 수은의 비중은 13.6이다.)

풀이

계기압 = $1{,}000 \times 13.6 \times 9.81 \times 0.7 = 93{,}391.2\ Pa = 93.3912\ kPa$

절대압 = $500 + 93.3912 = 593.3912\ kPa$

12 그림과 같은 2액 미압계에서 유리관 C의 내경이 5 mm, 액유기 A와 B의 내경은 모두 40 mm, 기름의 비중은 0.8이다. 물과 기름의 경계면이 20 mm 만큼 이동할 때 이에 해당하는 A, B의 차압[kg_f/m^2]을 구하라.

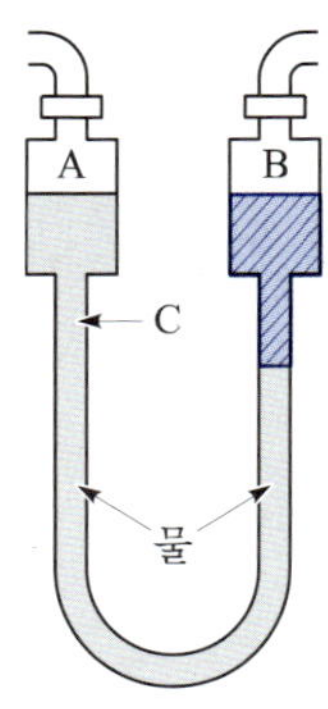

풀이

$p_A + \rho_1 gh = p_B + \rho_2 gh$이므로

$$p_A - p_B = \rho_2 gh - \rho_1 gh = (\rho_2 g - \rho_1 g)h = (\gamma_2 - \gamma_1)h$$
$$= (0.8 - 1) \times 10^3 \times 0.02 = -4\ kg_f/m^2$$

13 뚜껑이 닫힌 밀폐 탱크 속에 비중이 0.7인 기름이 깊이 5 m만큼 채워져 있고 그 위에 기체가 50 kPa의 압력으로 누르고 있다면 탱크 밑면이 받는 유체압 [kPa]을 구하라.

풀이

$p = p_a + \rho g h = p_a + s\rho_w g h = 50\ \mathrm{kPa} + (0.7 \times 1{,}000\ \mathrm{kg/m^3}) \times 9.81\ \mathrm{m/s^2} \times 5\ \mathrm{m}$

$= 50\ \mathrm{kPa} + 34{,}335\ \mathrm{kg/m \cdot s^2} = 50\ \mathrm{kPa} + 34.335\ \mathrm{kPa} = 84.335\ \mathrm{kPa}$

14 공기 중에서 900 N인 돌이 물에 잠겨있다. 물에서의 중량이 300 N이면 이 돌의 체적 [$\mathrm{m^3}$]을 구하라.

풀이

$1\ \mathrm{kg_f} = 9.81\ \mathrm{N}$이므로

$\dfrac{300}{9.81} + F = \dfrac{900}{9.81} \rightarrow F = \dfrac{900}{9.81} - \dfrac{300}{9.81} = 61.2\ \mathrm{kg_f}$

$F = 1{,}000V = 61.2\ \mathrm{kg_f} \rightarrow V = \dfrac{61.2\ \mathrm{kg_f}}{1{,}000\ \mathrm{kg_f/m^3}} = 0.0612\ \mathrm{m^3}$

15 개방된 용기 내에 비중이 9인 액체 면에 쇳덩어리가 떠 있는데 이 쇳덩어리가 보이지 않을 때까지 물을 부었을 때 쇳덩어리가 액체 속에 있는 부분과 물속에 있는 부분의 체적은 약 얼마인가? (단, 쇠의 비중은 8이다.)

풀이

체적의 비 = $\dfrac{8}{9-8} = 8$

따라서 8:1이다.

16 소방차에 설치된 펌프에 흡입되는 물의 압력을 진공계로 측정하니 76 mmHg이었을 때 기압계는 770 mmHg를 가리키고 있다면 절대압 [$\mathrm{kg_f/cm^2}$]을 구하라.

풀이

절대압 = 대기압 − 진공 = $770 - 76 = 694\ \mathrm{mmHg}$

$\dfrac{694\ \mathrm{mmHg}}{760\ \mathrm{mmHg}} \times 1.0332\ \mathrm{kg_f/cm^2} = 0.9435\ \mathrm{kg_f/cm^2}$

17 20℃에서 비중량이 500 kg_f/m^3이고 증기압이 0.2 kg_f/cm^2인 액체를 흡입할 수 있는 이론 최대높이 [m]를 구하라. (단, 대기압은 1 kg_f/cm^2이다.)

풀이

$p = p_o + \dfrac{g}{g_c}\gamma h$이므로

$$h = \frac{p - p_o}{\gamma} = \frac{0.2 \times 10^4\ kg_f/m^2 - 1 \times 10^4\ kg_f/m^2}{500\ kg_f/m^3} = -16\ m$$

18 물이 들어있는 U자 관 속에 기름을 넣었더니 기름 30 cm와 물 20 cm의 액주가 평형을 이루었다면 기름의 비중을 구하라.

풀이

$s_1 h_1 = s_2 h_2$

$$s_2 = s_1 \times \frac{h_1}{h_2} = 1 \times \frac{20}{30} = 0.67$$

19 그림과 같은 액주계에서 원 중심의 압력 [kPa]을 구하라.
(단, 대기압은 101 kPa이 작용한다.)

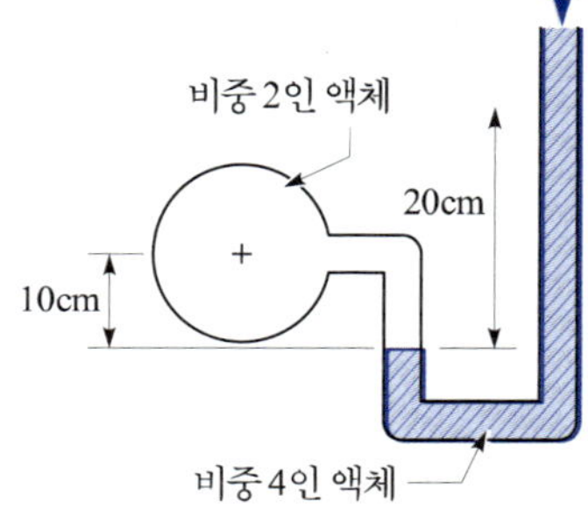

풀이

원 중심의 압력을 p_A라 하고 비중이 4인 액체를 B라 하면

$$p_A = p_B + \gamma_2 h_2 - \gamma_1 h_1$$

$$= 101\ kPa + \left(\frac{4 \times 20 \times 10^{-3}\ kg_f/cm^2}{1.0332\ kg_f/cm^2} \times 101.3\ kPa\right)$$

$$-\left(\frac{2 \times 10 \times 10^{-3}\ kg_f/cm^2}{1.0332\ kg_f/cm^2} \times 101.3\ kPa\right) = 106.88\ kPa$$

20 U자관에 수은이 채워져 있다. 여기서 어떤 액체를 넣었을 때 이 액체 30 cm와 수은 15 cm가 평형을 이루었다면 이 액체의 비중을 구하라. (단, 수은의 비중은 13.6이다.)

풀이

$\gamma_1 h_1 = \gamma_2 h_2$이므로

$$\gamma_2 = \gamma_1 \times \frac{h_1}{h_2} = s_1 \gamma_w \times \frac{h_1}{h_2} = 13.6 \times 9{,}810 \times \frac{15}{30} = 66{,}708$$

$$s_2 = \frac{\gamma_2}{\gamma_w} = \frac{66,708}{9,810} = 6.8$$

21 배관 속의 물에 압력을 가했더니 물의 체적이 5% 감소하였다. 이때 가해진 압력[kg_f/cm^2]을 구하라. (단, 물의 압축률은 10×10^{-6} cm^2/kg_f이다.)

풀이

$$K = -\frac{\Delta p}{\Delta V/V},\ \beta = \frac{1}{K}$$

$$\Delta p = \frac{\Delta V/V}{\beta} = \frac{0.05}{10 \times 10^{-6}\ cm^2/kg_f} = 5,000\ kg_f/cm^2$$

22 국소대기압이 400 mmHg, 계기압이 0.5 kg_f/cm^2인 경우 절대압 [kg_f/cm^2]을 구하라.

풀이

절대압 = 대기압 + 계기압

$$= \frac{400\ mmHg}{760\ mmHg} \times 1.0332\ kg_f/cm^2 + 0.5\ kg_f/cm^2 = 1.044\ kg_f/cm^2$$

23 어떤 물체가 공기 중에서 측정한 중량이 500 N이고 이것을 물속에서 측정한 중량은 150 N이었다. 이 물체의 비중을 구하라. (단, 공기의 중량은 무시한다.)

풀이

$$500 = 150 + \gamma V$$

$$V = \frac{500 - 150}{9,810} = 0.036\ m^3$$

$$s = \frac{500}{9,810 \times V} = \frac{500}{9,810 \times 0.036} = 1.42$$

24 50 mmAq는 몇 Pa인가? (단, 중력가속도는 9.81 m/s^2이고 물의 비중량은 1,000 kg_f/m^3이다.)

풀이

표준대기압 1 atm = 1.0332 kg_f/cm^2 = 10.332 mAq, 1 Pa = 1 N/m^2

$$50\ mmAq = 0.05\,mAq \times \frac{1.0332\ kg_f/cm^2}{10.332\ mAq} \times \frac{10^4\ kg_f/m^2}{1\ kg_f/cm^2} \times \frac{9.81\ N/m^2}{1\ kg_f/m^2} = 490.5\ Pa$$

25 화성에서 측정한 중량(w_1)이 5 kg_f인 물체를 지구상에서 측정하면 중량(w_2)이 몇 kgf인가? (단, 화성에서 중력가속도(g_1)는 1.5 m/s^2이고 지구에서의 중력가속도(g_2)는 9.81 m/s^2이다.)

풀이

$$m = \frac{g_c}{g_1} \times w_1 = \frac{9.81}{1.5} \times 5 = 32.7 \ \text{kg}$$

$$w_2 = m\frac{g_2}{g_c} = 32.7 \times \frac{9.81}{9.81} = 32.7 \ \text{kg}_\text{f}$$

26 대기압이 수은주 720 mmHg일 때 수주로 몇 m인가? (단, 수은의 비중량은 13,600 kg_f/m^3이고 물의 비중량은 1,000 kg_f/m^3이다.)

풀이

1 atm = 760 mmHg = 1.0332 kg_f/cm^2 = 10.332 mAq이므로

$$h = \frac{720}{760} \times 10.332 = 9.79 \ \text{mAq}$$

27 비중이 0.5인 물체를 물에 띄우면 전체 체적의 몇 %가 물속에 잠기는가?

풀이

$$\text{잠긴 부분의 \%} = \frac{\text{물체의 비중}}{\text{유체의 비중}} \times 100 = \frac{0.5}{1} \times 100 = 50\%$$

28 그림과 같이 A면에 가해지는 압력을 계기압 [kg_f/cm^2]으로 구하라. (단, 용기는 물로 채워져 있다.)

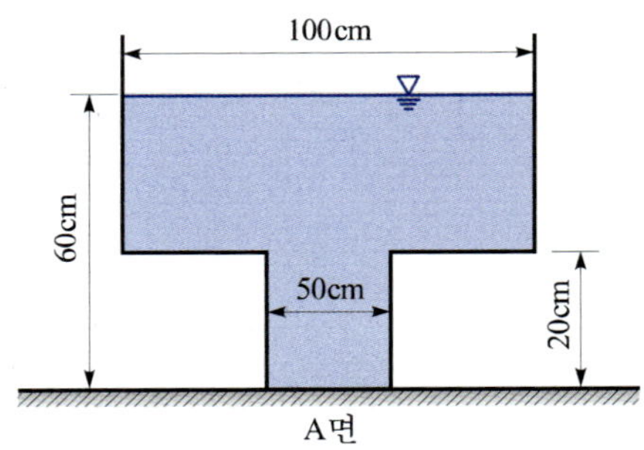

풀이

A면에 가한 압력은 $p = \gamma h$이므로

$p = \gamma h = 1,000 \times 0.6 = 600 \ kg_f/m^2$

$1 \ kg_f/m^2 = 10^{-4} \ kg_f/cm^2$이므로

$p = 600 \ kg_f/m^2 = 0.06 \ kg_f/cm^2$

29 다음과 같이 관로의 유량을 측정하기 위하여 오리피스를 설치한다. 유량을 오리피스에서 생기는 압력차 [kPa]에 의하여 계산하면 얼마인가? (단, 액주계 액체의 비중은 3, 흐르는 유체의 비중은 0.8, 마노미터 읽음은 300 mm이다.)

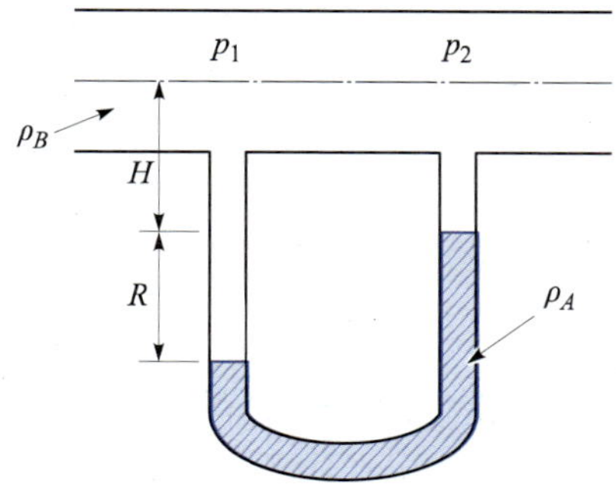

풀이

1 kg_f = 9.81 N이므로

$$\Delta p = \frac{g}{g_c}R(\rho_A - \rho_B) = 1\ \text{kg}_f/\text{kg} \times 0.3\ \text{m} \times (3{,}000 - 800)\ \text{kg/m}^3$$

$$= 660\ \text{kg}_f/\text{m}^2 = 6{,}474.6\ \text{N/m}^2 = 6.4746\ \text{kPa}$$

30 그림과 같은 액주계에서 $s_1 = 1$, $s_2 = 13.6$, $h_1 = 3$ cm, $h_2 = 6$ cm일 때 A점에서의 압력[kg_f/cm^2]을 구하라.

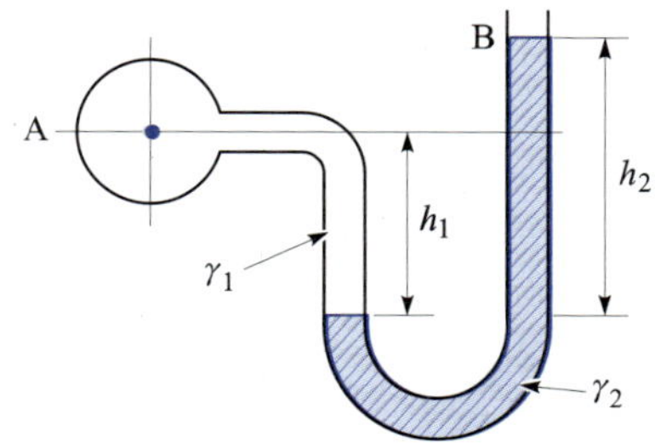

풀이

$$p_A + \gamma_1 h_1 = p_B + \gamma_2 h_2$$

$$p_A = p_B + \gamma_2 h_2 - \gamma_1 h_1 = p_B + s_2\gamma_w h_2 - s_1\gamma_w h_1$$

$$= 1.0332\ \text{kg}_f/\text{cm}^2 + \frac{(13.6 \times 0.06 - 1 \times 0.03) \times 1{,}000}{10{,}000}$$

$$= 1.1118\ \text{kg}_f/\text{cm}^2$$

p_B에 대기압이 작용하지 않는다면

$$p_A = \frac{(13.6 \times 0.06 - 1 \times 0.03) \times 1{,}000}{10{,}000}$$

$$= 0.0786\ \text{kg}_f/\text{cm}^2$$

31 내경 50 mm의 수평 배관 내에 물이 흐르지 않고 정지되어 있다. 이 배관의 전 수두가 25 mH_2O이다. 배관 내에 작용하는 압력 [kg_f/cm^2]을 구하라.

풀이

$d = 50\ \text{mm} = 0.05\ \text{m}$, $h = 25\ \text{mH}_2\text{O}$

$h = \frac{p}{\gamma} + \frac{u^2}{2g} + z$에서 $\frac{u^2}{2g} = 0$, $z = 0$이므로

$$p = \gamma h = \frac{1{,}000}{10^4} \times 25 = 2.5\ \text{kg}_f/\text{cm}^2$$

32 다음 그림과 같이 두 피스톤의 직경이 각각 10 cm, 5 cm이다. 직경이 큰 피스톤을 2 cm 아래로 움직이면 직경이 작은 피스톤의 상승 높이 [cm]를 구하라.

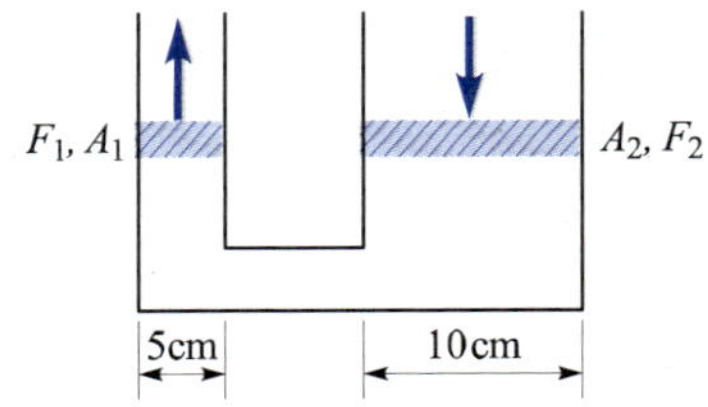

풀이

$$p=\frac{F_1}{A_1}=\frac{F_2}{A_2}$$

$$d_1=5\ \text{cm}=0.05\ \text{m},\ d_2=10\ \text{cm}=0.1\ \text{m}$$

$$l_2=2\ \text{cm}=0.02\ \text{m}$$

$$A_1l_1=A_2l_2$$

$$l_1=l_2\frac{A_2}{A_1}=\frac{\frac{\pi}{4}\times0.1^2}{\frac{\pi}{4}\times0.05^2}\times0.02=0.08\ \text{m}=8\ \text{cm}$$

33 물이 흐르는 배관 내의 압력차를 수은 마노미터로 측정하였더니 0.9 $\text{kg}_\text{f}/\text{cm}^2$이었다. 수은 마노미터의 읽음(R)을 구하라. (단, 마노미터의 읽음(R)은 [cm]이다.)

풀이

$$\Delta p=(\gamma_{\text{Hg}}-\gamma_w)h$$

$$0.9\ \text{kg}_\text{f}/\text{cm}^2=\frac{(13.6-1)\times1{,}000\,\text{kg}_\text{f}/\text{m}^3\ \times h}{10{,}000\ \text{cm}^2/\text{m}^2}=1.26h$$

$$h=\frac{0.9}{1.26}\text{m}=0.7\ \text{m}=70\ \text{cm}$$

34 깊이 6 m인 밀폐된 탱크에 물이 5 m 높이까지 충전되어 있으며 수면 위에 0.05 $\text{kg}_\text{f}/\text{cm}^2$의 증기압이 작용하고 있을 때 탱크 밑면에 작용하는 압력[$\text{kg}_\text{f}/\text{cm}^2$]을 구하라.

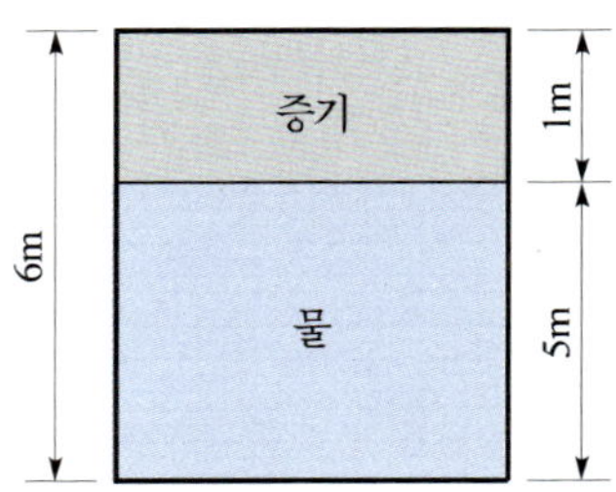

풀이

$$p=0.05+\frac{1{,}000\times5}{10{,}000}=0.55\ \text{kg}_\text{f}/\text{cm}^2$$

35 10℃인 이산화탄소 기체 2 kg의 체적이 0.3 m^3인 용기에 가득 차 있다. 기체의 압력[kPa]을 구하라.

풀이

$$pV=nRT=\frac{W}{M}RT$$

$$p = \frac{WRT}{VM} = \frac{2{,}000 \text{ g} \times 0.08205 \ \ell \cdot \text{atm/gmol} \cdot \text{K} \times 283.15 \text{ K}}{0.3 \text{ m}^3 \times 1{,}000 \ \ell/\text{m}^3 \times 44}$$

$$= 3.52 \text{ atm} \times 101.3 \text{ kPa/atm} = 356.6 \text{ kPa}$$

36 진공 탱크에 부착된 진공계의 압력이 0.6 $\text{kg}_\text{f}/\text{cm}^2$이었다. 이것을 절대압 [kPa]으로 환산하라.

풀이

$p_v = 0.6 \text{ kg}_\text{f}/\text{cm}^2$, $p_o = 1.0332 \text{ kg}_\text{f}/\text{cm}^2$

절대압 = 대기압 - 진공압

$$p_a = p_o - p_v = 1.0332 - 0.6 = 0.4332 \text{ kg}_\text{f}/\text{cm}^2 \times \frac{9.81 \text{ N/cm}^2}{1 \text{ kg}_\text{f}/\text{cm}^2}$$

$$= 42{,}496.9 \text{ Pa} \fallingdotseq 42.5 \text{ kPa}$$

37 다음의 그림과 같은 탱크에 비중이 1인 물이 4.5 m와 비중이 0.85인 기름이 2.5 m 충전되어 있다. 물과 기름이 탱크의 밑면에 가하는 압력 [$\text{kg}_\text{f}/\text{cm}^2$]을 구하라. (단, 대기압은 무시한다.)

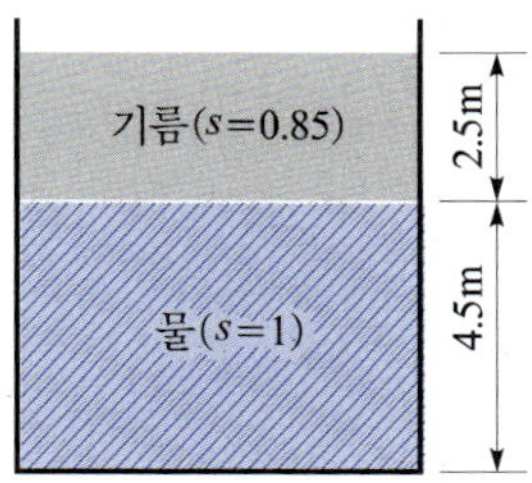

풀이

$s_1 = 1$, $h_1 = 4.5 \text{ m}$, $\gamma_1 = 1{,}000 \text{ kg}_\text{f}/\text{m}^3$

$s_2 = 0.85$, $h_2 = 2.5 \text{ m}$, $\gamma_2 = s_2 \times 1{,}000 \text{ kg}_\text{f}/\text{m}^3 = 850 \text{ kg}_\text{f}/\text{m}^3$

$p = \gamma_1 h_1 + \gamma_2 h_2 = 1{,}000 \times 4.5 + 850 \times 2.5 = 6{,}625 \text{ kg}_\text{f}/\text{m}^2 = 0.6625 \text{ kg}_\text{f}/\text{cm}^2$

38 그림과 같이 급수탑의 높이는 해발 250 m이고 탑으로부터 물을 공급받는 소화전은 200 m이다. 물의 온도가 25℃일 때 소화전에서의 압력[kPa]을 구하라. (단, 연결관에 흐름이 없다고 가정한다.)

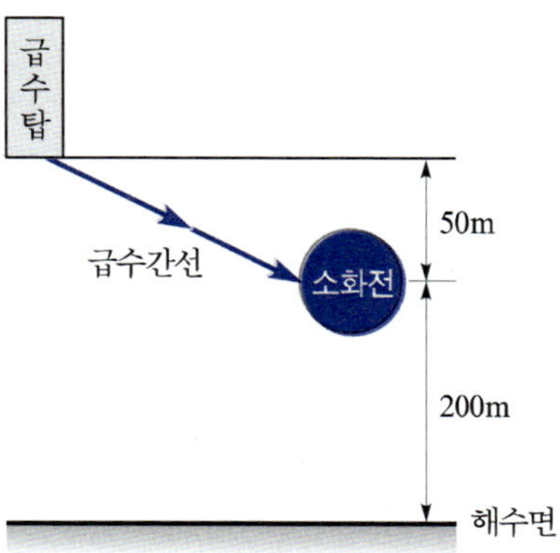

풀이

급수탑과 소화전 사이 높이차 h는

$h = 250 - 200 = 50 \text{ m}$

물의 비중량 $\gamma = 9.81 \text{ kN/m}^3$

$p = \gamma h = 9.81 \text{ kN/m}^3 \times 50 \text{ m}$

$= 490.5 \text{ kN/m}^2 = 490.5 \text{ kPa}$

39 그림과 같이 소방호스의 노즐은 급수탑에서 60 m 아래에 있고 노즐은 막혀있다. 흐름이 없을 때 노즐에서의 압력[kN/m^2]을 구하라. (단, 수온은 10℃이다.)

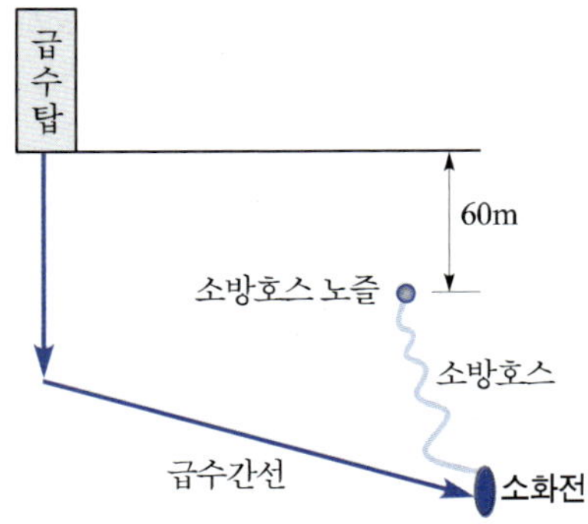

풀이

물의 비중량 $\gamma = 9.81\ kN/m^3$

$p = \gamma h = 9.81\ kN/m^3 \times 60\ m = 588.6\ kN/m^2$

40 밸브에서 공기 측 면적이 300 cm^2이고 물 측의 면적이 150 cm^2이다. 수압이 10 kg_f/cm^2이라면 이 밸브를 닫혀 있도록 하기 위한 최소한의 공기압[kg_f/cm^2]을 구하라.

풀이

공기의 힘 $F_1 = p_1 A_1$, 물의 힘 $F_2 = p_2 A_2$

$p_1 A_1 = p_2 A_2$이어야 하므로

$$p_2 = p_1 \frac{A_1}{A_2} = 10 \times \frac{150}{300} = 5\ kg_f/cm^2$$

41 그림과 같은 물탱크의 바닥에 작용하는 힘[kg_f]을 구하라.

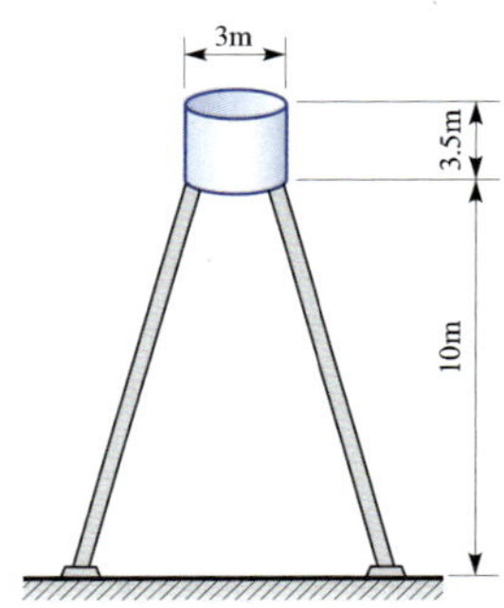

풀이

$$\begin{aligned} F &= \gamma V \\ &= 1{,}000\ kg_f/m^3 \times \left(\frac{\pi}{4} \times 3^2 \times 3.5\right)\ m^3 \\ &= 24{,}740\ kg_f \end{aligned}$$

42 다음 그림에서 $F_1 = 100\ kg_f$ 이면 F_2[kg_f]를 구하라.

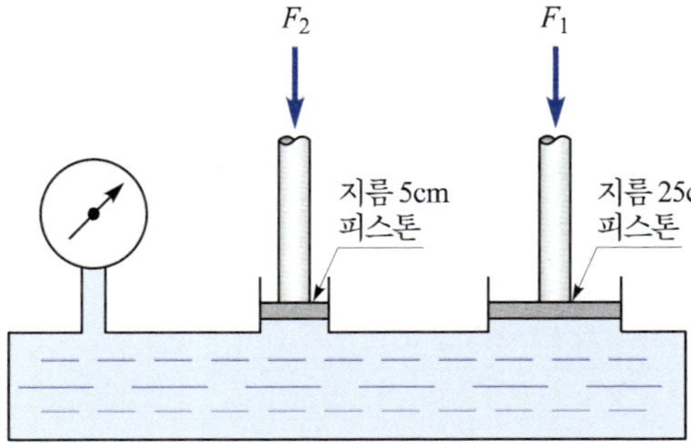

풀이

$\frac{F_1}{A_1} = \frac{F_2}{A_2}$ 이므로

$$F_2 = F_1 \times \frac{A_2}{A_1} = 100 \times \frac{\frac{\pi}{4} \times 5^2}{\frac{\pi}{4} \times 25^2} = 4\ kg_f$$

43 비중이 0.8인 나무 조각을 물에 띄우면 전체 체적의 몇 %가 물속에 가라앉는가?

풀이

$1{,}000 \times 0.8 \times V = 1{,}000 \times V_1$이므로

$\frac{V_1}{V} = 0.8$ [80%]

44 밀도가 ρ_1, ρ_2인 두 종류의 액체 속에서 스프링 저울로 물체의 중량을 측정한 결과, 각각 w_1, w_2이었다. 이 물체의 체적 V와 중량 G를 구하라.

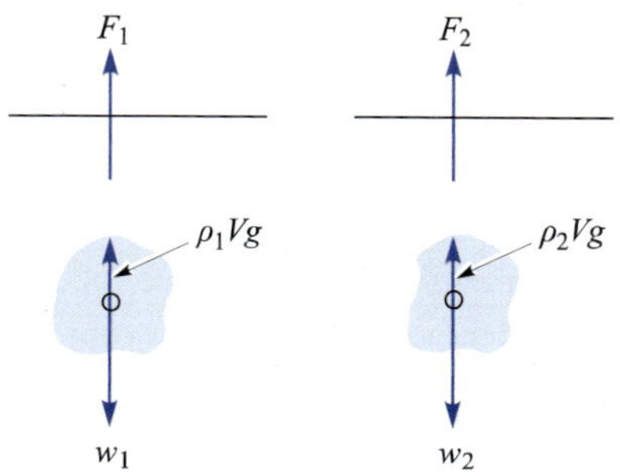

풀이

$w_1 = G - \rho_1 Vg$, $w_2 = G - \rho_2 Vg$

$V = \frac{w_1 - w_2}{(\rho_2 - \rho_1)g}$, $G = \frac{w_1\rho_2 - w_2\rho_1}{\rho_2 - \rho_1}$

45 반경 0.5 m, 높이 1.5 m인 원주상 탱크에 물을 채우고 중심의 수직축 둘레로 각속도 10 rad/s로 회전시킬 때 수면 중심에서의 액면의 높이 및 탱크 밑면 중심에서의 압력[Pa]을 구하라.

풀이

$z - z_o = \frac{r^2\omega^2}{2g}$

$z_o = z - \frac{r^2\omega^2}{2g} = 1.5 - \frac{0.5^2 \times 10^2}{2 \times 9.81} = 0.23$ m

탱크 밑면 중심에서의 압력 p는

$p = \rho g z_o = 10^3 \times 9.81 \times 0.23 = 2{,}256.3$ Pa

참고문헌

- Çengel, Y. A., & Cimbala, J. M. (2017). Fluid Mechanics : Fundamentals and Applications. McGraw-Hill Education.
- Fox, R. W., McDonald, A. T., & Pritchard, P. J. (2020). Introduction to Fluid Mechanics. Wiley.
- White, F. M. (2016). Fluid Mechanics. McGraw-Hill.
- Munson, B. R., Young, D. F., & Okiishi, T. H. (2015). Fundamentals of Fluid Mechanics. Wiley.
- 대한기계학회 (2018). 유체역학.
- 한국소방안전원 (2021). 소방펌프 및 배관 시스템 설계 기준.
- 국립재난안전연구원 (2019). 소방유체역학과 화재진압 적용 연구.
- 한국소방기술연구소 (2022). 소방 유체역학 실무 적용.
- Crowe, C. T., Elger, D. F., & Williams, B. C. (2019). Engineering Fluid Mechanics. Wiley.

CHAPTER 03

유체의 운동과 방정식

1 유체 유동 형태
2 연속방정식 및 질량 보존법칙
3 오일러의 운동방정식 및 소방 분야 적용
4 베르누이 방정식과 소방 분야 적용
5 운동량 방정식 및 소방펌프와 배관망 응용

CHAPTER 03

유체의 운동과 방정식

학습목표

- 유체 유동의 형태를 이해하고, 층류와 난류의 차이를 상세히 설명할 수 있다.
- 연속방정식과 질량 보존법칙을 적용하여 소방 시스템 내 유체 흐름을 해석할 수 있다.
- 오일러의 운동방정식을 이해하고, 이를 활용한 소방 시스템 내 압력과 속도 변화를 예측할 수 있다.
- 베르누이 방정식을 적용하여 노즐, 분사 장치 및 소방 시스템에서의 유체 흐름을 분석할 수 있다.
- 운동량 방정식을 활용하여 소방펌프와 배관망에서의 유체 거동을 수식적으로 설명할 수 있다.
- 실제 소방 시스템에서 유체역학 원리가 어떻게 적용되는지를 구체적인 사례를 통해 이해할 수 있다.

1 유체 유동 형태

1.1 유체 흐름의 기본 개념

1. 유체 흐름의 정의

유체는 고체와 달리 전단력에 대해 지속해서 변형(흐름)할 수 있는 물질이므로, 외부 압력이나 구배(높이 차, 압력 차 등)에 의해 경로를 따라 이동한다. 소방 설비에서 물(액체)이나 특정 가스(압축 공기, 이산화탄소 등)의 흐름을 제어하는 것은 화재진압과 직결된다.

2. 흐름 형태 결정 요인

- 점도(Viscosity) : 유체 입자 간 내부 마찰의 정도로, 흐름이 부드럽거나(층류) 요동치거나(난류) 하는 데 큰 영향을 준다.
- 유속(Velocity) : 유체가 흐르는 속도가 증가할수록 내부 와류가 생기기 쉬우며, 난류가 발생하기 쉽다.
- 유로 형상(Geometry) : 배관이나 통로가 굴곡이 많은지, 단면적이 급격히 변하는지 등에 따라 흐름 패턴이 달라진다.
- 특성 길이(Characteristic Length) : 관 직경, 노즐 지름 등 흐름 해석의 기준이 되는 길이 스케일이 유동 형태 판별에 중요하다.

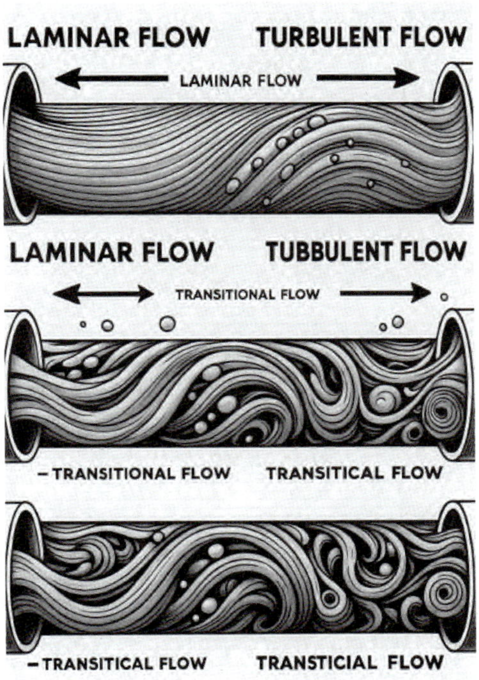

그림 3.1 층류와 난류 흐름 비교

3. 층류(Laminar Flow)

- 특징 : 유체 입자들이 마치 여러 겹의 얇은 '층'을 형성하는 것처럼 규칙적이고 부드럽게 흐른다. 층간 혼합이 적고, 전단 응력이 상대적으로 작아 마찰손실도 작은 편이다.
- 장점 : 유동 해석이 비교적 간단하며, 예측 가능성이 높다. 배관 내 마찰이 작아 에너지 손실이 적다는 점이 이점이다.
- 단점 : 전열(열전달), 물질 전달이 난류보다 비효율적이어서, 열이나 교반의 관점에서는 비효율적일 수 있다.
- 소방 예시 : 저속으로 흐르는 소방수(물)가 긴 배관을 통과할 때 점성의 영향이 커서 층류 상태가 유지될 수 있지만, 실제로는 대부분 배관 유속이 높아 난류일 때가 많다.

4. 난류(Turbulent Flow)

- 특징 : 흐름 중에 무수히 많은 와류(vortex)와 소용돌이가 생기며, 속도와 압력이 시시각각 불규칙하게 변한다. 층류와 달리 마찰손실이 커지고, 에너지 손실이 많다.
- 장점 : 전열(열교환)이나 물질 전달은 층류보다 높아, 냉각 또는 혼합 공정에서는 효율이 좋을 수 있다.
- 단점 : 예측이 어렵고 계산이 복잡해진다. 또한 마찰손실이 커서 펌프 동력 소모가 증가한다.
- 소방 예시 : 고유속 분무나 노즐 방사가 대표적이다. 난류 상태로 분출되는 물이 화재 현장에서 더 넓게 퍼지고 혼합효과가 증대되어 화재진압 효율을 높이는 측면이 있다.

1.2 레이놀즈 수 (Reynolds Number)

1. 정의 및 의미

레이놀즈 수(Re)는 '관성력 대비 점성력'을 나타내는 무차원 수로, 유동 형태(층류·난류)를 판별하는 핵심 척도이다. 값이 작을수록 점성의 영향이 커 층류가 유리하고, 값이 커질수록 관성력이 우세해 난류가 발생하기 쉽다.

$$Re = \frac{\rho v D}{\mu} \tag{3.1}$$

여기서, ρ : 유체 밀도(kg/m^3), v : 평균 유속(m/s), D : 특성 길이(예 관 직경, m), μ : 점성 계수(Pa·s)

2. 임계 구분

- $Re < 2{,}300$: 층류 (유동이 매끄럽고 규칙적)
- $2{,}300 < Re < 4{,}000$: 천이 영역(Transition) (층류와 난류가 뒤섞인 불안정 구간)
- $Re > 4{,}000$: 난류 (와류와 불규칙성이 현저)

3. 소방 분야 적용

- 배관 설계 : 소방용 배관에서 빠른 유속으로 물을 공급하므로 일반적으로 난류 영역(레이놀즈 수가 수천에서 수만)에 해당한다. 마찰손실 계산 시, 난류를 가정해 Darcy-Weisbach 공식, Hazen-Williams 식 등을 적용한다.
- 노즐 해석 : 노즐 출구 직경과 유속에 따른 Re 수를 계산하면, 스프레이 패턴이 어떻게 분산될지(난류 혼합의 정도)를 예측할 수 있다.
- 폼(Foam) 소화 : 거품액이 들어간 유체의 점도가 물과 달라 Re 수 판별이 달라질 수 있으며, 이에 따라 거품 혼합효과와 분출 형태가 달라진다.

2 연속방정식 및 질량 보존법칙

2.1 연속방정식의 개념

1. 질량 보존(Mass Conservation)의 원리

- 폐회로(닫힌 계)에서 유체는 생성되거나 소멸하지 않는다는 가정 하에, 유입 질량과 유출 질량이 같아야 한다.
- 이를 유량(Flow Rate) 개념으로 접근하면, 같은 배관계 내에서는 유량이 일정하게 유지되어야 한다(누출이나 외부 주입이 없다는 전제).

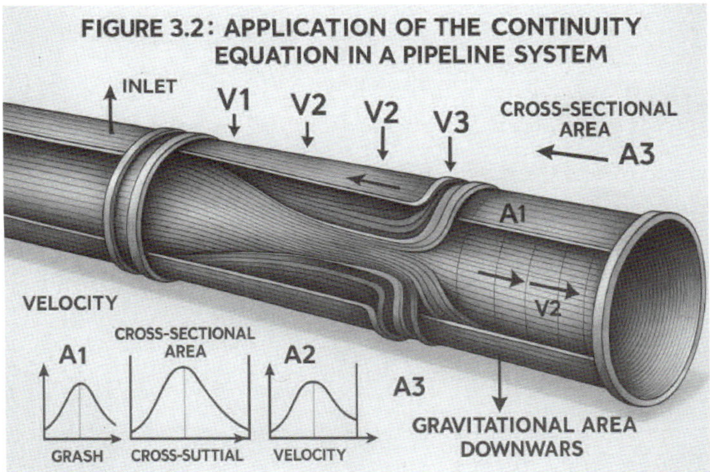

그림 3.2 배관 내 연속방정식 적용 사례

2. 연속방정식의 기초 수식

비압축성 유체(예 물)에서 단면적과 유속의 곱은 일정하다. 이를 연속방정식이라 부른다.

$$A_1 v_1 = A_2 v_2 \tag{3.2}$$

여기서, A_1, A_2 : 유체가 흐르는 단면적(m^2), v_1, v_2 : 각 단면에서의 평균 유속(m/s)

3. 체적 유량(Q)과 질량 유량($\dot{m}$)

- 체적 유량 Q : $Q = A \times v$
- 질량 유량 $\dot{m}$: $\dot{m} = \rho \times Q$ (ρ 는 유체 밀도(kg/m^3)).
- 물처럼 밀도가 거의 일정한 유체일 경우, 체적 유량이 일정하면 질량 유량도 동일하게 유지된다.

4. 의의

- 배관 직경이 변화하면, 유량이 일정하므로 단면적이 줄어드는 구간에서 유속이 증가한다.
- 고층 건물 소방 배관, 소방호스, 스프링클러 분기 등에서 이 관계를 이용해 각 지점의 유속과 압력을 예측할 수 있다.

2.2 소방 시스템에서의 적용 및 유의사항

1. 배관망 설계

- 분기점(Branch) : 다수의 스프링클러 헤드로 물을 나누어 공급하는 경우, 각 분기 유량 합이 메인 유량과 같아야 한다.
- 관경 선택 : 배관 직경이 너무 작으면 유속이 지나치게 높아져 마찰손실이 커지고, 너무 크면 설치 비용이 증가할 수 있다.
- 펌프 선정 : 필요한 총 유량에 따라 펌프 용량(체적 유량, 양정)을 결정해야 하며, 연속방정식으로 전체 유동을 파악해 각 지점의 흐름 특성을 예측한다.

2. 스프링클러 시스템 해석

- 스프링클러 헤드가 여러 개 설치된 라인에서, 헤드 개방 시 유량 분배가 달라진다. 개방된 헤드 수에 따라 유량이 변화하지만, 배관 내 총공급 유량은 펌프 성능 한계 내에서 일정하게 유지된다.
- 스프링클러 헤드 노즐 직경과 연속방정식을 결합해 헤드 방출 유속을 추정하고, 필요한 방수 압력을 계산할 수 있다.

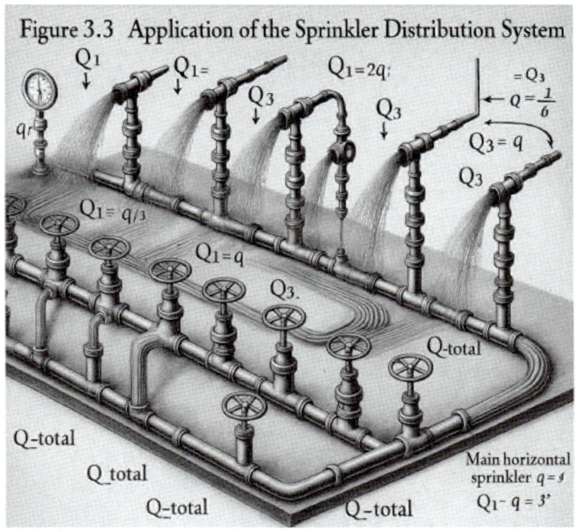

그림 3.3 스프링클러 분배 시스템에서의 연속방정식 적용

3. 소방 호스 및 노즐

- 호스 출구 단면적을 줄이면(노즐로 인한 단면 축소) 동일 유량을 유지하기 위해 유속이 크게 상승한다. 이때 높은 방수 압력(동압)이 생성되어 먼 거리까지 방사가 가능해진다.
- 반면 단면적을 과도하게 축소하면 흐름이 난류가 심해지고 에너지 손실도 증가할 수 있으므로 최적 설계가 필요하다.

4. 누설(Leak)이나 부스터 펌프(Booster Pump) 영향

- 실제 현장에서는 미세 누설이나 보조 펌프가 중간에 추가 유량을 공급할 수 있다. 이 경우 연속방정식이 단순하게 유지되지 않으므로, 각 지점의 유량 변화를 세부적으로 해석해야 한다.

5. 압축성 유체 고려

- 물처럼 대부분 '비압축성'으로 간주하는 유체는 단순하게 $Av = const$를 적용하기 쉽다.
- 그러나 CO_2, N_2 등 가스계 소화약제는 압축성이 커져, 온도·압력 변화에 따라 밀도가 변동한다. 이때는 $\dot{m} = \rho A v$가 공간마다 달라질 수 있어, 훨씬 복잡한 해석이 필요하다.

표 3.1 연속방정식 적용 사례

적용 분야	설명	연속방정식 적용 결과
배관 시스템	배관이 좁아지면 유속이 빨라짐	$A_1v_1 = A_2v_2$
소방 호스 및 노즐	노즐 단면적 감소 시 분사 속도 증가	노즐 끝에서 v_2 증가
스프링클러 헤드	다수 헤드에서 물이 방사될 때 유량 보존	개방된 헤드 개수에 따라 유속 변화
소방펌프	펌프 흡입구와 토출구 크기 차이 반영	펌프 토출 시 유속 증가
CO_2 가스 방출 시스템	압축 가스가 확장 시 속도 증가	고압 → 저압 확장 시 가속

3 오일러의 운동방정식 및 소방 분야 적용

3.1 오일러 방정식의 개념과 유도

1. 오일러 방정식의 개념

오일러 방정식(Euler's Equation)은 점성력을 무시한 이상 유체의 운동을 설명하는 방정식으로, 유체가 흐를 때 압력과 속도의 변화를 이해하는 데 사용된다.

이 방정식은 뉴턴의 제2법칙(힘=질량×가속도, $F=ma$)을 유체에 적용한 형태이며, 비점성 유체에서의 힘 균형을 나타낸다.

$$\frac{d\vec{\boldsymbol{V}}}{dt} = -\frac{1}{\rho}\nabla P + \vec{\boldsymbol{g}} \tag{3.3}$$

여기서, $\vec{V}$: 유체 속도 벡터 (m/s), P : 유체의 압력 (Pa), ρ : 유체의 밀도 (kg/m^3), $\vec{g}$: 중력 가속도 벡터 (m/s^2), ∇P : 압력 구배 (Gradient), 즉 압력이 변하는 정도임

2. 오일러 방정식의 유도 과정

유체 내에서 한 작은 입자(소유체 요소)를 고려했을 때, 이 요소가 받는 힘은 두 가지이다.

- 압력 힘(Pressure Force) : 유체 내부에서 작용하는 압력 차이로 인해 유

체 요소가 가속됨

- 중력(Gravity) : 유체 요소 자체의 무게에 의해 아래 방향으로 작용하는 힘

유체 요소의 질량을 고려하여 뉴턴의 제2법칙을 적용하면, 위의 오일러 방정식이 도출된다.

3. 오일러 방정식의 주요 가정

- 비점성 유체(Viscosity Neglected) : 점성력(마찰력) 없이 이상적인 흐름을 가정
- 비압축성 유체(Incompressible Flow) : 물과 같은 유체를 대상으로 밀도가 일정하다고 가정
- 정상 유동(Steady Flow) 가능 : 시간에 따른 변화가 없다고 가정할 수도 있음

오일러 방정식은 점성을 고려하지 않기 때문에 실제 소방 시스템에서는 이를 보완한 다른 방정식(예 Navier-Stokes 방정식)이 필요할 수도 있음

3.2 오일러 방정식과 소방 시스템 내 압력 변화

오일러 방정식은 소방 분야에서 다음과 같은 압력 변화 해석에 적용될 수 있다.

1. 소방펌프 내부의 압력 변화 분석

- 펌프 내부에서 물이 이동할 때 압력과 속도의 관계를 설명할 수 있다.
- 펌프의 흡입구에서는 압력이 상대적으로 낮고, 토출구에서는 높은 압력이 작용하여 물이 강제로 이동한다.
- 오일러 방정식을 활용하면 펌프가 공급하는 압력이 유체의 속도를 어떻게 변화시키는지 계산할 수 있다.

2. 배관 내 압력 분포

- 배관을 따라 흐르는 유체는 압력 구배(Gradient)에 따라 가속되거나 감

속된다.

- 특히 배관 내 직경이 달라지는 경우(리듀서, 확장관 등) 유체의 속도와 압력 변화는 오일러 방정식으로 설명할 수 있다.
- 예를 들어, 배관이 점점 좁아지는 경우 속도가 증가하며 압력이 낮아진다.

3. 소방용 스탠드파이프(Standpipe) 시스템 내 압력 변화

- 높은 건물에서 소방호스를 통해 방수할 때, 건물의 높이에 따라 압력이 달라지는데, 이는 오일러 방정식에서 중력 항(g)을 포함하여 계산할 수 있다.
- 건물의 상층부로 갈수록 압력이 점점 낮아지므로, 이를 보완하기 위해 중간 압력 부스터 펌프가 필요하다.

4. 실제 적용 사례

- 소방펌프 토출구의 압력 예측
- 소화전과 배관 내 압력 변동 분석
- 고층 건물의 배관 내 압력 손실 보정

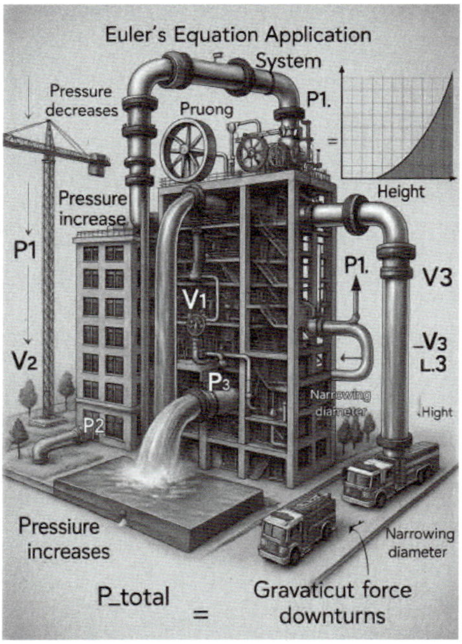

그림 3.4 오일러 방정식이 적용되는 소방 시스템 내 압력 변화

3.3 오일러 방정식과 수두 개념의 연계

오일러 방정식은 수두(Head) 개념과도 연결된다. 유체의 에너지는 크게 압력 수두, 위치 수두, 속도 수두 세 가지 형태로 표현될 수 있다.

1. 수두(Head) 개념

$$H = \frac{P}{\gamma} + \frac{v^2}{2g} + z \tag{3.4}$$

여기서, H : 총 수두(m), $\frac{P}{\gamma}$: 압력 수두(m) (압력을 높이로 환산한 값), $\frac{v^2}{2g}$: 속도 수두(m) (운동 에너지를 높이로 환산), z : 위치 수두(m) (고도 차이에 따른 에너지), γ : 유체의 비중량(N/m^3)

2. 오일러 방정식과 수두의 관계

- 오일러 방정식에서 압력과 속도가 변할 때, 해당 구간의 수두도 변한다.
- 예를 들어, 펌프가 유체를 가속하면 속도 수두가 증가하며, 배관 내 저항 요소(밸브, 엘보 등)가 많아지면 압력 수두가 감소한다.

3. 소방 시스템에서의 적용

- 소방펌프에서 발생하는 압력을 수두로 변환하여 필요한 양정을 계산할 수 있다.
- 배관 내부에서의 압력 손실을 보정하여 실제 필요한 압력을 산출하는 데 유용하다.

4. 실제 적용 사례

- 펌프 양정 계산(높은 곳까지 물을 올리는 데 필요한 압력 예측)
- 배관 내 압력 손실 보정 및 보완 설계
- 소방호스 및 노즐에서 압력과 유속 변화 예측

4 베르누이 방정식과 소방 분야 적용

4.1 베르누이 방정식의 개념

1. 에너지 보존과 유체

베르누이 방정식은 오일러 방정식을 한 경로 위에서 적분한 형태로, 유체가 이동하는 동안 '압력 에너지 + 운동 에너지 + 위치 에너지'의 합이 일정(마찰손실이 없다고 가정)함을 의미한다.

$$P + \frac{1}{2}\rho v^2 + \rho g h = const \qquad (3.5)$$

여기서, P : 정압(Static Pressure), $\frac{1}{2}\rho v^2$: 동압(Dynamic Pressure), $\rho g h$: 위치 수두(Potential Energy)

2. 주요 가정

- 점성=0, 비압축성
- 유동이 정상상태(Steady Flow)
- 열교환이나 외부 에너지 투입이 없음(밀폐 계)

3. 베르누이 방정식의 물리적 해석

- 유속이 커지면(동압 증가) 압력이 낮아지고(정압 감소), 반대로 유속이 작아지면(동압 감소) 정압이 높아진다.
- 관내 높이가 높아지면 위치 수두가 증가하므로, 나머지 에너지가 줄어들어 압력이 낮아질 수 있다.

4.2 소방 분야에서의 활용

1. 펌프 토출 반동

펌프에서 토출되는 유체가 높은 속도로 배관을 통해 나갈 때, 펌프 본체나 기초부(펌프가 놓인 바닥)가 반작용(수평·수직 힘)을 받는다. 운동량 방정식으로 이를 추정해 지지·체결 설계를 한다.

2. 노즐 반력(Nozzle Reaction)

고압 호스로 물을 방사할 때, 소방관이 느끼는 '뒤로 밀리는 힘'이 바로 운동량 변화에서 기인한다. $\dot{m}(v_2 - v_1)$를 통해 이 반작용 힘의 크기를 정량화할 수 있으며, 호스 지지 방법이나 인원 배치 등을 결정하는 근거가 된다.

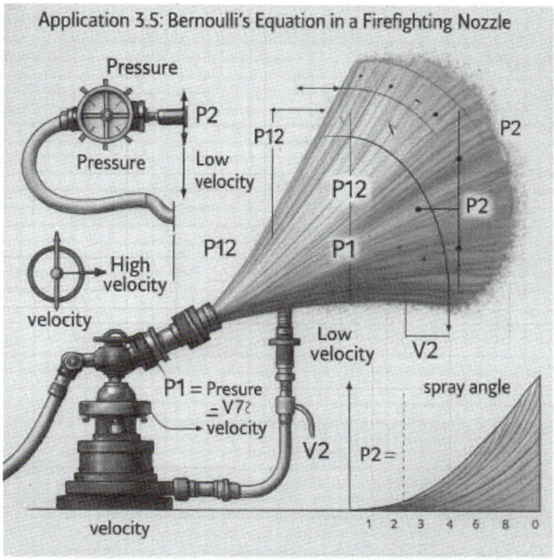

그림 3.5 소방 노즐에서의 베르누이 방정식 적용

3. 배관 굴곡부

90도 엘보, 티(분기), 리듀서 등 흐름 방향·속도가 변하는 곳은 운동량 편차로 인해 배관 지지대에 하중이 발생한다. 이 힘을 제대로 계산하지 않으면 배관이 흔들려 손상될 수 있다.

4. 급속 밸브 개폐와 충격압(워터 해머)

밸브를 순간적으로 닫으면 흐르던 유체의 운동량이 급격히 줄어들어, 배관 내부에 큰 충격압이 생성된다(워터해머). 운동량 방정식을 적용해 밸브 개폐속도와 충격력을 해석, 방지 대책(수격 완충기 등)을 마련한다.

5 운동량 방정식 및 소방펌프와 배관망 응용

5.1 운동량 방정식의 개념

1. 운동량 방정식

운동량 보존 법칙을 유체에 적용하면, 특정 구간에서 유체가 받는 힘과 흐름 방향이 어떻게 변하는지 알 수 있다. 운동량 방정식은 유체가 흐를 때 힘과 속도의 관계를 나타내며, 이를 통해 배관망 내 압력 변화 및 유체가 구조물에 미치는 영향을 분석할 수 있다.

$$F = \dot{m}(v_2 - v_1) \tag{3.6}$$

여기서, F : 유체가 받는 힘 (N), $\dot{m}$: 질량 유량 (kg/s), $\dot{m} = \rho Q$, v_1, v_2 : 유체의 초기 및 최종 속도 (m/s)

2. 운동량 방정식의 핵심 개념

- 유체의 속도 변화(가속, 감속)에 따라 힘이 작용한다.
- 유체가 방향을 바꾸면 배관이나 노즐에 반작용력이 발생한다.
- 밸브, 엘보(90도 굽은 관), 노즐 같은 배관 구성 요소에서 운동량 변화로 인해 추가적인 응력이 생길 수 있다.

5.2 소방펌프와 배관망에서 운동량 변화의 주요 요소

운동량 방정식은 소방 시스템에서 물이 흐를 때 발생하는 힘과 압력을 예측하는 데 필수적이다. 이를 통해 배관망 설계와 구조적 안전성을 확보할 수 있다.

1. 소방펌프 토출 시 반작용 힘

- 소방펌프에서 물이 강한 압력으로 토출될 때, 물이 가진 운동량이 증가하면서 펌프 본체에 반작용력이 작용한다.
- 펌프 하부의 고정 장치는 이 반작용력을 견디도록 설계되어야 한다.

- 실제 적용 사례
  ① 소방펌프의 기초 설계 시 반작용 하중을 고려한 기초 강도 계산
  ② 높은 압력으로 작동하는 대형 펌프는 운동량 변화를 고려하여 지지 구조물을 강화

2. 노즐에서 방사될 때 발생하는 반동력 (Nozzle Reaction Force)

- 소방호스에서 물이 고속으로 방출될 때, 소방관이 뒤로 밀리는 반동력(Back Force)이 발생한다.
- 이 반작용력을 예측하면, 소방관이 노즐을 제어하기 위한 힘을 계산할 수 있다.
- 실제 적용 사례
  ① 고압 방수 시 소방관의 균형 유지 필요
  ② 소방호스 지지대를 사용하여 반작용을 줄이는 설계 적용

그림 3.6 소방 노즐 반작용력

- 반동력 계산 공식 (방출 속도가 중요한 경우)

$$F_R = \dot{m}v \tag{3.7}$$

또는 압력 기반 계산:

$$F_R = C_d A P \tag{3.8}$$

여기서, C_d : 방출 계수 (0.97~1.0), A : 노즐 단면적 (m^2), P : 노즐 출구 압력 (Pa)

- 고압 방수를 할 때 반작용을 고려한 노즐 설계가 필요하다!

3. 배관망의 엘보(90도 굽힘 관)에서 힘의 변화

- 배관이 꺾이는 부분(엘보, Tee, 밸브)에서는 유체가 진행 방향을 바꾸면서 반작용력이 발생한다.
- 이 힘을 무시하면 배관이 흔들리거나 구조적 손상이 발생할 수 있다.
- 실제 적용 사례
  ① 90도 엘보가 많은 배관망에서는 추가적인 지지대(브래킷, 클램프)를 설치
  ② 고속 유체 흐름이 있는 경우, 배관을 강하게 고정해야 누수 방지 가능
- 엘보에서 반작용력 예측 공식

$$F = \rho Q(v_2 - v_1) \tag{3.9}$$

  ① 배관 굴곡이 급할수록 반작용력이 커진다.
  ② 소방 배관망에서 적절한 지지대와 브래킷을 배치해야 한다.

4. 급속 밸브 개폐 시 발생하는 워터해머(Water Hammer)

- 밸브가 순간적으로 닫히면 유체의 운동량이 급격히 줄어들면서 배관 내부에 큰 충격 압력(워터 해머) 이 발생한다.
- 이 현상은 배관을 손상시키거나, 밸브 및 피팅류에 과도한 응력을 줄 수 있다.
- 실제 적용 사례
  ① 소방 시스템에서 빠른 밸브 개폐 시 압력 완화 장치(압력 방출 밸브, 수격 방지기) 필요
  ② 배관 손상을 방지하기 위해 밸브를 천천히 닫는 방식(점진적 폐쇄) 적용

- 워터해머 충격압 계산 공식

$$P = \rho a \Delta v \tag{3.10}$$

① a : 유체의 압력 파동 속도 (m/s), Δv : 속도의 변화량 (m/s)
② 밸브 개폐 속도를 조절하여 충격을 줄일 수 있음

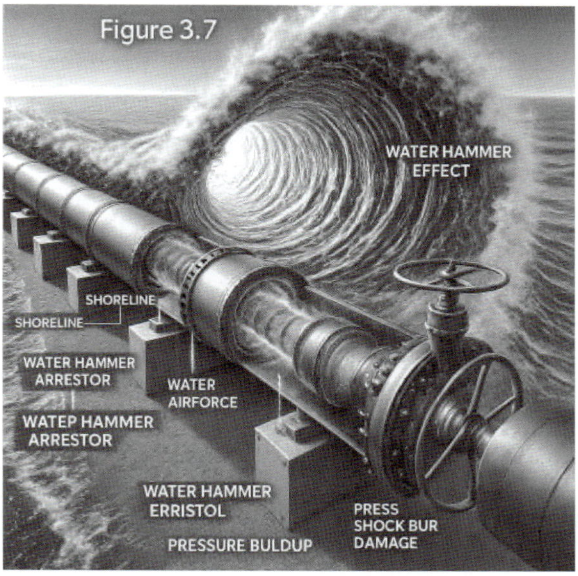

그림 3.7 워터해머 효과와 배관 손상

연습문제

01 매분 중량 2,000 kg_f의 물이 직경 10 cm인 관 속을 흘러갈 때 관 내의 평균유속[m/s]을 구하라.

풀이

$$u = \frac{\dot{w}}{\gamma A} = \frac{2000\ \dfrac{kg_f}{min}}{\dfrac{1000\ kg_f}{m^3} \cdot \dfrac{\pi(0.1)^2}{4} m^2} = 254.65\ m/min = 4.24\ m/s$$

02 내경이 20 mm인 관 속의 유속이 5 cm/s이고 동점성계수가 0.005 cm^2/s인 유체가 흐를 때 레이놀즈수는 얼마인가?

풀이

$$Re = \frac{\rho u d}{\mu} = \frac{ud}{\nu} = \frac{0.02\ m \times 0.05\ m/s}{0.005 \times 10^{-4}\ m^2/s} = 2{,}000$$

03 10℃의 물(ν=0.0131 cm^2/s)이 내경 20 mm인 원관 속을 흐를 때 하임계 속도[cm/s]를 구하라.

풀이

하임계 레이놀즈수는 $Re = \dfrac{ud}{\nu} = 2320$이므로

하임계 속도 $u = \dfrac{2320 \times 0.0131 \times 10^{-4}}{0.02} = 0.152\ m/s = 15.2\ cm/s$

04 $\nu = 5\times10^{-6}\ m^2/s$인 물이 직경 10 cm인 관 내를 하임계 유속으로 흐르고 있을 때 최대 유속 [m/s]은 얼마인가?

풀이

$$u = \frac{Re \times \nu}{d} = \frac{2320 \times 5 \times 10^{-6}}{0.1} = 0.116\ m/s$$

05 동점성계수가 1.5×10^{-6} m^2/s인 물이 내경이 20 mm인 원관 속을 흐르고 있다. 층류가 기대될 수 있는 최대 유량[m^3/s]을 계산하시오.

풀이

$$u=\frac{Re\cdot\nu}{d}=\frac{2320\times1.5\times10^{-6}\ \mathrm{m^2/s}}{0.02\ \mathrm{m}}=0.174\ \mathrm{m/s}$$

$$Q=uA=0.174\times\frac{\pi}{4}(0.02\ \mathrm{m})^2=5.47\times10^{-5}\ \mathrm{m^3/s}$$

06 속도 성분 $u=ay$, $v=bx$일 때 유선의 방정식을 구하라.

풀이

$$\frac{dx}{dy}=\frac{ay}{bx},\ bxdx-aydy=0$$

적분하면 $bx^2-ay^2=\mathrm{constant}$

a와 b가 같은 부호일 때는 쌍곡선, a와 b가 다른 부호일 때는 타원이다.

07 직경 3 m의 둥근 물탱크 속의 입자가 물탱크 벽면을 따라 그림과 같이 유선 운동을 할 때 유선의 접선 상의 유속을 일정한 유속 1.5 m/s라고 하면 유선상 어떤 점에서의 접선 및 법선 방향의 가속도[m/s^2] a_s 및 a_r을 구하라.

풀이

u가 일정한 유속으로 움직이므로 $a_s=\dfrac{du}{dt}=0$이다.

법선가속도는 $a_r=-\dfrac{u^2}{r}=-\dfrac{(1.5\ \mathrm{m/s})^2}{1.5\ \mathrm{m}}=-1.5\ \mathrm{m/s^2}$

여기서 (-) 부호는 그림에서와같이 원심방향 가속도운동이 아닌 중심 0을 향한 구심 방향의 가속도운동을 의미한다.

08 그림과 같이 직경이 300 mm에서 150 mm로 축소된 관으로 물이 흐르고 있을 때 중량 유량을 100 kg$_f$/s로 하면 작은 관에서의 평균속도[m/s]는?

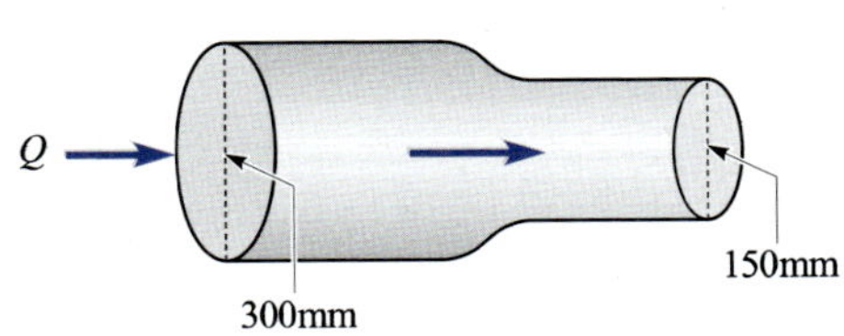

풀이

중량 유량은 $\dot{w}=Au\gamma$이므로

$$u=\frac{\dot{w}}{A\gamma}=\frac{100\ \mathrm{kg_f/s}}{\dfrac{\pi\times(0.15\ \mathrm{m})^2}{4}\times1{,}000\ \mathrm{kg_f/m^3}}=5.66\ \mathrm{m/s}$$

09 그림과 같이 배관을 통하여 소화액의 정상 흐름이 일어나고 있다. 이 흐름이 1차원 유동이라고 할 때 ② 지점에서의 소화액의 밀도[kg/m^3]는 얼마인가? (단, ①, ②지점에서의 내부면적 단면의 직경은 30 mm, 15 mm이다.)

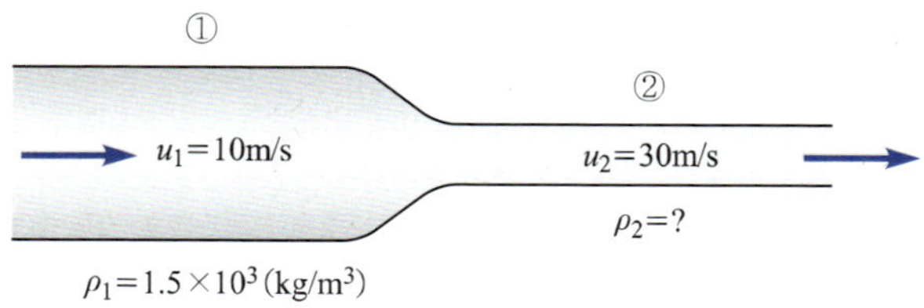

풀이

질량 유량 $\dot{m} = A_1 u_1 \rho_1 = A_2 u_2 \rho_2$를 이용하면

$$\frac{\pi}{4} \times (0.03)^2 \times 10 \times 1.5 \times 10^3 = \frac{\pi}{4} \times (0.015)^2 \times 30 \times \rho_2$$

$$\rho_2 = 2.0 \times 10^3 \ \text{kg/m}^3$$

10 수심 d인 어떤 하천에서 수직 유속분포가 그림과 같고 하천바닥에서 y되는 곳의 점유속(u)과 수면에서 생긴 최대 유속(u_{max}) 사이의 관계식이 다음과 같이 주어졌다.

$$u = u_{max}\left(\frac{y}{d}\right)^{1/2}$$

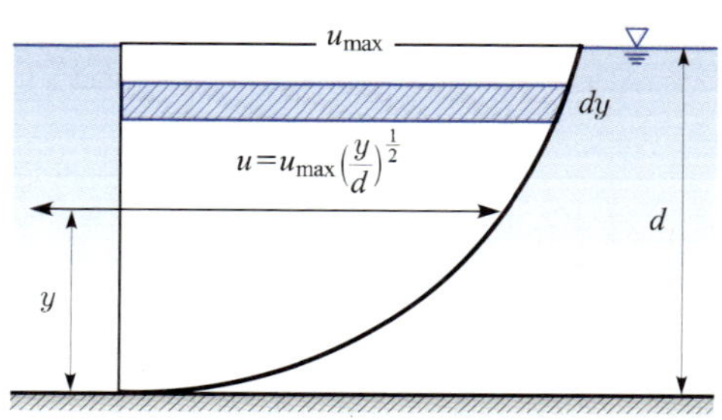

만약 수심 d=3 m, 하천 폭 b=5 m이고 최대 유속 u_{max} =2 m/s라고 할 때 하천의 유량 Q[m^3/s]는 얼마인가?

풀이

$$Q = \int_A u dA = \int_A u_{max}\left(\frac{y}{d}\right)^{1/2}(5)dy \qquad (\because dA = b \times dy)$$

$$= \frac{5u_{max}}{d^{1/2}}\int_0^3 y^{1/2}dy = \left[\frac{5 \times 2}{\sqrt{3}} \times \frac{2}{3}y^{3/2}\right]_0^3 = 20 \ \text{m}^3/\text{s}$$

11 그림과 같이 직경이 30 cm이었던 관이 15 cm로 줄어든 관로에서 5 kN/s의 유량이 흐른다면 각 관로에서의 평균유속[m/s] u_1과 u_2를 구하라. (단, 유체는 물이다.)

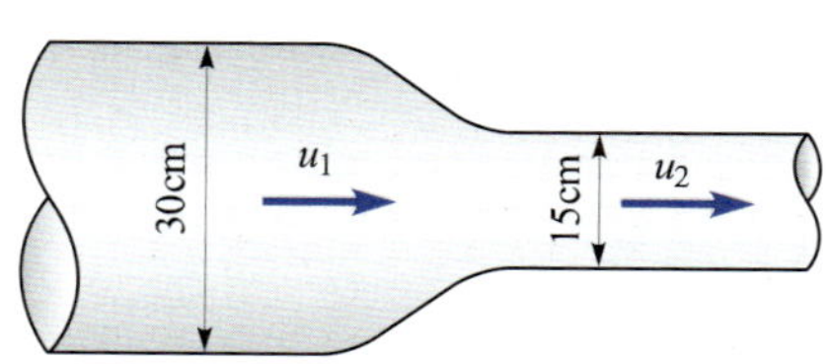

풀이

$\dot{w} = \gamma_1 A_1 u_1 = \gamma_2 A_2 u_2$, $\dot{w}$= 5 kN/s

$\gamma_1 = \gamma_2 = 9.81\ \text{kN/m}^3 = 1{,}000\ \text{kg}_f/\text{m}^3$

$$Q = \frac{\dot{w}}{\gamma_1(=\gamma_2)} = \frac{5{,}000\ \text{N/s}}{9{,}810\ \text{N/m}^3} = 0.51\ \text{m}^3/\text{s}$$

$$u_1 = \frac{Q}{A_1} = \frac{0.51}{\frac{\pi(0.3)^2}{4}} = 7.22\ \text{m/s}$$

$$u_2 = \frac{Q}{A_2} = \frac{0.51}{\frac{\pi(0.15)^2}{4}} = 28.86\ \text{m/s}$$

12 그림과 같은 분지 관에서 ③지점의 유속[m/s]은 얼마인가? (단, ①지점 유속 2 m/s, ②지점 유속 3 m/s)

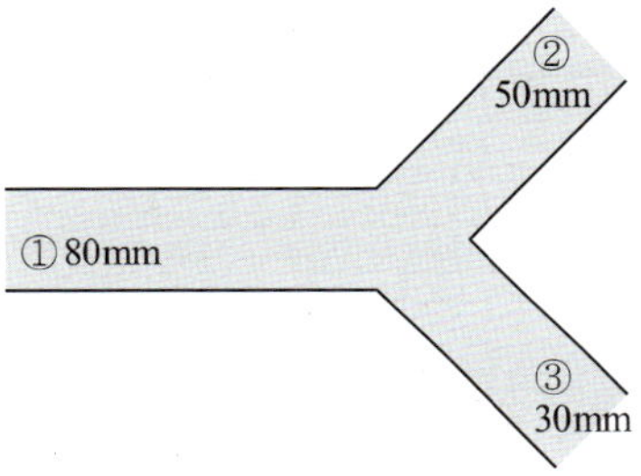

풀이

$$Q_1 = A_1 u_1 = \frac{\pi}{4}(0.08)^2 \times 2 = 0.01\ \text{m}^3/\text{s}$$

$$Q_2 = A_2 u_2 = \frac{\pi}{4}(0.05)^2 \times 3 = 0.006\ \text{m}^3/\text{s}$$

$Q_1 = Q_2 + Q_3$이므로

$$Q_3 = Q_1 - Q_2 = 0.01 - 0.006 = 0.004\ \text{m}^3/\text{s}$$

$$Q_3 = 0.004 = \frac{\pi}{4}(0.03)^2 \times u_3$$

$$u_3 = \frac{0.004}{\frac{\pi}{4}(0.03)^2} = 5.66\ \text{m/s}$$

13 내경 200 mm의 수평 배관 내로 물이 10 m/s의 속도로 흐르고 있다. 배관 내에 작용하는 압력은 5 kg_f/cm^2이다. 이 배관 내의 전수두[mH_2O]는 얼마인가?

풀이

베르누이 방정식에서

$$\text{속도수두} = \frac{u^2}{2g} = \frac{10^2}{2 \times 9.81} = 5.097\ \text{m}$$

$$\text{압력수두} = \frac{p}{\gamma} = \frac{5 \times 10^4}{1{,}000} = 50\ \text{m}$$

전수두 = 속도수두+압력수두 = 5.097+50 = 55.097 m

14 내경이 50 mm의 수평 배관 내로 물이 흐르는데 이때 압력이 4 kg_f/cm^2고 이때 전수두는 50 m이다. 배관 내를 흐르는 물의 유속[m/s]은 얼마인가?

풀이

베르누이 정리에 따라

$$\frac{u^2}{2g}+\frac{p}{\gamma}+z=H \rightarrow \frac{u^2}{2\times 9.81}+\frac{4\times 9.81\times 10^4\ \mathrm{N/m^2}}{1{,}000\ \mathrm{kg/m^3}\times 9.81\ \mathrm{m/s^2}}=50$$

$u=14.01\ \mathrm{m/s}$

15 직경 $d_1=20$ cm에서 $d_2=40$ cm로 확대되는 수평 관로 속을 물이 흐르고 있다. 단면 1의 유속과 압력이 각각 $u_1=2$ m/s, $p_1=50$ kPa일 때 단면 2의 압력 p_2[kPa]를 구하라.

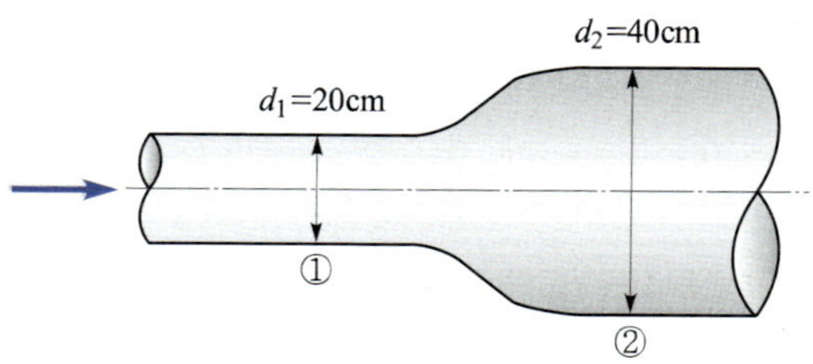

풀이

$$\frac{p_1}{\gamma}+\frac{u_1^2}{2g}=\frac{p_2}{\gamma}+\frac{u_2^2}{2g} \rightarrow p_2=p_1+\frac{\gamma}{2g}\left(u_1^2-u_2^2\right)\text{이므로}$$

$$u_2=u_1\times\left(\frac{d_1}{d_2}\right)^2=2\times\left(\frac{20}{40}\right)^2=0.5\ \mathrm{m/s}$$

$$p_2=50+\frac{9.81}{2\times 9.81}(2^2-0.5^2)=51.875\ \mathrm{kPa}$$

16 관의 단면적이 1 m^2에서 0.5 m^2로 감소하는 축소 관으로 공기를 수평하게 이동할 때 손실이 없는 것으로 가정하여 5 N/s의 공기(비중량 12.1 N/m^3)가 흐를 때 정압[Pa]의 감소는 얼마인가?

풀이

연속방정식 $\rho_1 g A_1 u_1=\rho_2 g A_2 u_2=\dot{w}$

$$Q=\frac{\dot{w}}{\rho g}=\frac{5}{12.1}=0.41\ \mathrm{m^3/s}$$

$A_1u_1=A_2u_2=Q$에 의하여

$$u_1=\frac{0.41}{1}=0.41\ \mathrm{m/s}\ ,\ u_2=\frac{0.41}{0.5}=0.82\ \mathrm{m/s}$$

두 단면 사이에 베르누이 방정식을 도입하면 도관은 수평이므로 $z_1=z_2$이다.

$$\frac{p_1}{\rho g}+\frac{u_1^2}{2g}=\frac{p_2}{\rho g}+\frac{u_2^2}{2g} \rightarrow \frac{p_1-p_2}{\rho g}=\frac{u_2^2-u_1^2}{2g}=\frac{0.82^2-0.41^2}{2\times 9.81}=0.026\ \mathrm{m}$$

$p_1-p_2=0.026\times 12.1=0.315\mathrm{Pa}$

17 그림과 같은 관을 물이 흐를 때 단면 Ⅱ의 압력 p_2, 속도 u_2, 그리고 압력수두[m]를 구하라. (단, $p_1 = 2\ \text{kg}_\text{f}/\text{cm}^2$, $u_1 = 1.5\ \text{m/s}$, $d_1 = 20\ \text{cm}$, $d_2 = 10\ \text{cm}$이다.)

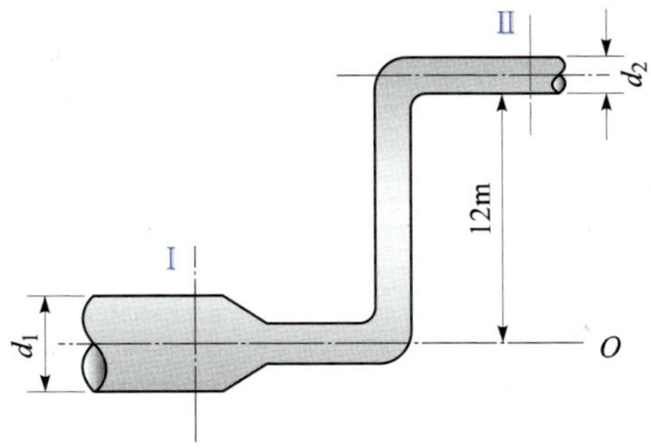

풀이

$Q = A_1u_1 = A_2u_2$에서 $u_2 = \dfrac{A_1}{A_2}u_1$

$$u_2 = \frac{\pi \times 0.2^2}{4} \times \frac{4}{\pi \times 0.1^2} \times 1.5 = 6\ \text{m/s}$$

$$z_1 + \frac{p_1}{\gamma} + \frac{u_1^2}{2g} = z_2 + \frac{p_2}{\gamma} + \frac{u_2^2}{2g} \rightarrow \frac{p_2}{\gamma} = z_1 - z_2 + \frac{p_1}{\gamma} + \frac{u_1^2 - u_2^2}{2g}$$

$$\frac{p_2}{\gamma} = 0 - 12 + \frac{20{,}000}{1{,}000} + \frac{1.5^2 - 6^2}{2 \times 9.81} = 6.28\ \text{m}$$

$$p_2 = 6.28 \times 1{,}000 = 6{,}280\ \text{kg}_\text{f}/\text{m}^2 = 0.628\ \text{kg}_\text{f}/\text{cm}^2$$

18 그림과 같이 내경이 각각 80 mm, 40 mm인 두 배관이 수평으로 직결된 상태에서 화살표의 방향으로 정상류의 물이 흐르고 있을 때 압력계 A, B에서의 지시 수압은 각각 $2.5\ \text{kg}_\text{f}/\text{cm}^2$ 및 $2\ \text{kg}_\text{f}/\text{cm}^2$이며, 내경 80 mm의 배관에서 측정된 유속은 1 m/s이었다. A-B 간에 발생한 마찰손실수두[m]는 얼마인가? (단, 중력가속도는 $9.81\ \text{m/s}^2$이며 물의 열역학적인 상태변화는 무시한다.)

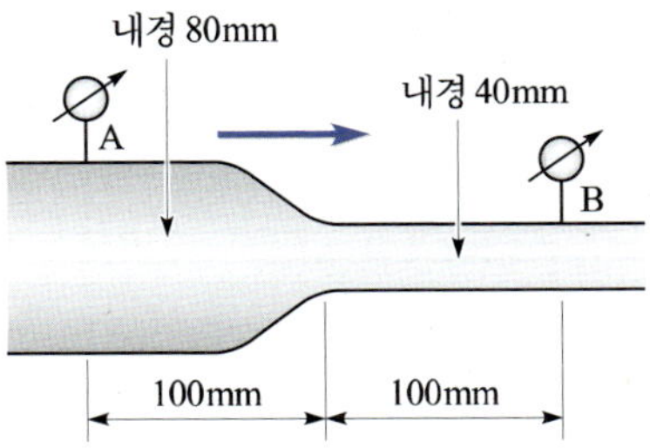

풀이

수정된 베르누이 방정식에서

$$\frac{p_A}{\gamma} + \frac{u_A^2}{2g} = \frac{p_B}{\gamma} + \frac{u_B^2}{2g} + h_L$$

$$\frac{2.5 \times 10^4}{1{,}000} + \frac{1^2}{2 \times 9.81} = \frac{2 \times 10^4}{1{,}000} + \frac{4^2}{2 \times 9.81} + h_L$$

$$h_L = 4.24\ \text{m}$$

19 직경 100 mm인 관에서 속도는 0.5 m/s이고 압력은 200 kPa로 유동하는 물이 직경 50 mm인 수축한 수평 관으로 연결되어 흐를 때 압력은 몇 kPa인가? (단 수축 전후 사이의 손실수두는 3 m이었다.)

풀이

$$u_2 = \left(\frac{d_1}{d_2}\right)^2 u_1 = \left(\frac{100}{50}\right)^2 \times 0.5 = 2 \text{ m/s}$$

베르누이 방정식에서

$$\frac{p_1}{\gamma} + \frac{u_1^2}{2g} = \frac{p_2}{\gamma} + \frac{u_2^2}{2g} + h_L$$

$$\frac{200{,}000}{9{,}810} + \frac{0.5^2}{2\times 9.81} = \frac{p_2}{9{,}810} + \frac{2^2}{2\times 9.81} + 3$$

$$p_2 = 9{,}810 \times \left(-3 + \frac{200{,}000}{9{,}810} + \frac{(0.5^2 - 2^2)}{2\times 9.81}\right) = 168{,}695 \text{ Pa} = 168.695 \text{ kPa}$$

20 그림과 같이 펌프의 압력계가 출구 쪽에서 400 kPa, 입구 쪽에서 -20 kPa을 나타내고 있을 때 펌프가 물에 공급한 에너지는 얼마인가? 단, 도중에 에너지의 손실은 없고 또 출구 쪽 압력계는 입구 쪽의 것보다 50 cm 높은 곳에 있으며 흡입관과 송출관의 직경은 같다. 또 물의 밀도는 $\rho = 998$ kg/m^{3}이며, 펌프의 유량이 5 m^3/min일 때 펌프의 동력[kW]은 얼마인가?

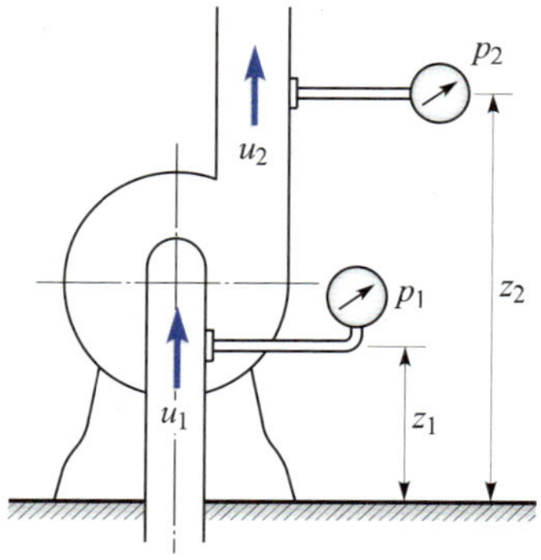

풀이

$$\frac{p_1}{\rho} + \frac{u_1^2}{2} + gz_1 + E_p = \frac{p_2}{\rho} + \frac{u_2^2}{2} + gz_2$$

$$\rightarrow \ E_p = \frac{p_2 - p_1}{\rho} + \frac{u_2^2 - u_1^2}{2} + g(z_2 - z_1)$$

흡입관과 송출관의 직경이 같으므로 물의 유속은 같다.

$u_1 = u_2$, $z_2 - z_1 = 0.5$ m, $g = 9.81$ m/s^{2}을 대입하면

$$E_p = \frac{(400+20)\times 10^3}{998} + 0 + 9.81 \times 0.5 = 425.75 \text{ J/kg}$$

전수두 H와 비에너지 E_p는 $E_p = gH$의 관계에 있고 펌프의 동력 L은 질량 유량 ρQ와 비에너지 gH와의 곱이므로

$$L = \rho Q g H = \rho Q E_p = 998 \times \frac{5}{60} \times 425.75 = 35{,}408 \text{ W} = 35.408 \text{ kW}$$

21 그림과 같은 흡입관과 송출관의 직경이 동일한 펌프에서 운전 중 압력계는 20 mAq(2 kg_f/cm^2), 진공계는 73.5 mmHg이었다. 압력계와 진공계의 거리가 0.5 m일 경우 펌프의 전양정[m]은 얼마인가? (단, 마찰손실은 무시한다.)

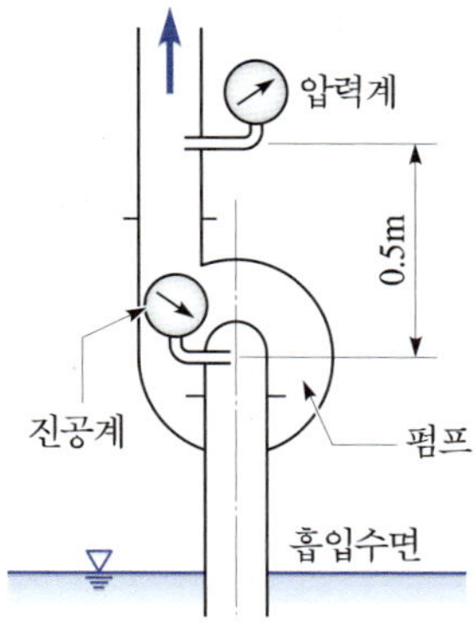

풀이

펌프의 양정을 h_P라고 할 때 수정된 베르누이 방정식(손실수두는 무시)은

$$\frac{p_1}{\rho g}+\frac{u_1^2}{2g}+z_1+h_P=\frac{p_2}{\rho g}+\frac{u_2^2}{2g}+z_2[\text{m}]$$

$$h_P=\frac{p_2-p_1}{\rho g}+\frac{u_2^2-u_1^2}{2g}+(z_2-z_1)$$

진공계 위치 ①, 압력계 위치는 ②이다. 흡입관과 송출관의 내경이 같으므로 $u_1=u_2$

① 압력계 $\frac{p_2}{\rho g}=20\ \text{m}$ (압력수두)

② 진공계 $p_1=73.5\ \text{mmHg}=73.5\ \text{mmHg}\times\frac{10.332\ \text{mAq}}{760\ \text{mmHg}}=1\ \text{mAq}$ (압력수두)

즉, 진공계는 -1 mAq에 해당한다.

③ 압력계와 진공계의 거리 $z_2-z_1=0.5\ \text{m}$ (펌프의 전양정)

$h_P=20+1.0+0.5=21.5\ \text{m}$

22 그림과 같이 유체의 높이가 10 m인 탱크의 밑면에서 유출되는 유체의 속도[m/s]는?

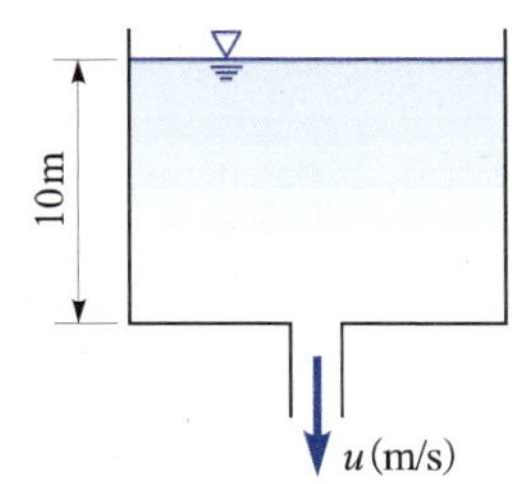

풀이

$u=\sqrt{2gh}=\sqrt{2\times9.81\times10}=14.01\ \text{m/s}$

23 관 속에 물이 흐르고 있다. 피토관을 수은이 든 U자관에 연결하여 전압과 정압을 측정하였더니 600 mm의 액면 차가 생겼다. 피토관 위치에서의 유속[m/s]은?

풀이

$$u=\sqrt{2gh\left(\frac{\gamma_{Hg}}{\gamma_{H_2O}}-1\right)}=\sqrt{2\times9.81\times0.6\left(\frac{13.6}{1}-1\right)}=12.2\ \text{m/s}$$

24 그림과 같은 물탱크에 노즐을 설치하였을 경우 출구 속도[m/s]와 유량[m³/s]은?

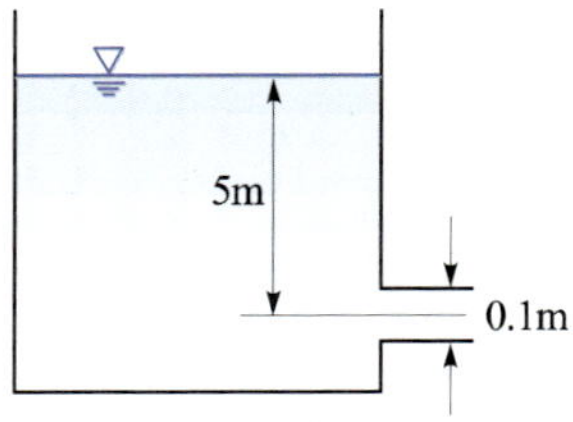

풀이

$$u = \sqrt{2gh} = \sqrt{2 \times 9.81 \times 5} = 9.9 \ \mathrm{m/s}$$

$$Q = Au = \frac{\pi}{4}(0.1)^2 \times 9.9 = 0.0778 \ \mathrm{m^3/s}$$

25 깊이 2 m까지 물을 넣은 물탱크의 밑에 오리피스가 있다. 수면에 대기압이 작용할 때의 2배 유속으로 오리피스에서 물을 유출할 때 수면에는 얼마의 압력[kPa]을 가하면 되는가? (단, 손실은 무시한다.)

풀이

$$u_1 = \sqrt{2gh} = \sqrt{2 \times 9.81 \times 2} = 6.26 \ \mathrm{m/s}$$

$$u_2 = 2u_1 = 2 \times 6.26 = 12.52 \ \mathrm{m/s}$$

$$h = \frac{u_2^2}{2g} = \frac{12.52^2}{2 \times 9.81} = 7.99 \ \mathrm{m}$$

$$p = \gamma h = 1{,}000 \ \mathrm{kg_f/m^3} \times (7.99 - 2)\,\mathrm{m} = 5{,}990 \ \mathrm{kg_f/m^2}$$

$$= \frac{5{,}990 \ \mathrm{kg_f/m^2}}{10{,}332 \ \mathrm{kg_f/m^2}} \times 101.3 \ \mathrm{kPa} = 58.73 \ \mathrm{kPa}$$

26 그림과 같이 탱크의 측면에 설치된 노즐에서 물이 유출되고 있다. 노즐에서의 총 손실수두는 $\frac{3u^2}{2g}$ 이다. 노즐로 유출되는 물의 유속[m/s]은 얼마인가?

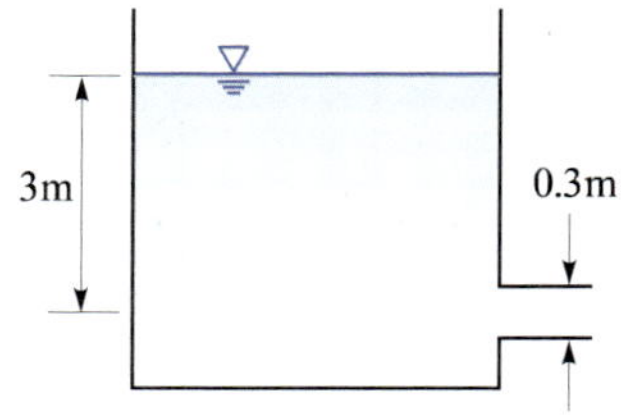

풀이

베르누이 정리에서

$$\frac{p_1}{\gamma} + \frac{u_1^2}{2g} + z_1 = \frac{p_2}{\gamma} + \frac{u_2^2}{2g} + z_2 + h_L$$

$u_1 = 0$, $p_1 = p_2 = 0$이므로

$$\frac{u^2}{2g} + \frac{3u^2}{2g} = 3 - \frac{0.3}{2}$$

$$\frac{4u^2}{2g} = 2.85$$

$$u = \sqrt{\frac{2 \times 9.81 \times 2.85}{4}} = 3.74 \ \mathrm{m/s}$$

27 그림의 물탱크에서 $h=3$ m, 오리피스의 직경이 5 cm일 때 오리피스의 출구 속도[m/s]와 유량[m^3/s]을 구하라.

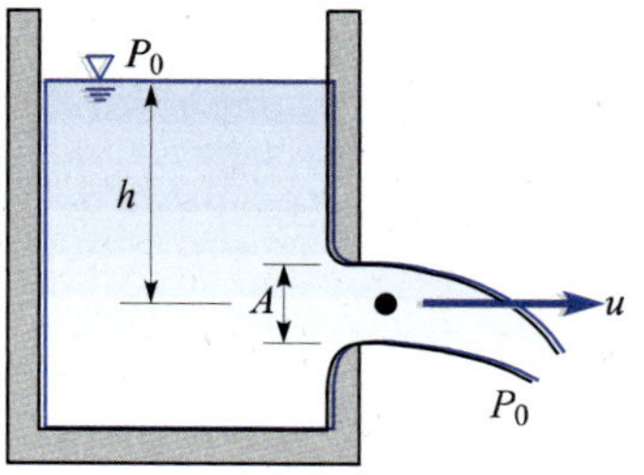

풀이

$$u=\sqrt{2gh}=\sqrt{2\times 9.81\times 3}=7.67\ \text{m/s}$$

$$Q=Au=\frac{\pi\times(0.05)^2}{4}\times 7.67=0.015\ \text{m}^3/\text{s}$$

28 문제 27의 그림에서 $h=2$ m일 때 직경 10 cm인 오리피스를 통해 유출되는 물의 유량[m^3/s]을 구하라.

풀이

$$Q=Au=A\sqrt{2gh}=\frac{\pi}{4}\times(0.1)^2\times\sqrt{2\times 9.81\times 2}=0.049\ \text{m}^3/\text{s}$$

29 문제 27의 그림에서 오리피스로부터 분출되는 물의 속도가 10 m/s일 때 수위 h는 몇 m인가?

풀이

$$h=\frac{u^2}{2g}=\frac{10^2}{2\times 9.81}=5.1\ \text{m}$$

30 300 N/s의 물이 100 mm의 관로를 흐르고 있을 때 평균속도[m/s]를 구하라.

풀이

$\dot{w}=\gamma Au$이므로

$$u=\frac{\dot{w}}{\gamma A}=\frac{300}{9{,}810\times\frac{\pi}{4}\times 0.1^2}=3.89\ \text{m/s}$$

31 내경 100 mm인 소화설비의 배관을 통해 5 m/s의 속도로 흐르는 물의 유량[m^3/min]은 얼마인가?

풀이

$$Q=Au=\frac{\pi\times 0.1^2\ \text{m}^2}{4}\times 5\ \text{m/s}\times 60\ \text{s/min}=2.36\ \text{m}^3/\text{min}$$

32 내경 200 mm의 수평 배관 내로 물이 흐르고 있다. 이때 배관 내 압력은 2 kg_f/cm^2이며, 전수두의 값은 30 mH_2O이다. 배관 내를 흐르는 물의 속도[m/s]는 얼마인가?

풀이

$d=200\ \text{mm},\ p=2\ \text{kg}_f/\text{cm}^2$

$$H=\frac{p}{\gamma}+\frac{u^2}{2g}+z \rightarrow 30\ \text{mH}_2\text{O}=\frac{2\times 10{,}000}{1{,}000}+\frac{u^2}{2\times 9.81}+0$$

$u=14.01\ \text{m/s}$

33 직경이 15 cm인 소방호스에 노즐 구경이 3 cm인 노즐 팁이 부착되어 있고 2 m^3/min의 방수량으로 대기 중에 방사할 경우, 다음 조건에 따라 각 물음에 답하시오. (단, 마찰손실은 무시한다.)

① 소방용 호스의 평균유속은 몇 m/s인가?

② 소방용 호스에 부착된 노즐의 평균유속은 몇 m/s인가?

풀이

① $Q=Au,\ u=\dfrac{Q}{A}=\dfrac{4Q}{\pi d^2},\ u=\dfrac{4\times\dfrac{2}{60}\ \text{m}^3/\text{s}}{\pi\times 0.15^2\ \text{m}^2}=1.89\ \text{m/s}$

② $u=\dfrac{4\times\dfrac{2}{60}\ \text{m}^3/\text{s}}{\pi\times 0.03^2\ \text{m}^2}=47.16\ \text{m/s}$

34 유속 2 m/s인 물의 흐름 속에 피토관을 흐름 방향으로 세웠을 때 그 수주의 높이[mAq]는?

풀이

$$h=\frac{p_T-p_S}{\gamma}=\frac{u_0^2}{2g}=\frac{2^2}{2\times 9.81}=0.2\ \text{mAq}$$

35 기준면에서 3 m 높은 곳에 유속 3 m/s인 물이 흐르고 있다. 이때 압력이 30 kPa이었다. 전수두[m]는 얼마인가?

풀이

$$H=\frac{p}{\gamma}+\frac{u^2}{2g}+z=\frac{30}{9.81}+\frac{3^2}{2\times 9.81}+3=6.52\ \text{m}$$

36 그림과 같이 직경이 250 mm에서 100 mm로 축소된 관으로 물이 흐르고 있는데 이때 중량 유량을 80 kg_f/s로 하면 작은 관의 평균속도[m/s]는 얼마인가?

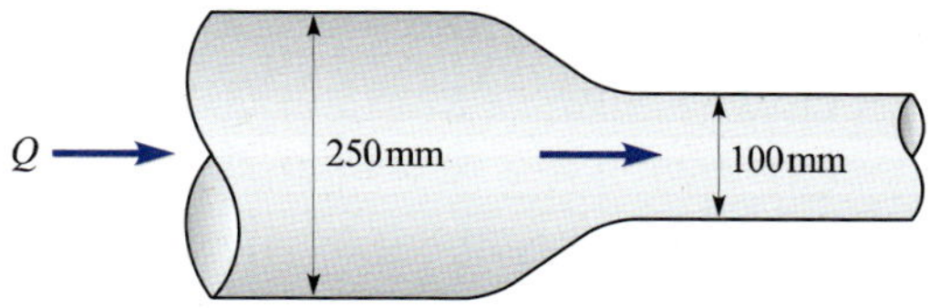

풀이

$\dot{w} = Au\gamma$이므로

$$u = \frac{\dot{w}}{\gamma A} = \frac{80}{\frac{\pi \times 0.1^2}{4} \times 1{,}000} = 10.19 \text{ m/s}$$

37 그림과 같이 액주계에서 ρ_1 =1,000 kg/m^3, ρ_2 =15,000 kg/m^3, h_1 =300 mm, h_2 =500 mm일 때 관 중심 A의 게이지압[kPa]은 얼마인가?

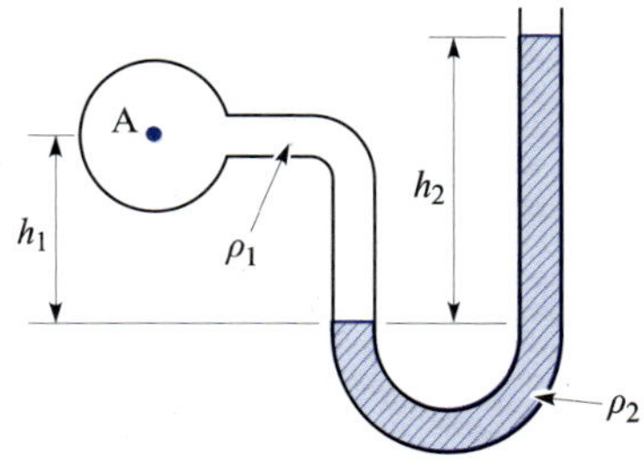

풀이

$p_A + \rho_1 g h_1 = \rho_2 g h_2$이므로

$$\begin{aligned} p_A &= \rho_2 g h_2 - \rho_1 g h_1 \\ &= (15{,}000 \times 0.5 \times 9.81) - (1{,}000 \times 0.3 \times 9.81) \\ &= 70{,}632 \text{ kg/m} \cdot \text{s}^2 = 70{,}632 \text{ Pa} = 70.6 \text{ kPa} \end{aligned}$$

38 그림에서 탱크의 수면이 소화전 출구 위 20 m에 있다면 소화전이 열렸을 때 물의 속도[m/s]는 얼마인가?

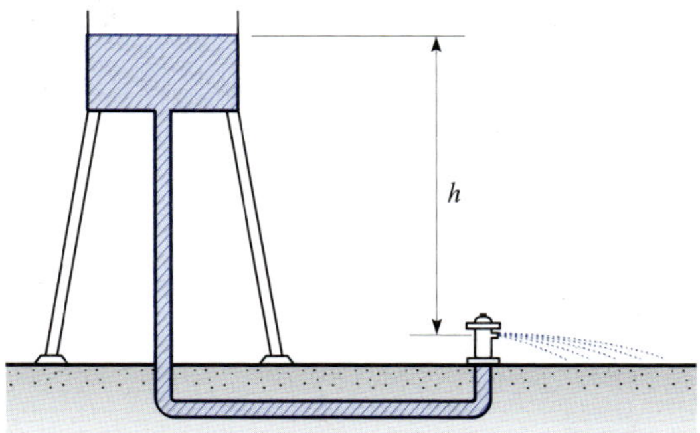

풀이

$$h = \frac{u^2}{2g},$$

$$u = \sqrt{2gh} = \sqrt{2 \times 9.81 \times 20} = 19.81 \text{ m/s}$$

39 그림과 같은 관로를 물이 흐르고 있다. ②의 관경은 ①의 관경의 1/2인 경우 ②를 흐르는 물의 평균속도는 ①의 평균속도의 몇 배가 되는가? (단, 관 마찰손실수두는 무시한다.)

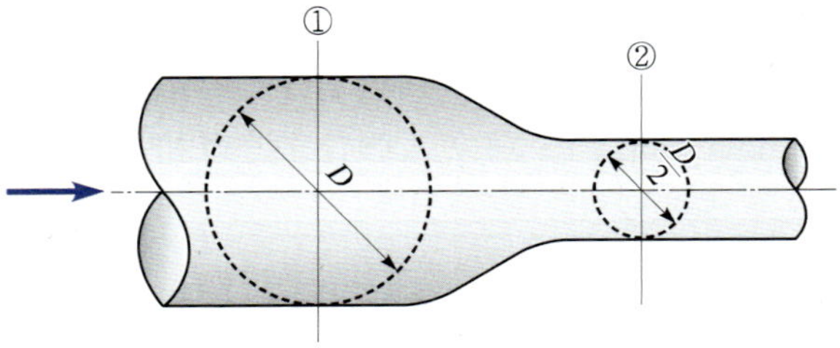

풀이

$$Q = A_1u_1 = A_2u_2 = constant$$

$$A_1u_1 = \left(\frac{A_1}{4}\right)u_2$$

$$\therefore\ u_2 = 4u_1$$

40 원관 속에 정상류, 비압축성인 물의 흐름이 있다. 직경 300 mm인 단면에서의 평균속도가 5 m/s이면 직경 200 mm인 단면에서의 평균속도[m/s]는 얼마인가?

풀이

$$A_1u_1 = A_2u_2,\ u_2 = \frac{A_1}{A_2}u_1 = \left(\frac{300}{200}\right)^2 \times 5 = 11.25\ \text{m/s}$$

41 관 속에 물이 흐르고 있다. 피토관을 수은이 든 U자 관에 연결하여 전압과 정압을 측정하였더니 50 mm의 액면 차가 생겼다. 피토관 위치에서 유속[m/s]은? (단, 수은의 비중 = 13.6)

풀이

$$u = \sqrt{2gh\left(\frac{\gamma'}{\gamma} - 1\right)} = \sqrt{2 \times 9.81 \times 0.05\left(\frac{13.6}{1} - 1\right)} = 3.52\ \text{m/s}$$

42 관에 흐르는 유체에 피토관을 적용하여 부르동관 압력계로 압력을 측정하였더니 50 psi이었다. 유속[m/s]은 얼마인가?

풀이

50 psi = 345 kPa 이므로

$$h = \frac{345\ \text{kPa}}{9.81\,\text{kN/m}^3} = 35.2\ \text{m}$$

$$u = \sqrt{2gh} = \sqrt{2 \times 9.81 \times 35.2} = 26.3\ \text{m/s}$$

43 그림에서 같은 관 속을 유량 Q=10×10^{-3} m^3/s의 물이 흐르고 있다. 단면 ① 및 ②의 내경을 각각 d_1 =50 mm, d_2 =100 mm라 하고 단면 ①에서 ②까지의 거리를 l =3 m, 관의 경사각을 θ =30°, 단면 ①의 마노미터의 지시 수두를 h_1 =1 m라 하면 단면 ②의 수두 h_2[m]는 얼마인가?

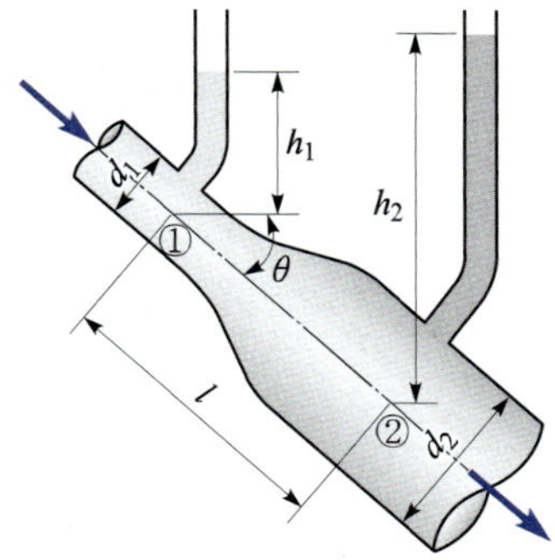

풀이

$Q = A_1 u_1 = A_2 u_2$

$A_1 = \frac{\pi}{4} d_1^2 = \frac{\pi}{4} \times 0.05^2 = 1.96 \times 10^{-3}\ \text{m}^2$

$A_2 = \frac{\pi}{4} d_2^2 = \frac{\pi}{4} \times 0.1^2 = 7.85 \times 10^{-3}\ \text{m}^2$

$u_1 = \frac{Q}{A_1} = \frac{10 \times 10^{-3}}{1.96 \times 10^{-3}} = 5.1\,\text{m/s}\ ,\ u_2 = \frac{Q}{A_2} = \frac{10 \times 10^{-3}}{7.85 \times 10^{-3}} = 1.3\ \text{m/s}$

$\frac{p_1}{\rho g} + \frac{u_1^2}{2g} + z_1 = \frac{p_2}{\rho g} + \frac{u_2^2}{2g} + z_2$

$z_2 = 0,\ \frac{p_1}{\rho g} = 1\ \text{m},\ g = 9.81\ \text{m/s}^2,\ u_1 = 5.1\ \text{m/s},\ u_2 = 1.3\ \text{m/s},$

$z_1 = l \sin\theta = 1.5\ \text{m}$

$h_2 = \frac{p_2}{\rho g} = \frac{p_1}{\rho g} + \frac{1}{2g}(u_1^2 - u_2^2) + (z_1 - z_2)$

$= 1 + \frac{1}{2 \times 9.81}(5.1^2 - 1.3^2) + 1.5 = 3.74\ \text{m}$

44 직경이 20 cm인 관 속에 물이 평균속도 10 m/s로 흐르고 있을 때 유량[m^3/s]은 얼마인가?

풀이

$Q = \frac{\pi \times 0.2^2}{4} \times 10 = 0.314\ \text{m}^3/\text{s}$

45 직경 5 cm인 관과 10 cm인 관이 수평하게 연결되어 있다. 직경 10 cm인 관에서의 유속이 3 m/s이면 직경이 5 cm인 관에서의 유속[m/s]은 얼마인가?

풀이

$A_1 u_1 = A_2 u_2$에서

$\frac{\pi \times 0.05^2}{4} \times u_1 = \frac{\pi \times 0.1^2}{4} \times 3$

$u_1 = 12\ \text{m/s}$

46 직경 20 cm인 관과 15 cm인 관이 연결되어 있다. 이 관 속에 2,500 N/s의 물이 흐른다면 각 단면에서의 평균유속[m/s]은 얼마인가?

풀이

$$Q=\frac{\dot{w}}{\gamma}=\frac{2{,}500}{9{,}810}=0.3\ \mathrm{m^3/s}$$

$$A_1u_1=A_2u_2=Q$$

$$u_{0.15}=\frac{0.3}{\frac{\pi}{4}(0.15)^2}=16.98\ \mathrm{m/s}$$

$$u_{0.2}=\frac{0.3}{\frac{\pi}{4}(0.2)^2}=9.55\ \mathrm{m/s}$$

47 기준면으로부터 5 m 높이에 있는 관에 물이 10 m/s로 흐를 때 관의 압력이 50 kPa이라면 이 관의 물이 갖는 전수두[m]는 얼마인가?

풀이

$$\frac{p}{\gamma}+\frac{u^2}{2g}+z=H$$

$$\frac{50\times10^3}{9{,}810}+\frac{10^2}{2\times9.81}+5=15.2\ \mathrm{m}$$

48 그림과 같이 물이 위에서 아래로 5 m/s의 속도로 흐른다. 1지점과 2지점의 압력이 같을 때 관의 직경 d[m]를 구하라.

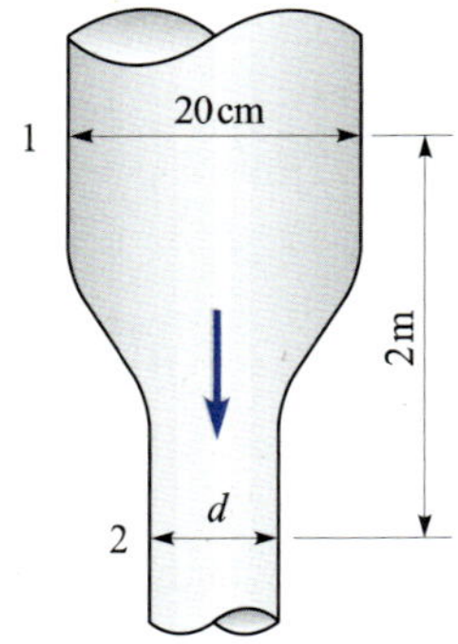

풀이

$p_1=p_2$이고 $z_2=0$(2지점이 기준)이므로

$$\frac{u_1^2}{2g}+z_1=\frac{u_2^2}{2g}$$

$$u_2=\sqrt{\left(\frac{5^2}{2\times9.81}+2\right)\times2\times9.81}=8\ \mathrm{m/s}$$

$$A_1u_1=A_2u_2$$

$$5\times\frac{\pi}{4}(0.2)^2=8\times\frac{\pi}{4}d^2$$

$$d=0.16\ \mathrm{m}$$

49 흐르고 있는 물의 동압이 5 kPa일 때 물의 유속[m/s]을 구하라.

풀이

$$p_v = \frac{\rho u^2}{2}$$

$$u = \sqrt{\frac{2p_v}{\rho}} = \sqrt{\frac{2\times 5{,}000}{1{,}000}} = 3.16\ \text{m/s}$$

50 그림과 같이 물이 들어있다. 탱크에 부착된 오리피스에서 분출되는 물의 속도와 유량[m^3/s]을 구하라. (단, 유량 계수는 1이다. 만약 유량 계수가 0.7이라면 어떻게 되는가?)

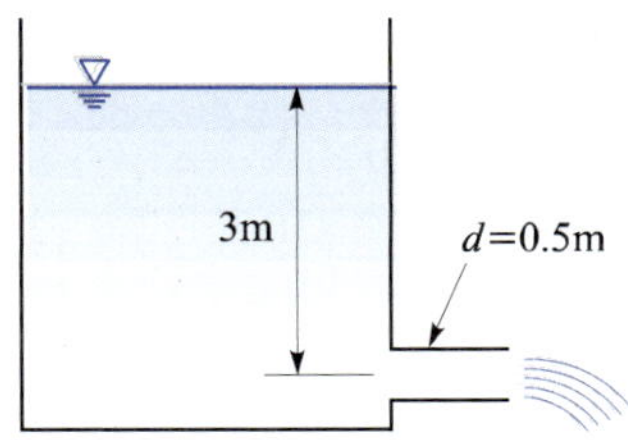

풀이

$$u = \sqrt{2gh} = \sqrt{2\times 9.81\times 3} = 7.67\ \text{m/s}$$

유량 계수가 1일 경우 유량은

$$Q = Au = \frac{\pi}{4}(0.5)^2\times 7.67 = 1.51\ \text{m}^3/\text{s}$$

유량 계수가 0.7일 경우 유량은 $Q = CAu = 0.7\times 1.51 = 1.057\ \text{m}^3/\text{s}$

51 공기의 속도를 측정하기 위하여 그림과 같이 피토관에 물을 넣은 U자 관을 연결하여 시차를 측정하였더니 $h=5$ cm이었다. 공기의 비중량이 12.5 N/m^3이라면 공기의 속도[m/s]는 얼마인가?

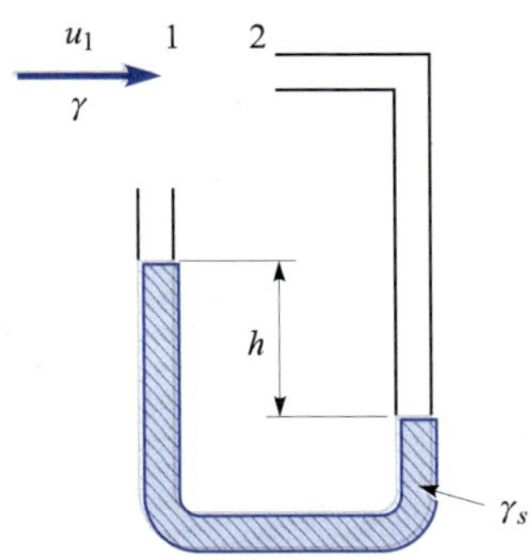

풀이

피토관 입구에서 떨어진 곳을 ①, 피토관 입구를 ②라고 하면

$$\frac{u_1^2}{2g} + \frac{p_1}{\gamma} = \frac{u_2^2}{2g} + \frac{p_2}{\gamma}$$ 이고, $u_2 = 0$이므로

$$u_1 = \sqrt{2g\frac{p_2 - p_1}{\gamma}}$$

U자관에서 대기압은 p_1이므로 시차 압력은

$p_2 - p_1 = \gamma_s h - \gamma h = h(\gamma_s - \gamma)$이므로

$$u_1 = \sqrt{\frac{2\times 9.81}{12.5}\times 0.05\times(9{,}810 - 12.5)} = 27.7\ \text{m/s}$$

52 그림과 같은 펌프를 이용하여 물을 10 m^3/min씩 퍼 올린다. 입구 ①에서의 직경이 15 cm, 압력이 150 mmHg 진공이고, 출구 ②에서의 직경이 10 cm, 압력이 5 bar이면 펌프의 동력[HP]은 얼마이어야 하는가?

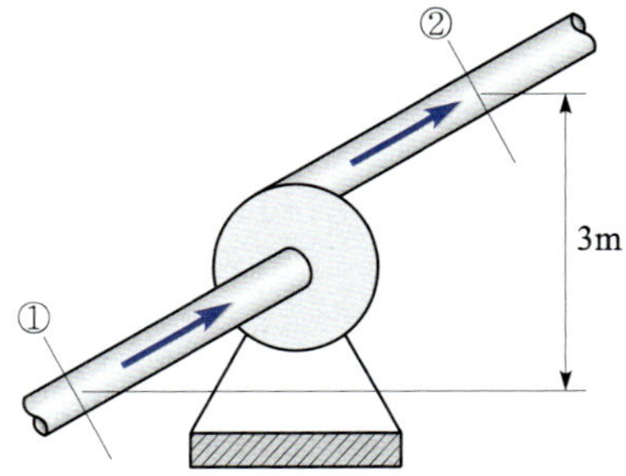

풀이

$$u_1 = \frac{Q}{A_1} = \frac{10\ \mathrm{m^3/min} \times \frac{1}{60}\ \frac{\mathrm{min}}{\mathrm{s}}}{\frac{\pi}{4} \times 0.15^2} = 9.43\ \mathrm{m/s}$$

$$u_2 = \frac{Q}{A_2} = 21.22\ \mathrm{m/s}$$

$$\frac{p_1}{\gamma} + \frac{u_1^2}{2g} + h_P = \frac{p_2}{\gamma} + \frac{u_2^2}{2g} + z_2$$

$$h_P = \frac{p_2 - p_1}{\gamma} + \frac{u_2^2 - u_1^2}{2g} + z_2$$

$$p_1 = -150 \times \frac{101{,}325}{760} = -19{,}998.4\ \mathrm{Pa}$$

$$h_P = \frac{5 \times 10^5 + 19{,}998.4}{9{,}810} + \frac{21.22^2 - 9.43^2}{2 \times 9.81} + 3 = 74.4\ \mathrm{m}$$

펌프에 필요한 동력은

$$L = \gamma Q h_P = 9{,}810 \times \frac{10}{60} \times 74.4 = 121{,}644\ \mathrm{W} = 163.15\ \mathrm{HP}$$

53 그림과 같은 터빈에서 입구의 유속이 5 m/s, 압력이 150 kPa이고 출구의 압력이 80 kPa인 진공이다. 터빈이 물로부터 얻는 동력[HP]은 얼마인가?

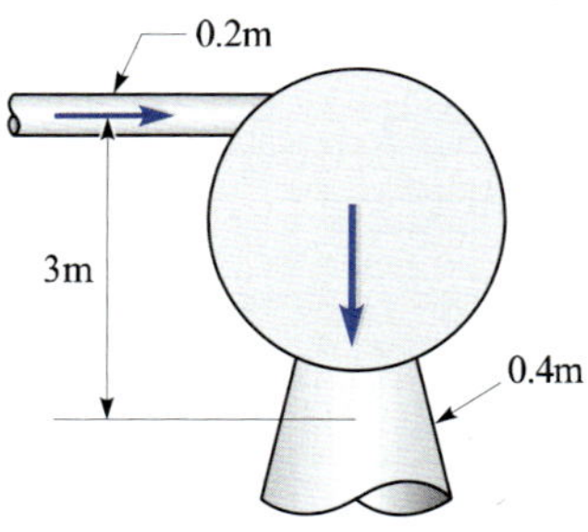

풀이

$$u_2 = u_1 \frac{A_1}{A_2} = 5 \times \frac{1}{4} = 1.25\ \mathrm{m/s}$$

$$\frac{p_1}{\gamma} + \frac{u_1^2}{2g} + z_1 = \frac{p_2}{\gamma} + \frac{u_2^2}{2g} + h_T$$

$$h_T = \frac{p_1 - p_2}{\gamma} + \frac{u_1^2 - u_2^2}{2g} + z_1 = \frac{1.5 \times 10^5 + 80 \times 10^3}{9{,}810} + \frac{5^2 - 1.25^2}{2 \times 9.81} + 3 = 27.64\ \mathrm{m}$$

$$L = \gamma Q h_T = 9{,}810 \times 5 \times \frac{\pi}{4} \times 0.4^2 \times 27.64 = 170{,}367.6\,\mathrm{W} = 228.5\ \mathrm{HP}$$

54 그림과 같은 사이펀에서 유량이 0.05 m^3/s이면 손실수두[m]는 얼마인가?

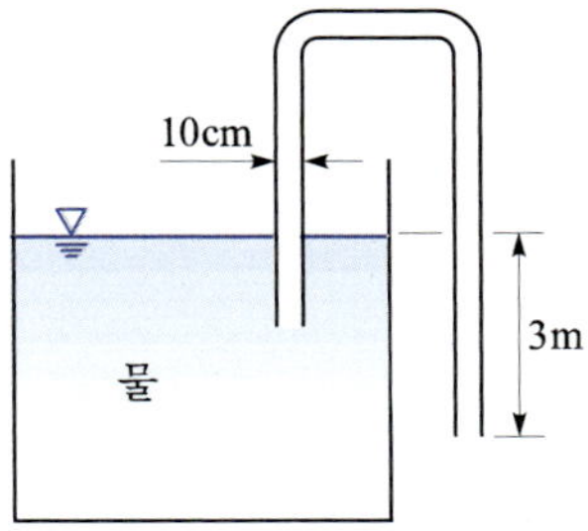

풀이

사이펀에서 실제 유속은

$$u=\frac{Q}{A}=0.05\times\frac{4}{\pi\times0.1^2}=6.37\ \mathrm{m/s}$$

탱크 수면과 사이펀 출구에 베르누이 방정식을 적용하면

$$\frac{u^2}{2g}+h_L=H$$

$$h_L=H-\frac{u^2}{2g}=3-\frac{6.37^2}{2\times9.81}=0.932\ \mathrm{m}$$

55 저장용 탱크의 크기는 직경이 10 m이고 높이가 15 m이다. 탱크에는 액체가 80% 들어있다. 액체는 탱크의 밑 부분에 설치된 직경 2 cm의 배관을 통해서 배출된다. 탱크의 상부에서 액체 면에 가해지는 압력은 대기압이며, 배관을 개방하였을 때 배관을 통해서 유출되는 액체의 초기 유출속도는 몇 m/s인가?

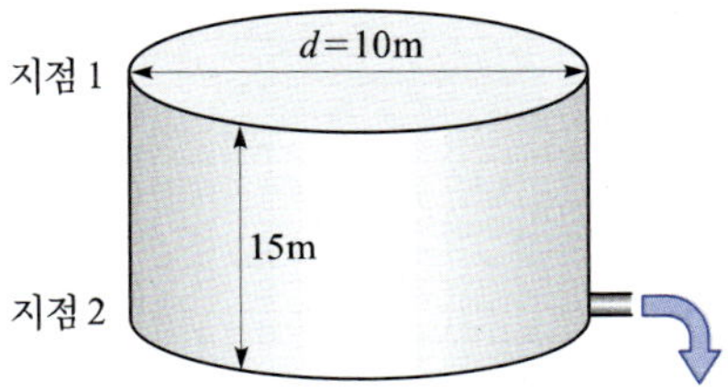

풀이

초기에 유체는 정지상태이므로 속도는 0이며, 지점 1에서의 유속은 $u_1=0$이다. 액체가 유출되는 부분을 기준으로 하면 $z_2=0$이고 액체는 탱크의 80%가 채워져 있으므로 $z_1=15\times0.8=12$ m이다.

마찰이 없는 이상유체의 경우이므로 베르누이 방정식을 이용하면

$\dfrac{p_2-p_1}{\rho}+g(z_2-z_1)+\dfrac{1}{2}(u_2^2-u_1^2)=0$이고 액체가 유출되는 배관과 탱크는 대기 중에 개방되어 있으므로 압력이 대기압으로 $p_1=p_2$로 서로 동일하다. 따라서 베르누이 방정식은 $g(z_1)=\dfrac{1}{2}u_2^2$이 되며 이 식으로부터 초기에 배출되는 유체의 유속을 구하면 다음과 같다.

$$u_2^2=2gz_1\rightarrow u_2=\sqrt{2gz_1}=\sqrt{2\times9.81\times12}=15.34\ \mathrm{m/s}$$

56 중력가속도는 9.81 m/s^2인 조건에서 내경 50 mm인 원통형 배관을 통해 물이 300 ℓ/min의 유량으로 이송될 때 유체의 운동에너지[N · m/kg]와 속도수두[m]는 얼마인가?

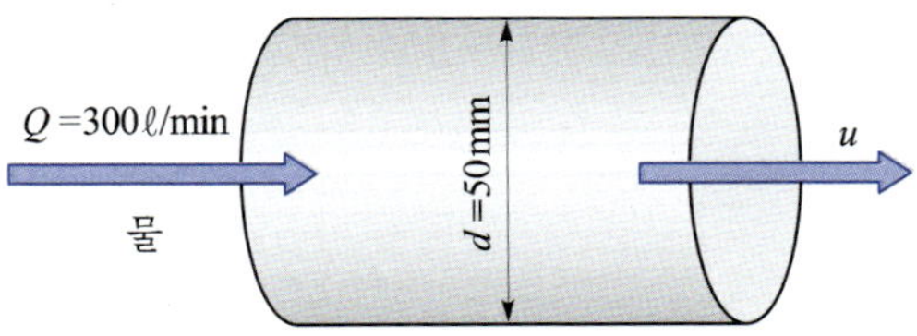

풀이

$$u=\frac{Q}{A}=\frac{300\ \ell/\mathrm{min}\times1{,}000\ \mathrm{cm^3}/\ell\times\frac{1}{60}\ \mathrm{min}/s}{\frac{\pi}{4}\times5^2\ \mathrm{cm^2}}=254.6\ \mathrm{cm/s}=2.55\ \mathrm{m/s}$$

유체의 운동에너지는 $\frac{\Delta u^2}{2} = \frac{2.55^2}{2}\ \mathrm{m^2/s^2} = 3.25\ \mathrm{m^2/s^2} = 3.25\ \mathrm{N \cdot m/kg}$

속도수두는 $\frac{\Delta u^2}{2g} = \frac{2.55^2}{2 \times 9.81}\ \mathrm{m} = 0.331\ \mathrm{m}$

57 그림에서 유체의 압력에너지[N · m/kg]와 압력수두[m]를 구하시오.

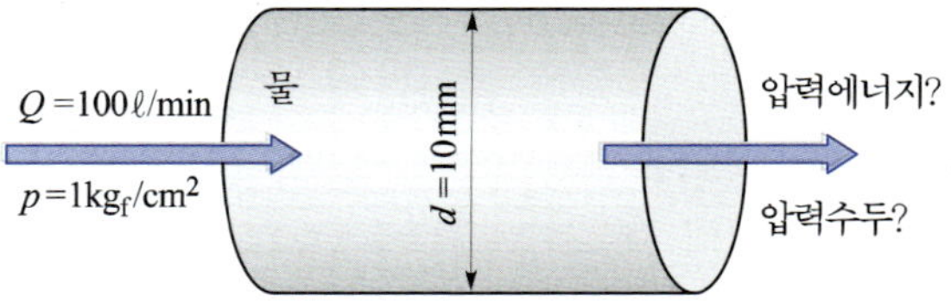

풀이

유체의 압력에너지는 $\frac{\Delta p}{\rho} = \frac{1\ \mathrm{kg_f/cm^2} \times 9.81\ \mathrm{N/kg_f} \times 100^2\ \mathrm{cm^2/m^2}}{1{,}000\ \mathrm{kg/m^3}} = 98.1\ \mathrm{N \cdot m/kg}$

압력수두는 $\frac{\Delta p}{\gamma} = \frac{\Delta p}{\rho g} = \frac{1\ \mathrm{kg_f/cm^2} \times 9.81\ \mathrm{N/kg_f} \times 100^2\ \mathrm{cm^2/m^2}}{9{,}810\ \mathrm{N/m^3}} = 10\ \mathrm{m}$

58 내경이 15 mm인 배관 속을 흐르는 물의 속도가 2 m/s일 때 압력은 1 $\mathrm{kg_f/cm^2}$이다. 이 배관을 이용하여 액체를 기준면으로부터 10 m 위로 이송시킨다. 이 공정에서 발생하는 전체에너지[N · m/kg]와 전수두[m]는 얼마인가? (단, 중력가속도는 9.81 $\mathrm{m/s^2}$이다.)

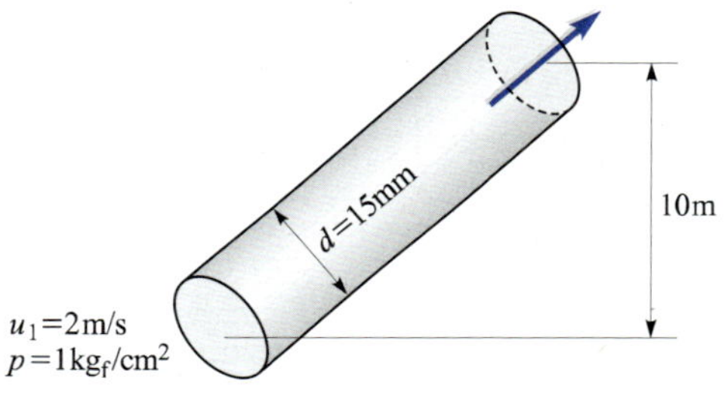

풀이

운동에너지는 $\frac{\Delta u^2}{2} = \frac{2^2\ \mathrm{m^2/s^2}}{2} = 2\ \mathrm{m^2/s^2} = 2\ \mathrm{N \cdot m/kg}$

유체의 압력에너지는 $\frac{\Delta p}{\rho} = \frac{1\ \mathrm{kg_f/cm^2} \times 9.81\ \mathrm{N/kg_f} \times 100^2\ \mathrm{cm^2/m^2}}{1{,}000\ \mathrm{kg/m^3}} = 98.1\ \mathrm{N \cdot m/kg}$

유체의 위치에너지는 $g\Delta z = 9.81\ \mathrm{m/s^2} \times 10\ \mathrm{m} = 98.1\ \mathrm{m^2/s^2} = 98.1\ \mathrm{N \cdot m/kg}$

전체 운동에너지는 $\frac{\Delta p}{\rho} + g\Delta z + \frac{1}{2}\Delta u^2 = 98.1\ \mathrm{N \cdot m/kg} + 98.1\mathrm{N \cdot m/kg} + 2\ \mathrm{N \cdot m/kg}$
$= 198.2\ \mathrm{N \cdot m/kg}$

압력수두는 $\frac{\Delta p}{\gamma} = \frac{1\ \mathrm{kg_f/cm^2} \times 9.81\ \mathrm{N/kg_f} \times 100^2\ \mathrm{cm^2/m^2}}{9{,}810\ \mathrm{N/m^3}} = 10\ \mathrm{m}$

속도수두는 $\frac{\Delta u^2}{2g} = \frac{2^2\ \mathrm{m^2/s^2}}{2 \times 9.81\ \mathrm{m/s^2}} = 0.204\ \mathrm{m}$

위치수두는 $\Delta z = 10\ \mathrm{m}$

전수두는 $H = \frac{\Delta p}{\gamma} + \frac{\Delta u^2}{2g} + \Delta z = 10\ \mathrm{m} + 0.204\ \mathrm{m} + 10\ \mathrm{m} = 20.204\ \mathrm{m}$

59 개방된 저장 탱크에 액체가 20 m의 높이로 저장되어 있다. 이 액체가 저장 탱크 아래에 있는 노즐을 통해 방사될 때 방사 속도[m/s]는 얼마인가?

풀이

$$h=\frac{u^2}{2g} \rightarrow u=\sqrt{2gh}=\sqrt{2\times 9.81\ \mathrm{m/s^2}\times 20\ \mathrm{m}}=19.81\ \mathrm{m/s}$$

60 저장 탱크 수면으로부터 아래로 5 m인 지점에 오리피스를 설치하였다. 이 오리피스의 속도계수(c_v)가 0.9일 경우 오리피스를 통하여 외부로 방출되는 물의 속도[m/s]를 구하라. (단, 대기압은 1.033 $\mathrm{kg_f/cm^2}$, 중력가속도는 9.81 $\mathrm{m/s^2}$이다.)

풀이

$$u=c_v\sqrt{2gh}=0.9\sqrt{2\times 9.81\ \mathrm{m/s^2}\times 5\ \mathrm{m}}=0.9\sqrt{98.1}\ \mathrm{m/s}=8.91\ \mathrm{m/s}$$

61 액체가 방출되는 부분의 직경이 15 mm인 노즐을 통해 액체가 유출될 때 유출되는 액체의 압력을 측정하였더니 압력이 2.5 $\mathrm{kg_f/cm^2}$일 때 방출되는 액체의 양[ℓ/min]은 얼마인가? (단, 방사압과 방출량의 관계는 $Q=0.653d^2\sqrt{p}$이다.)

풀이

$$Q=0.653d^2\sqrt{p}=0.653\times 15^2\mathrm{mm^2}\sqrt{2.5\ \mathrm{kg_f/cm^2}}=232.3\ \ell/\mathrm{min}$$

62 직경이 20 cm로 일정한 원통형 관 내부를 4℃의 물이 3 m/s의 일정한 속도로 흐르고 있다. 물이 유출되는 출구는 입구보다 5 m 높이에 있고 입구의 압력은 1.05 $\mathrm{kg_f/cm^2}$고 출구의 압력은 2 $\mathrm{kg_f/cm^2}$이다. 펌프는 물 1 kg에 10 $\mathrm{kg_f\cdot m}$의 에너지를 공급해야 한다면 마찰에 의한 에너지 손실은 몇 J/kg인가?

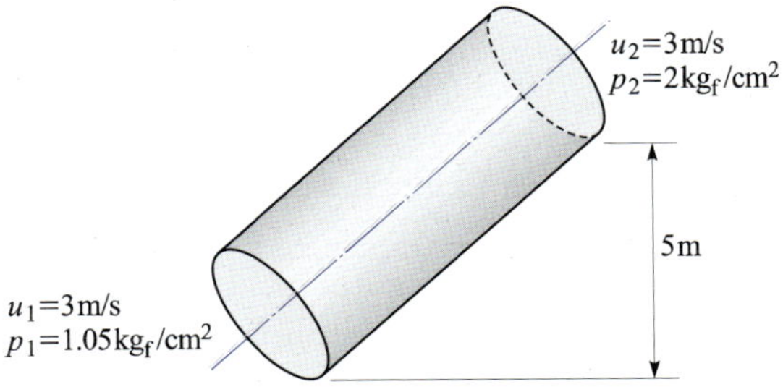

풀이

물은 온도가 일정하게 유지되므로 내부에너지 변화는 존재하지 않으며 단열공정이므로 열의 이동도 발생하지 않는다. 따라서 $\Delta E=0$이고 $Q=0$인 공정이다.

$\frac{\Delta p}{\rho}+g\Delta z+\frac{\Delta u^2}{2}=W_s-\sum F$ 에서 관의 직경이 20 cm로 일정하면 속도는 3 m/s로 일정하므로 유속도 변하지 않기 때문에 $\Delta u=0$이 되어 $\frac{\Delta p}{\rho}+g\Delta z=W_s-\sum F$이 된다.

마찰에 의한 에너지 손실은 $-\sum F=\frac{p_2-p_1}{\rho}+g(z_2-z_1)-W_s$인데 여기서,

$\frac{p_2-p_1}{\rho}=(2-1.05)\ \text{kg}_f/\text{cm}^2\times\frac{1}{1{,}000}\ \text{m}^3/\text{kg}\times(100\ \text{cm})^2/\text{m}^2\times9.81\ \text{N/kg}_f=93.2\ \text{N}\cdot\text{m/kg}$

$g(z_2-z_1)=9.81\ \text{m/s}^2\times(5-0)\ \text{m}=49.1\ \text{N}\cdot\text{m/kg}$

$W_s=10\ \text{kg}_f\cdot\text{m/kg}=10\ \text{kg}_f\cdot\text{m/kg}\times9.81\ \text{N/kg}_f=98.1\ \text{N}\cdot\text{m/kg}$

$-\sum F=93.2\ \text{N}\cdot\text{m/kg}+49.1\ \text{N}\cdot\text{m/kg}-98.1\ \text{N}\cdot\text{m/kg}=44.2\ \text{N}\cdot\text{m/kg}=44.2\ \text{J/kg}$

63 직경이 1.5 m인 수평 관에 4℃의 물이 흐르고 있다. 관로의 길이가 20 m이고 초기압력은 3 atm에서 최종상태의 압력이 1 atm인 상태로 1.5 m/s의 속도로 물이 흐를 경우, 발생하는 마찰손실의 합[J/kg]은 얼마인가?

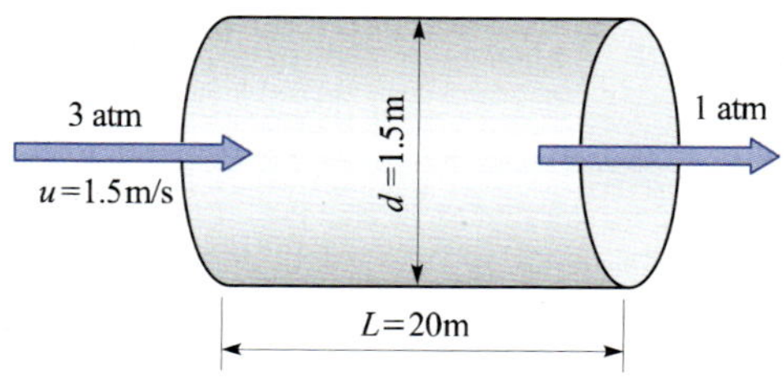

풀이

물의 온도가 일정하게 유지되므로 내부에너지 변화는 없으며 단열공정이기 때문에 $\Delta E=0$이고 $Q=0$이다.

수평 관이므로 $z_1=z_2$와 $g(z_2-z_1)=0$이 되고 배관의 직경이 동일하므로

연속방정식을 사용하면 $u_1=u_2$이므로 $\frac{1}{2}(u_2^2-u_1^2)=0$이 된다.

$$\sum F=\frac{p_1-p_2}{\rho}=(3-1)\ \text{atm}\times\frac{101.3\times10^3\ \text{N/m}^2}{1\ \text{atm}}\times\frac{1}{1{,}000}\ \text{m}^3/\text{kg}$$
$$=202.6\ \text{N}\cdot\text{m/kg}=202.6\ \text{J/kg}$$

64 물이 평균유속 10 m/s로 흐르고 있다. 중력가속도가 9.81 m/s^{2}인 조건에서 속도수두[m]를 구하라.

풀이

속도수두는 $\frac{u^2}{2g}=\frac{10^2\ \text{m}^2/\text{s}^2}{2\times9.81\ \text{m/s}^2}=5.1\ \text{m}$

65 기준면으로부터 5 m 높이에 있는 물의 수압이 3 kg$_f$/cm^{2}고 평균유속이 5 m/s로 흐르고 있다. 중력가속도가 9.81 m/s^{2}인 조건에서 전수두[m]는 얼마인가?

풀이

압력수두는 $\frac{p}{\gamma}=\frac{3\ \text{kg}_f/\text{cm}^2\times100^2\ \text{cm}^2/\text{m}^2}{1{,}000\ \text{kg}_f/\text{m}^3}=30\ \text{m}$이고

속도수두는 $\frac{u^2}{2g}=\frac{5^2\ \mathrm{m^2/s^2}}{2\times 9.81\ \mathrm{m/s^2}}=1.27\ \mathrm{m}$이며, 위치수두는 $z=5\ \mathrm{m}$이므로

전수두 = 30 m + 1.27 m + 5 m = 36.27 m

66 높이가 15 m인 물탱크의 바닥 면에 직경이 2.54 cm인 구멍이 뚫려있다. 이 구멍을 통하여 탱크 중에 있는 물이 유출되고 있다. 탱크에 물이 완전히 들어있다면 측면 구멍을 통해서 유출되는 물의 유속[m/s]과 물의 유량[m³/s]은 얼마인가?

풀이

$p_1=p_2=$ 대기압, 초기의 유체는 정지상태이므로 $u_2=0$, 높이차 $h=z_2-z_1$

$gh=\frac{1}{2}u_1^2 \rightarrow u_1=\sqrt{2gh}=\sqrt{2\times 9.81\ \mathrm{m/s^2}\times 15\ \mathrm{m}}=17.2\ \mathrm{m/s}$

물의 유량은 $Q=uA=u\frac{\pi}{4}d^2=17.2\ \mathrm{m/s}\times\frac{\pi}{4}(0.0254\ \mathrm{m})^2=8.72\times 10^{-3}\ \mathrm{m^3/s}$

67 그림과 같은 물탱크를 통해서 유출되는 물의 유속이 10 m/s이다. 물탱크 아래쪽의 높이 h[m]를 구하라.

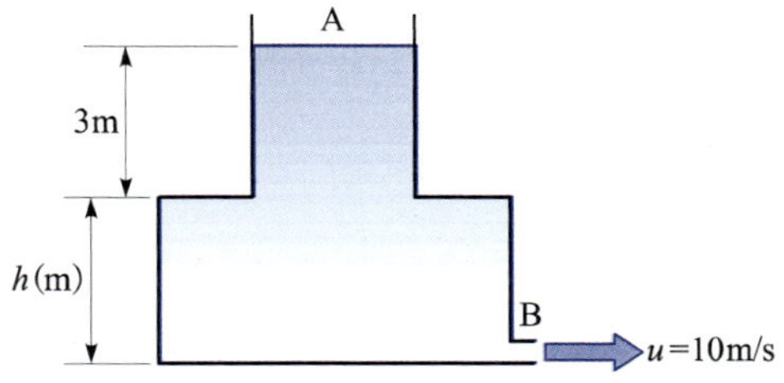

풀이

$u^2=2g\frac{\Delta p}{\gamma}$ 이므로

$u=\sqrt{2g\frac{\Delta p}{\gamma}}=\sqrt{2g\Delta h}$

$\rightarrow \Delta h=\frac{u^2}{2g}=\frac{(10\ \mathrm{m/s})^2}{2\times 9.81\ \mathrm{m/s^2}}=5.1\ \mathrm{m}$

상부의 높이가 3 m이므로 아래쪽 탱크의 높이는

$h=5.1\ \mathrm{m}-3\ \mathrm{m}=2.1\mathrm{m}$

68 중력가속도가 9.5 m/s²인 곳에서 내경 20 mm인 배관을 통해 물을 250 ℓ/min의 유량으로 이동시킨다. 유체의 운동에너지[J/kg]와 유체의 속도수두[m]를 구하라.

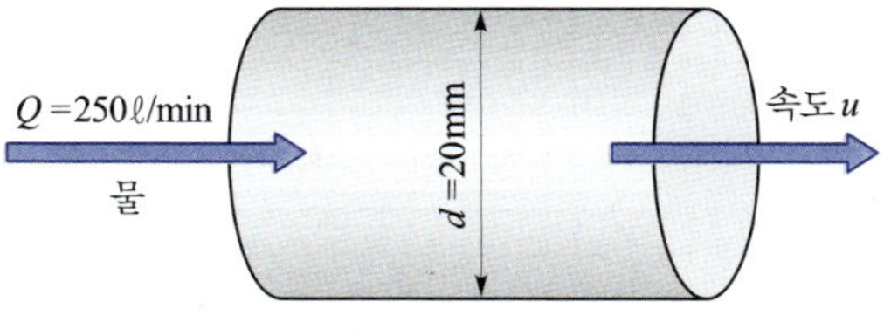

풀이

$$u=\frac{Q}{A}=\frac{250\ \ell/\mathrm{min}\times 1{,}000\ \mathrm{cm^3}/\ell\times\frac{1}{60}\mathrm{min/s}}{\frac{\pi}{4}(2\ \mathrm{cm})^2}=1{,}326.3\ \mathrm{cm/s}=13.26\ \mathrm{m/s}$$

유체의 운동에너지는 $\frac{\Delta u^2}{2} = \frac{(13.26\ \text{m/s})^2}{2} = 87.9\ \text{m}^2/\text{s}^2 = 87.9\ \text{J/kg}$

속도수두는 $\frac{\Delta u^2}{2g} = \frac{(13.26\ \text{m/s})^2}{2 \times 9.5\ \text{m/s}^2} = 9.25\ \text{m}$

69 직경이 50 mm인 원통형 관을 통해서 압력을 가해 비중이 1.5인 유체를 이동시키려고 할 때 압력은 0.9 $\text{kg}_\text{f}/\text{cm}^2$고 이동한 유체의 양은 200 ℓ /min인 조건에서 압력에너지[J/kg]와 압력수두[m]를 구하라.

풀이

비중이 1.5이므로 밀도는 1,500 kg/m^3이며 압력에너지는

$$\frac{\Delta p}{\rho} = \frac{0.9\ \text{kg}_\text{f}/\text{cm}^2 \times 9.81\ \text{N/kg}_\text{f} \times (100\ \text{cm/m})^2}{1{,}500\ \text{kg/m}^3}$$

$= 58.86\ \text{N}\cdot\text{m/kg} = 58.86\ \text{J/kg}$

액체의 비중량은 $\gamma = \rho g = 1{,}500\ \text{kg/m}^3 \times 9.81\ \text{m/s}^2 = 14{,}715\ \text{N/m}^3$

압력수두는 $\frac{\Delta p}{\gamma} = \frac{0.9\ \text{kg}_\text{f}/\text{cm}^2 \times (100\ \text{cm/m})^2 \times 9.81\ \text{N/kg}_\text{f}}{14{,}715\ \text{N/m}^3} = 6\ \text{m}$

70 그림과 같이 직경이 25 mm인 배관 속을 흐르는 물의 유속이 2.5 m/s이고 가해진 압력은 1.5 $\text{kg}_\text{f}/\text{cm}^2$이다. 이 배관을 이용해서 물을 기준면으로부터 15 m 위로 이송시키는 공정에서 발생하는 전체 에너지[J/kg]와 전수두[m]는 얼마인가? (단, 중력가속도는 9.81 m/s^2이다.)

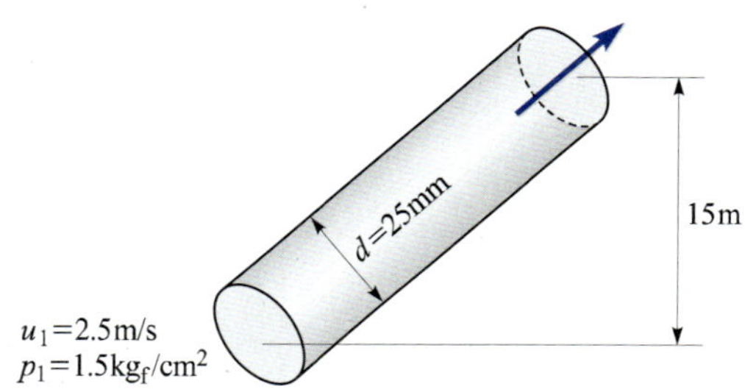

풀이

운동에너지는 $\frac{\Delta u^2}{2} = \frac{(2.5\ \text{m/s})^2}{2} = 3.125\ \text{m}^2/\text{s}^2 = 3.125\ \text{N}\cdot\text{m/kg} = 3.125\ \text{J/kg}$

압력에너지는 $\frac{\Delta p}{\rho} = \frac{1.5\ \text{kg}_\text{f}/\text{cm}^2 \times 9.81\ \text{N/kg}_\text{f} \times (100\ \text{cm/m})^2}{1{,}000\ \text{kg/m}^3}$

$= 147.15\ \text{N}\cdot\text{m/kg} = 147.15\ \text{J/kg}$

위치에너지는 $g\Delta z = 9.81\ \text{m/s}^2 \times 15\ \text{m} = 147.15\ \text{m}^2/\text{s}^2 = 147.15\ \text{N}\cdot\text{m/kg} = 147.15\ \text{J/kg}$

전체 에너지는 $\frac{\Delta p}{\rho} + g\Delta z + \frac{\Delta u^2}{2} = 3.125\ \text{J/kg} + 147.15\ \text{J/kg} + 147.15\ \text{J/kg} = 297.425\ \text{J/kg}$

압력수두는 $\frac{\Delta p}{\gamma}=\frac{\Delta p}{\rho g}=\frac{1.5\ \text{kg}_\text{f}/\text{cm}^2\times(100\ \text{cm/m})^2\times 9.81\ \text{N/kg}_\text{f}}{1{,}000\ kg/\text{m}^3\times 9.81\ \text{m/s}^2}=15\ \text{m}$

속도수두는 $\frac{\Delta u^2}{2g}=\frac{(2.5\ \text{m/s})^2}{2\times 9.81\ \text{m/s}^2}=0.319\ \text{m}$

위치수두는 $\Delta z=15\ \text{m}$

전수두는 $H=\frac{\Delta p}{\gamma}+\frac{\Delta u^2}{2g}+\Delta z=15\ \text{m}+0.319\ \text{m}+15\ \text{m}=30.319\ \text{m}$

71 비중이 0.8인 유체가 일정한 온도로 유지되면서 직경이 10 cm이고 길이가 20 m인 원통형 관을 통해서 흐르고 있다. 이 유체 1 kg에 대한 전체 마찰손실은 8 $\text{kg}_\text{f}\cdot$m인 조건으로 그림과 같은 계를 이동한다면 이 유체가 흐르면서 한 기계적인 일[J/kg]을 구하라.

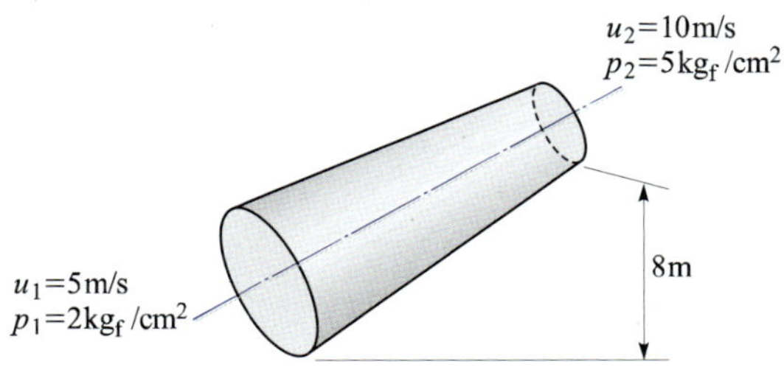

풀이

온도가 일정하게 유지되고 열전달이 없으므로 $\Delta E=0$과 $Q=0$이다.

$$-W_s=\frac{p_2-p_1}{\rho}+g(z_2-z_1)+\frac{u_2^2-u_1^2}{2}+\sum F$$

$$\frac{p_2-p_1}{\rho}=(5-2)\ \text{kg}_\text{f}/\text{cm}^2\times\frac{\text{m}^3}{800\ \text{kg}}\times(100\ \text{cm/m})^2\times 9.81\ \text{N/kg}_\text{f}$$

$$=367.9\ \text{N}\cdot\text{m/kg}$$

$$g(z_2-z_1)=9.81\ \text{m/s}^2\times 8\ \text{m}=78.5\ \text{m}^2/\text{s}^2=78.5\ \text{N}\cdot\text{m/kg}$$

$$\frac{u_2^2-u_1^2}{2}=\frac{(10\ \text{m/s})^2-(5\ \text{m/s})^2}{2}=37.5\ \text{m}^2/\text{s}^2=37.5\ \text{N}\cdot\text{m/kg}$$

$$\sum F=\frac{8\ \text{kg}_\text{f}\cdot\text{m}}{\text{kg}}=\frac{8\ \text{kg}_\text{f}\cdot\text{m}}{\text{kg}}\times 9.81\ \text{N/kg}_\text{f}=78.5\ \text{N}\cdot\text{m/kg}$$

$$-W_s=(367.9+78.5+37.5+78.5)\ \text{N}\cdot\text{m/kg}$$

$$=562.4\ \text{N}\cdot\text{m/kg}=562.4\ \text{J/kg}$$

참고문헌

- Çengel, Y. A., & Cimbala, J. M. (2017). Fluid Mechanics : Fundamentals and Applications. McGraw-Hill Education.
- Fox, R. W., McDonald, A. T., & Pritchard, P. J. (2020). Introduction to Fluid Mechanics. Wiley.
- White, F. M. (2016). Fluid Mechanics. McGraw-Hill.
- Munson, B. R., Young, D. F., & Okiishi, T. H. (2015). Fundamentals of Fluid Mechanics. Wiley.
- 한국소방기술연구소 (2022). 소방 유체역학 실무 적용.
- Batchelor, G. K. (2000). An Introduction to Fluid Dynamics. Cambridge University Press.
- 한국소방산업기술원 (2021). 소방설비기술기준 해설.
- 국립재난안전연구원 (2019). 소방유체역학과 화재진압 적용 연구.
- 한국소방안전원 (2021). 소방펌프 및 배관 시스템 설계 기준.
- Mott, R. L. (2015). Applied Fluid Mechanics. Pearson.
- Crowe, C. T., Elger, D. F., & Williams, B. C. (2019). Engineering Fluid Mechanics. Wiley.
- Panton, R. L. (2013). Incompressible Flow. Wiley.
- 한국소방과학회 (2020). 소방 유체역학 연구 동향.
- 한국소방설비학회 (2021). 소방 배관망 설계 및 운영 최적화 연구.
- 국립소방연구원 (2023). 고층 건물 화재 진압을 위한 유체역학적 접근.

CHAPTER 04

소방 유체 시스템 설계

1 관수로 유동
2 부차적 손실 및 소방 배관 설계 고려 사항
3 소방용 펌프와 관로 설계 기준
4 유량 측정 및 성능 해석
5 수격 작용 및 소방 시스템에서의 방지 대책

CHAPTER 04

소방 유체 시스템 설계

학습목표

- 배관 내 유체 흐름과 마찰 손실을 이해하고, 이를 소방 시스템 설계에 적용할 수 있다.
- 배관 내 부차적 손실의 원인을 분석하고, 소방 배관 설계 시 고려해야 할 사항을 설명할 수 있다.
- 소방용 펌프의 원리와 성능 특성을 이해하고, 적절한 관로 설계 기준을 적용할 수 있다.
- 다양한 유량 측정 방법과 소방 시스템 성능 해석 기법을 활용하여 효율적인 유체 시스템을 설계할 수 있다.
- 수격 작용(Water Hammer)의 원리를 이해하고, 소방 시스템에서 이를 방지하기 위한 설계 방안을 마련할 수 있다.

1 관수로 유동

소방 유체 시스템에서 배관 내 유체 흐름을 이해하는 것은 시스템의 설계 및 성능을 최적화하는 데 필수적이다. 배관 내에서 유체는 일정한 경로를 따라 이동하며, 유체 흐름의 특성은 배관의 직경, 길이, 유량, 압력 조건, 마찰 계수 등에 의해 결정된다. 이 장에서는 관수로 유동의 특성을 보다 심층적으로 분석하고, 소방 설비에 최적화된 설계 방안을 제시한다.

1.1 배관 내 유체 흐름

배관 내 유체 흐름의 특성을 결정하는 주요 요소는 다음과 같다.

- 유체의 물리적 성질 : 점성(viscosity), 밀도(density), 압축성(compressibility) 등에 따라 흐름 특성이 달라진다.
- 유동 조건 : 유량(flow rate), 유속(velocity), 압력 차이(pressure difference)에 따라 흐름의 형태가 결정된다.
- 배관 형상 : 직경, 곡률, 표면 조도(roughness), 밸브와 같은 장치의 유무가 유동 저항을 변화시킨다.

1.2 층류와 난류의 분석

1. 층류와 난류의 구조적 차이

- 층류에서는 유체가 층을 이루어 부드럽게 이동하지만, 난류에서는 유체가 회전하며 불규칙한 와류(vortex)가 발생한다.
- 실제 배관 시스템에서는 난류가 대부분이며, 이는 소방 시스템의 효율성과 관련이 있다.

표 4.1 층류와 난류의 차이점 비교

구분	층류 (Laminar Flow)	난류 (Turbulent Flow)
레이놀즈 수	$Re < 2,300$	$Re > 4,000$
흐름 형태	층을 이루어 일정하게 흐름	불규칙한 난류 발생
마찰손실	낮음	높음
에너지 손실	적음	많음
적용 사례	저속 관수로 유동, 혈액 흐름	소방 배관, 펌프 시스템

- 소방 시스템에서의 적용 예시
  ① 스프링클러 시스템 : 난류를 형성하여 물을 넓게 분산시킴
  ② 소방펌프 출구 배관 : 난류 발생으로 인해 압력 손실이 증가할 수 있음

2. 층류와 난류에서의 속도 분포 차이

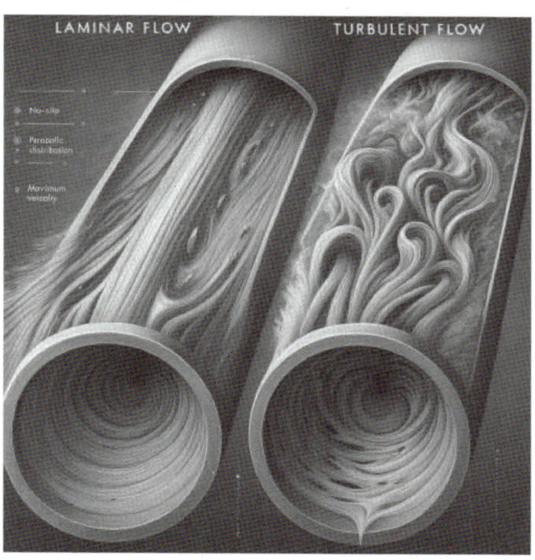

그림 4.1 층류와 난류의 속도분포 차이

- 유체의 속도는 배관 벽면과 중심부에서 차이가 있다.

표 4.2 속도분포 비교

구분	층류 속도 분포	난류 속도 분포
배관 중심부	최대 속도	불규칙한 속도 변화
벽면 근처	매우 낮음 (No-slip 조건)	급격한 속도 변화 발생

- 소방 배관에서의 의미
  ① 배관 표면이 거칠면 난류가 쉽게 발생하여 추가적인 마찰손실을 초래한다.

② 소방펌프의 효율을 높이려면 난류 손실을 고려한 배관 설계가 필요하다.

1.3 마찰손실

배관 내 유체가 흐를 때 배관 벽면과의 마찰로 인해 에너지가 손실되며, 이는 배관의 효율성과 시스템 성능에 중요한 영향을 미친다.

1. 마찰손실의 영향 요소

- 배관의 길이가 길수록 손실이 증가
- 배관의 직경이 작을수록 손실이 증가
- 유체의 속도가 클수록 손실이 증가

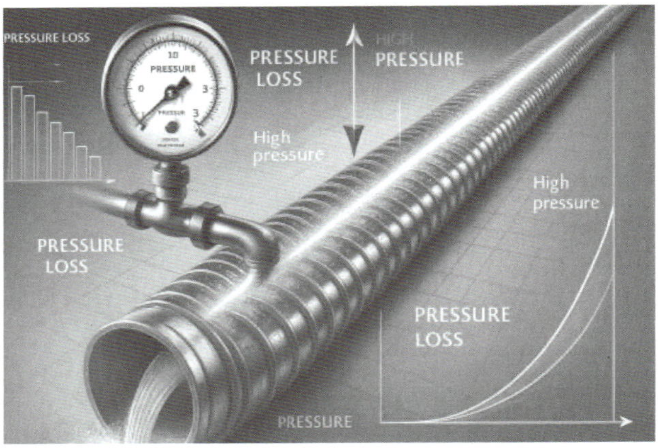

그림 4.2 마찰손실에 따른 압력 변화

2. 다르시-바이스바흐 방정식 (Darcy-Weisbach Equation)

마찰손실을 계산하는 공식:

$$h_f = f\frac{L}{D}\frac{v^2}{2g} \tag{4.1}$$

여기서, h_f : 마찰 손실 수두 (m), f : 마찰 계수, L : 배관 길이 (m), D : 배관 직경 (m), v : 유속 (m/s), g : 중력가속도 (9.81 m/s^2)

표 4.3 배관 재질별 마찰 계수 예시

배관 재질	마찰 계수 (f)
강관	0.02
플라스틱	0.018
구리	0.016

3. 소방 시스템에서의 적용 예시

- 마찰손실이 클 경우, 소방펌프의 출구 압력을 높여야 한다.
- 배관 내 마찰이 크면 스프링클러 방사 압력이 저하될 수 있다.

1.4 배관 표면 조도가 미치는 영향

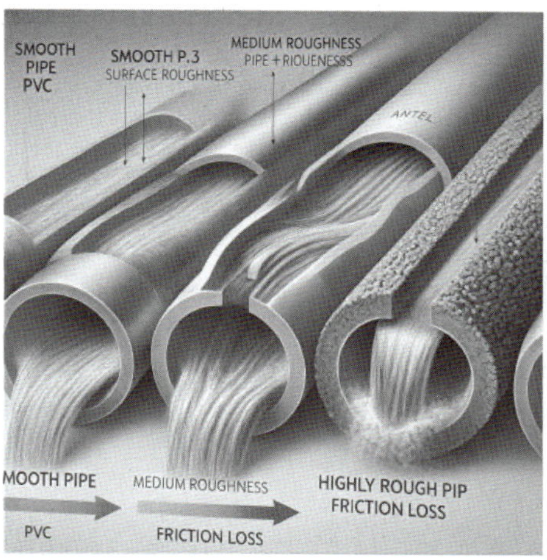

그림 4.3 배관 표면 조도와 마찰손실 비교

배관 표면이 거칠면 유체가 벽면에서 마찰을 크게 받아 마찰손실이 증가한다.

표 4.4 배관 표면 조도에 따른 영향 비교

배관 재질	표면 조도 (ε\varepsilon, mm)	마찰 계수 증가율
플라스틱 (PVC)	0.0015	낮음
강관 (Steel Pipe)	0.045	중간
콘크리트 배관	0.3	매우 높음

- 소방 시스템에서의 의미
  ① 배관 내구성이 좋지만, 표면이 거친 재료를 사용할 경우, 마찰손실이 커질 수 있음
  ② 특수 코팅된 배관(내마모 처리된 배관) 사용 시 마찰손실을 줄일 수 있음

2 부차적 손실 및 소방 배관 설계 고려 사항

2.1 부차적 손실 개념 및 유형

부차적 손실(Minor Loss)은 배관 시스템에서 직선 배관 내 마찰손실(주손실, Major Loss) 외에 추가적으로 발생하는 에너지 손실을 의미한다. 이러한 손실은 유체의 흐름 방향이 바뀌거나 속도가 급격히 변할 때 발생하며, 특히 소방 시스템에서 압력과 유량 손실을 예측하고 보정하는 것이 필수적이다.

1. 부차적 손실의 주요 발생 원인

- 부차적 손실은 주로 다음과 같은 배관 요소에서 발생한다.

표 4.5 부차적 손실이 발생하는 주요 배관 요소

배관 요소	설명	영향
곡관 (Elbow & Bend)	배관이 90도 또는 45도로 꺾이는 부분	난류 증가, 압력 손실 유발
밸브 (Valve)	유량을 조절하는 장치	개폐 정도에 따라 손실 변화
직경 변화 (Expansion & Contraction)	배관의 직경이 급격히 변화하는 구간	유속 변화로 인한 손실 증가
T자 분기점 (T–Joint)	주 배관에서 분기되는 지점	유량 분배 시 손실 발생
유입 및 유출 (Pipe Inlet & Outlet)	유체가 배관으로 유입되거나 방출되는 부분	유체 속도 차이로 인한 손실

- 소방 시스템에서의 적용 예시
  ① 고층 건물의 소방 스탠드파이프 시스템에서는 곡관이 많아지면 손실이 증가하므로 직선 배관을 최대한 유지해야 한다.
  ② 밸브를 완전히 열어놓으면 손실이 줄어들지만, 부분 개방하면 손실이 급격히 증가할 수 있다.

그림 4.4 부차적 손실이 발생하는 배관 요소

2. 부차적 손실 계수(K)와 계산 방법

그림 4.5 배관 요소별 손실 계수 비교

- 부차적 손실은 손실 계수(K)를 이용해 수치적으로 계산할 수 있다.

$$h_L = K\frac{v^2}{2g} \tag{4.2}$$

여기서, h_L : 부차적 손실 수두 (m), K : 손실 계수 (각 부품마다 다름), v : 유체 속도 (m/s), g : 중력가속도 (9.81 m/s^2)

표 4.6 주요 배관 요소의 손실 계수(K) 예시

배관 요소	손실 계수 (K)
90도 곡관	0.9
45도 곡관	0.4
개폐식 밸브 (완전 개방)	0.2
개폐식 밸브 (부분 개방)	5.0
배관 직경 축소	0.5~1.5
배관 직경 확대	0.3~0.8

- 소방 시스템 적용 예시
  ① 90도 곡관 대신 45도 곡관을 사용하면 손실이 50% 이상 감소할 수 있다.
  ② 밸브를 부분 개방할 경우 손실 계수가 급증하므로, 가급적 완전 개방해야 한다.

2.2 소방 배관 설계 시 부차적 손실 고려 사항

- 부차적 손실을 최소화하는 것이 소방 시스템 성능을 최적화하는 핵심 요소이다.
- 배관망 설계 시 효율적인 흐름을 보장하는 구조를 고려하여 부차적 손실을 줄여야 한다.

1. 배관망 최적화 전략

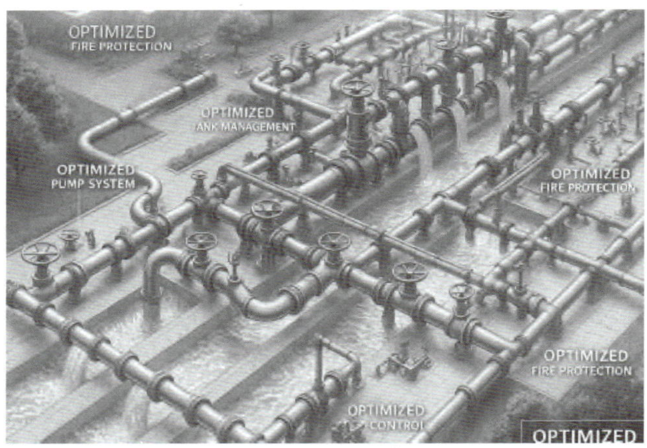

그림 4.6 소방 배관망에서 최적화된 배관 구조

표 4.7 소방 배관망에서 부차적 손실을 줄이는 주요 전략

전략	설명	효과
직선 배관 유지	곡관을 최소화하고 배관을 직선으로 설계	부차적 손실 감소, 유속 유지
곡관 수 줄이기	90도 곡관 대신 45도 곡관 사용	난류 감소, 압력 손실 최소화
밸브 최적 배치	유지보수가 필요 없는 구간에서는 밸브 최소화	불필요한 압력 손실 방지
직경 변화 완화	급격한 직경 변화 대신 점진적인 변화 적용	유속 안정화, 손실 감소
분기점 최적화	유체 흐름 방향과 유사한 형태로 분기 설계	유량 분배 시 손실 감소

- 소방 시스템 적용 예시
  ① 고층 건물의 소화전 배관망에서는 불필요한 곡관을 줄이고, 45도 곡관을 적용하여 압력 손실을 최소화해야 한다.
  ② 밸브의 개폐로 인한 손실을 줄이기 위해 주요 배관에는 개방형 밸브를 사용하고, 긴급 제어가 필요한 구역에만 조절 밸브를 배치한다.

2. 부차적 손실이 소방 시스템 성능에 미치는 영향

- 부차적 손실이 클 경우 발생할 수 있는 문제점
  ① 소방펌프의 압력이 높아지며 에너지 소비 증가
  ② 스프링클러 헤드에서 균일한 방수가 어려워짐
  ③ 긴급 상황에서 소화전의 방수 거리가 줄어들어 진압 효과 감소
- 소방 시스템 적용 예시
  ① 스프링클러 헤드가 여러 개 배치될 경우 배관 손실을 보정하여 압력 균형을 맞춰야 한다.
  ② 소방펌프 출구 배관에서 직경 변화를 급격히 주면 난류가 심해져 손실이 커지므로, 점진적인 직경 변화를 적용해야 한다.

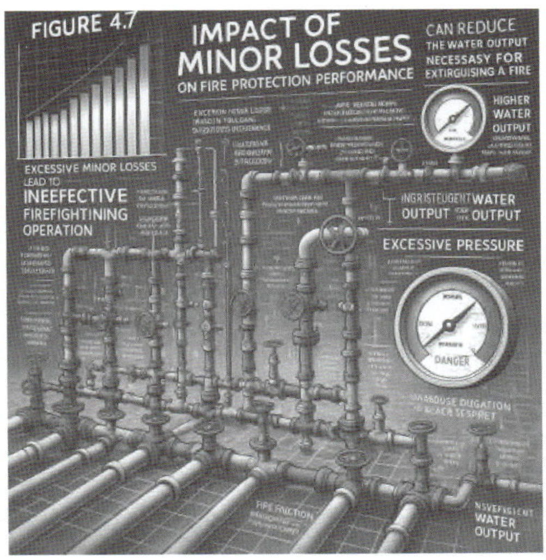

그림 4.7 부차적 손실이 소방 성능에 미치는 영향 분석

3 소방용 펌프와 관로 설계 기준

3.1 소방용 펌프 개요 및 역할

소방펌프는 소방 시스템의 핵심 요소로, 소화수를 일정한 압력과 유량으로 공급하는 기능을 수행한다. 펌프의 성능은 설비의 규모, 사용 목적, 법규 기준에 따라 달라지며, 적절한 펌프 선택이 화재진압의 효과를 좌우할 수 있다.

1. 소방펌프의 주요 기능

표 4.8 소방펌프가 수행하는 핵심 역할

기능	설명
압력 증가	배관망을 따라 소화수를 일정한 압력으로 유지
유량 공급	화재 진압에 필요한 충분한 유량을 보장
비상 작동	전력 공급 차단 시에도 안정적인 소방수 공급
배관 손실 보상	마찰 손실 및 부차적 손실을 보정하여 말단 압력 유지

그림 4.8 소방펌프의 개념 및 주요 역할

2. 소방 시스템 적용 예시

- 고층 건물에서는 높은 층에서도 적절한 압력을 유지하기 위해 고출력 펌프를 사용해야 한다.
- 대형 창고나 공장에서는 멀리 떨어진 화재 발생 지점까지 충분한 유량을 공급할 수 있는 설계가 필요하다.

3.2 소방펌프의 성능 지표 및 선정 기준

소방펌프는 다음과 같은 성능 지표를 기준으로 선택해야 한다.

1. 주요 성능 지표

표 4.9 펌프 성능을 평가하는 주요 지표

성능 지표	설명	단위
정격 유량	특정 압력에서 공급할 수 있는 최대 유량	ℓ/min
정격 압력	정상 운전 시 유지되는 압력	kPa 또는 bar
펌프 효율	입력 에너지 대비 출력 에너지 비율	%
NPSH (순양정흡입고)	캐비테이션 방지를 위한 최소 흡입 압력	m

2. 소방 시스템 적용 예시

그림 4.9 소방펌프 성능 곡선과 적용 사례

- 소방대원이 사용하는 호스의 압력을 유지하려면 일정한 유량과 압력을 공급할 수 있는 펌프가 필요하다.
- 고층 건물에서는 높은 정격 압력을 가진 펌프가 필요하며, NPSH를 고려하여 적절한 흡입 설계를 해야 한다.

3.3 소방 관로 설계 기준 및 최적화 방안

소방 배관망 설계에서 유체의 흐름을 최적화하고 손실을 최소화하기 위해 다음 요소를 고려해야 한다.

1. 배관망 설계 시 고려해야 할 주요 요소

표 4.10 소방 관로 설계 시 반드시 고려해야 할 사항

요소	설명	최적화 방법
배관 직경	지나치게 작으면 압력 손실 증가	NFPA 기준을 따르고 충분한 배관 직경 확보
마찰 손실	유속이 너무 높으면 마찰손실이 증가	배관 내부 마찰 계수를 고려한 설계
배관 길이	배관이 길수록 압력 손실 증가	가능하면 배관 경로를 단축
밸브 및 조절 장치	개폐 시 부차적 손실 발생	필수적인 위치에만 설치

2. 소방 시스템 적용 예시

- 배관 직경이 충분하지 않으면 스프링클러에서 방수 압력이 낮아질 수 있으므로, 건물 높이와 면적을 고려한 설계가 필요하다.
- NFPA 기준에 따라 주 배관과 분기 배관의 크기를 조정하고, 급격한 곡관을 줄이는 것이 중요하다.

그림 4.10 소방 배관망 설계 및 최적화 전략

3.4 소방 시스템의 펌프 및 배관 테스트 기준

소방펌프와 배관망은 정기적으로 점검하여 설계 기준을 충족하는지 확인해야 한다.

1. 펌프 및 배관 테스트 항목

표 4.11 NFPA 25 및 국내 기준에 따른 점검 항목

테스트 항목	설명	점검 주기
펌프 작동 시험	펌프가 정상 작동하는지 확인	월 1회
압력 및 유량 측정	펌프가 정격 성능을 발휘하는지 확인	연 1회
배관 내부 검사	부식 및 누수 여부 확인	5년마다

2. 소방 시스템 적용 예시

- 펌프가 필요할 때 즉시 작동할 수 있도록 매월 작동 테스트를 수행해야 한다.
- 배관 내부에 스케일(녹)이 발생하면 유량이 줄어들기 때문에, 일정 주기로 내부 청소를 진행해야 한다.

그림 4.11 소방 시스템 성능 테스트 방법

4 유량 측정 및 성능 해석

4.1 유량 측정의 개념과 중요성

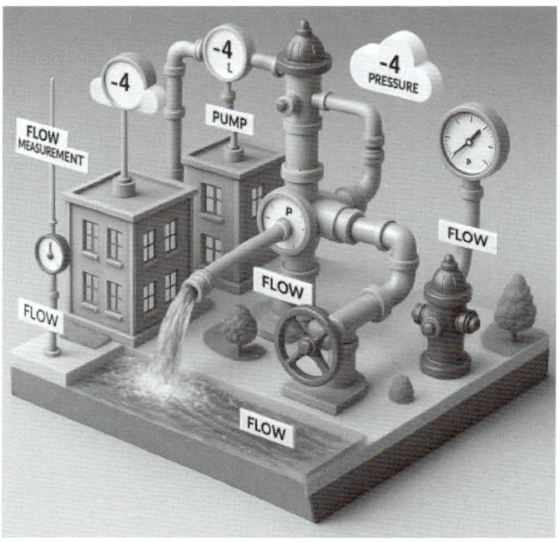

그림 4.12 유량 측정의 개념 및 소방 시스템에서의 필요성

유량(flow rate)은 단위 시간당 배관을 통과하는 유체의 부피 또는 질량을 의미하며, 소방 시스템의 성능을 평가하는 중요한 요소이다. 유량 측정이 필요한 주요 이유는 다음과 같다.

1. 소방 시스템에서 유량 측정이 중요한 이유

표 4.12 유량 측정이 필요한 주요 목적

측정 목적	설명
펌프 성능 검증	펌프가 설계된 정격 유량을 공급하는지 확인
배관망 압력 손실 분석	마찰 손실과 부차적 손실을 예측하여 설계 최적화
소방수 분배 확인	각 소화전, 스프링클러, 방수포 등의 유량을 적절히 배분
시스템 유지보수	시간이 지나면서 배관 내부 스케일(녹) 증가로 인한 유량 저하 점검

2. 소방 시스템 적용 예시

- 고층 건물에서 말단 소화전의 유량이 감소하는 원인을 분석하여 배관 설계를 개선할 수 있다.
- 펌프가 정상적으로 동작하는지 유량계를 통해 실시간으로 모니터링할 수 있다.

4.2 유량 측정 방법 및 장비 비교

소방 시스템에서 유량을 측정하는 방법에는 여러 가지가 있으며, 배관의 크기, 측정 정밀도, 유지보수 요구사항 등에 따라 적절한 방법을 선택해야 한다.

1. 주요 유량 측정 장비 및 원리

표 4.13 소방 시스템에서 주로 사용되는 유량 측정 장비 비교

유량계 유형	원리	장점	단점
차압 유량계	관로 내 압력 차이를 이용하여 유량을 계산	가격이 저렴하고 구조가 단순함	정확도가 다소 낮음
초음파 유량계	음파 속도 변화를 이용하여 유량을 측정	배관을 절단하지 않고 설치 가능	초기 설치 비용이 높음
전자기 유량계	유체의 전도성을 이용하여 유량을 측정	높은 정확도, 유지보수가 적음	전도성이 없는 유체에는 사용 불가
기계식 유량계	유체의 흐름으로 터빈이나 로터를 회전시켜 유량을 측정	구조가 간단하고 설치가 용이함	마모로 인해 유지 보수가 필요

2. 소방 시스템 적용 예시

- 소방펌프의 정격 유량 검증을 위해 차압 유량계를 사용할 수 있다.
- 대형 배관망에서는 비접촉 방식의 초음파 유량계를 활용하면 유지보수가 편리하다.

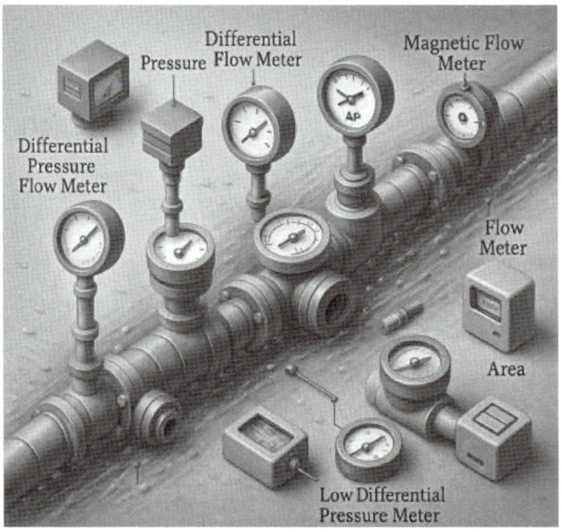

그림 4.13 주요 유량 측정 장비 및 적용 사례

4.3 유량과 압력의 관계 및 성능 해석

유량과 압력은 소방 시스템에서 상호 연관된 중요한 변수이며, 이를 정확하게 해석해야 시스템이 안정적으로 운용될 수 있다.

1. 베르누이 방정식을 이용한 유량과 압력 해석

베르누이 방정식은 유체의 위치에 따른 압력과 유속의 변화를 분석하는 공식으로, 소방 배관에서 유량과 압력 변화를 예측하는 데 활용된다.

$$P+\frac{1}{2}\rho v^2+\rho gh=const \tag{4.3}$$

여기서, P : 압력 (Pa), v : 유속 (m/s), h : 위치 수두 (m)

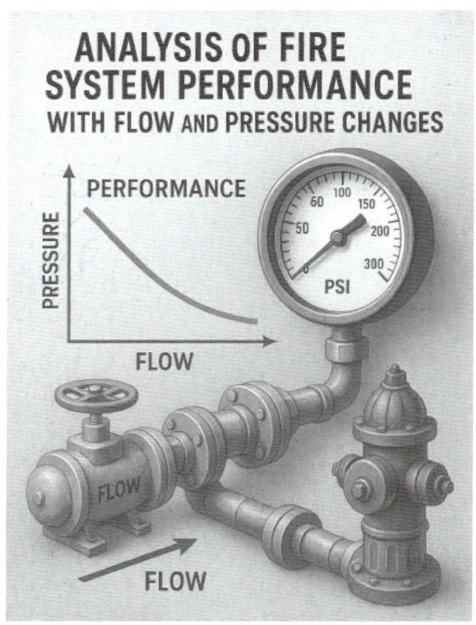

그림 4.14 유량과 압력 변화에 따른 소방 시스템 성능 해석

2. 소방 시스템 적용 예시

- 펌프에서 배관의 말단으로 갈수록 압력이 감소하는 이유를 해석할 수 있다.
- 스프링클러 헤드에서 유속이 증가하면 압력이 낮아지는 원리를 설명할 수 있다.

4.4 유량 측정을 활용한 소방 시스템 성능 점검

정기적인 유량 측정과 성능 점검은 소방 시스템의 신뢰성을 유지하는 핵심적인 작업이다.

그림 4.15 소방 시스템 성능 점검 절차

1. 소방 시스템 성능 점검 항목

표 4.14 NFPA 25 및 국내 기준에 따른 점검 항목

점검 항목	설명	점검 주기
펌프 정격 유량 테스트	펌프가 설계된 유량을 공급하는지 확인	연 1회
배관 내 유량 균형 테스트	각 방수 장치가 적절한 유량을 제공하는지 확인	연 1회
스프링클러 방수 시험	스프링클러 방사 패턴과 유량 확인	5년마다

2. 소방 시스템 적용 예시

- 펌프가 정상적으로 동작하는지 정기적으로 유량계를 통해 모니터링해야 한다.
- 배관 내부에 스케일이 증가하면 유량이 줄어들 수 있으므로 점검이 필요하다.

5 수격 작용 및 소방 시스템에서의 방지 대책

5.1 수격 작용의 개념 및 발생 원리

1. 수격 작용의 개념

- 수격 작용(Water Hammer)은 배관 내 유체의 흐름이 급격히 변화할 때 발생하는 충격적인 압력 변화 현상이다.
- 이는 주로 급격한 밸브 개폐, 펌프의 급작스러운 정지 또는 가동, 배관 내 급격한 유속 변화 등에 의해 발생한다.

2. 소방 시스템에서 수격 작용이 중요한 이유

- 고압의 충격파가 배관에 전달되어 파손 위험 증가
- 밸브 및 펌프의 수명 단축
- 소화전이나 스프링클러의 정상적인 방수 장애 발생

3. 수격 작용의 발생 원리

수격 작용의 압력 변화는 다음과 같은 식으로 계산할 수 있다.

$$\Delta P = \rho c \Delta v \tag{4.4}$$

여기서, ΔP : 수격 작용으로 인해 발생하는 압력 변화 (Pa), ρ : 유체의 밀도 (kg/m^3), c : 유체 내 압력파의 전파 속도 (m/s), Δv : 유체 속도의 변화량 (m/s)

4. 소방 시스템 적용 예시

- 소화전 밸브를 너무 빠르게 개폐하면, 수격 작용으로 인해 배관 내부의 압력이 급격히 변하면서 손상이 발생할 수 있다.
- 펌프가 갑자기 정지할 경우, 유체의 흐름이 급격히 멈추면서 강한 충격파가 배관을 따라 전달될 수 있다.

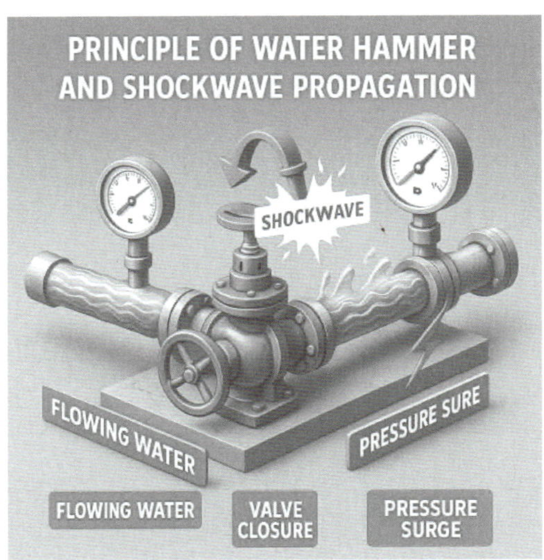

그림 4.16 수격 작용의 발생 원리 및 충격파 전달 과정

5.2 수격 작용이 소방 시스템에 미치는 영향

수격 작용은 배관 시스템과 소방 설비의 안정성을 저해할 수 있으며, 심각한 경우 배관이 파열될 수도 있다.

표 4.15 소방 시스템에서 수격 작용으로 인해 발생할 수 있는 주요 문제점

문제 유형	설명
배관 손상	급격한 압력 상승으로 인해 배관이 찢어지거나 균열이 발생할 수 있음
밸브 및 피팅류 파손	충격파로 인해 밸브, 밸브 시트, 피팅류에 과부하 발생
펌프 캐비테이션	펌프 내 기포 발생으로 인해 효율 저하 및 기계적 손상 유발
소화수 공급 장애	급격한 유속 변화로 인해 방수 패턴이 변하거나 수량이 부족할 수 있음

- 소방 시스템 적용 예시
  ① 고층 건물의 소화전 시스템에서 급속한 밸브 개폐는 높은 압력 변화를 일으켜 배관 손상을 초래할 수 있다.
  ② 펌프가 갑자기 정지하면, 펌프 내부 및 배관 내에서 수격 작용이 발생하여 기계적인 충격이 가해질 수 있다.

그림 4.17 소방 시스템 내 수격 작용으로 인한 배관 손상 사례

5.3 수격 작용 방지 대책

수격 작용을 방지하기 위해 다양한 기계적 장치와 운용 기술이 활용될 수 있다.

1. 기계적 방지 장치

표 4.16 수격 작용을 완화하기 위한 주요 기계적 장치

방지 장치	설명	적용 사례
에어 챔버 (Air Chamber)	배관 내 압력 변화를 흡수하는 장치	소화전 및 배관 말단 부위
수격 완충기 (Surge Tank)	압력 상승을 방지하기 위한 별도의 저장 탱크	대형 펌프 시스템
펌프 점진 기동 장치 (Soft Start Pump Controller)	펌프가 서서히 가동되도록 설계하여 수격 작용 방지	소방펌프 시스템
압력 조절 밸브 (Pressure Relief Valve)	배관 내 과도한 압력을 방출하여 충격을 줄임	고압 소화전

그림 4.18 수격 작용 방지를 위한 주요 장치 및 원리

2. 소방 시스템 적용 예시

- 고압 소방 배관에는 에어 챔버나 수격 완충기를 설치하여 충격을 흡수하는 것이 효과적이다.

- 펌프의 가동 및 정지를 점진적으로 수행하면, 유체 속도의 급격한 변화를 줄여 수격 작용을 완화할 수 있다.

3. 운영 기술을 통한 방지 대책

표 4.17 운영 측면에서 수격 작용을 방지하는 방법

방지 방법	설명
밸브 개폐 속도 조절	밸브를 서서히 개폐하여 급격한 유속 변화를 방지
배관 경로 최적화	불필요한 곡관 및 급격한 직경 변화를 줄여 유체 흐름을 원활하게 함
자동 제어 시스템 활용	유속과 압력을 실시간으로 감지하여 수격 작용이 발생할 가능성이 있으면 대응

4. 소방 시스템 적용 예시

- 소화전을 사용할 때 밸브를 천천히 열고 닫으면 배관 내 압력 변화를 줄일 수 있다.
- 배관 설계를 할 때 급격한 방향 변화 대신 점진적인 곡관을 활용하면 유체 흐름이 원활해진다.

그림 4.19 밸브 개폐 속도 조절에 따른 수격 작용 차이

연습문제

01 ν=1.006×10^{-6} m^2/s인 물이 직경 10 cm의 원관을 흐르고 있다. 층류로 흐를 수 있는 최대 평균 속도는 몇 m/s인가? (단, 임계 레이놀즈수는 2,100이다.)

풀이

$Re = \dfrac{ud}{\nu}$ 에서 층류로 흐를 수 있는 최대 레이놀즈수는 2,100이므로

$$u = \frac{Re \cdot \nu}{d} = \frac{2{,}100 \times 1.006 \times 10^{-6}}{0.1} = 0.021 \text{ m/s}$$

02 그림에서 직경 75 mm인 관에서 $Re =$ 20,000일 때, 직경 150 mm인 관에서 Re는? (단, 모든 손실은 무시한다.)

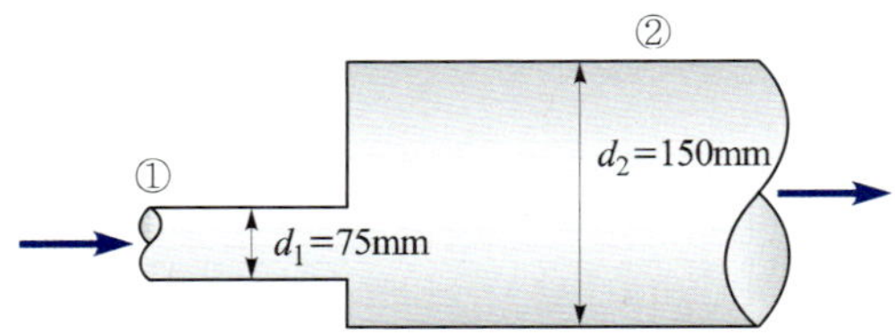

풀이

$$Re = \frac{ud}{\nu} = \frac{\dfrac{Qd}{\frac{\pi}{4}d^2}}{\nu} = \frac{4Q}{\pi \nu d}$$

①과 ②에서 레이놀즈수는

$$Re_1 = \frac{4Q}{\pi \nu d_1}, \; Re_2 = \frac{4Q}{\pi \nu d_2}$$

$$\frac{Re_2}{Re_1} = \frac{4Q/\pi \nu d_2}{4Q/\pi \nu d_1} = \frac{d_1}{d_2}$$

$$Re_2 = Re_1 \frac{d_1}{d_2} = 20{,}000 \times \frac{75}{150} = 10{,}000$$

03 수평 원관으로 일정량의 물이 층류 상태로 흐를 때 관 직경을 2배로 하면 압력강하는 얼마가 되는가?

풀이

하겐-포아젤 방정식 $h_L = \dfrac{\Delta p}{\gamma} = \dfrac{128 \mu L Q}{\gamma \pi d^4}$ 에서 일정 유량이 흐르는 조건에서는 Q가 일정하므로

직경이 2배로 되면 압력강하는 $\left(\dfrac{1}{2}\right)^4$ 배로 된다.

04 직경이 5 mm인 원형 직선관 내에 0.2×10^{-3} m^3/min의 유량으로 물이 흐르고 있다. 유량을 두 배로 하기 위해서는 직선관 양단의 압력차가 몇 배가 되어야 하는가? (단, 물의 동점성계수는 약 10^{-6} m^2/s이다.)

풀이

$$\Delta p = \frac{128\mu LQ}{\pi d^4} \rightarrow 2Q \Rightarrow 2\Delta p \ (2배)$$

05 관 직경이 400 mm인 서평원관 내에 어떤 액체가 층류로 흐르고 있을 때 관 벽에서의 전단 응력은 200 N/m^2이다. 이때 관 길이 30 m에 대한 압력강하는 몇 kPa인가?

풀이

$$\tau = -\frac{dp}{dx}\frac{r}{2} = \frac{p}{L}\frac{r}{2} = \frac{p}{30}\frac{0.2}{2} = 200 \ \text{N/m}^2$$

$$p = 60 \ \text{kPa}$$

06 20℃에서 물이 직경 75 mm인 관 속을 1.9ℓ/s로 흐르고 있다. 이때 레이놀즈수를 구하면? (단, 20℃일 때 물의 동점성계수는 1.006×10^{-6} m^2/s이다.)

풀이

$$Re = \frac{ud}{\nu}, \ u = \frac{Q}{A} = \frac{1.9\times 10^{-3}}{\frac{\pi}{4}(0.075)^2} = 0.43 \ \text{m/s}$$

$$Re = \frac{0.43\times 0.075}{1.006\times 10^{-6}} = 32{,}057.6$$

07 비중 0.86, 점성계수 0.027 N · s/m^2인 기름이 내경 45 cm의 관을 통하여 0.3 m^3/s의 유량으로 흐를 때 레이놀즈수는 얼마 정도인가?

풀이

$$\gamma = 0.86\times 9{,}810 = 8{,}436.6 \ \text{N/m}^2 \Rightarrow \rho = \frac{\gamma}{g} = 860 \ \text{kg/m}^3$$

$$u = \frac{Q}{A} = \frac{0.3}{\frac{\pi}{4}\times 0.45} = 0.85 \ \text{m/s}$$

$$Re = \frac{\rho ud}{\mu} = \frac{860\times 0.85\times 0.45}{0.027} = 1.2\times 10^4$$

08 온도 60℃, 압력 100 kPa인 산소가 직경 10 mm인 관 속을 흐르고 있다. 임계 레이놀즈수가 2,100일 때 층류로 흐를 수 있는 최대 평균속도는 몇 m/s인가? (단, 점성계수 $\mu = 23 \times 10^{-6}$ kg/m이고, 기체상수는 $R = 260$ N · m/kg · K이다.)

풀이

$$p\overline{V} = RT,\ \overline{V} = \frac{RT}{p} = \frac{260 \times 333}{100{,}000} = 0.8658\ \text{m}^3/\text{kg}$$

$$\rho = \frac{1}{\overline{V}} = 1.155\ \text{kg/m}^3$$

$$Re = \frac{ud}{\nu} = \frac{\rho ud}{\mu} \Rightarrow u = \frac{Re \times \mu}{\rho d} = \frac{2{,}100 \times 23 \times 10^{-6}}{1.155 \times 0.01} = 4.18\ \text{m/s}$$

09 37.5℃인 원유가 30 m^3/min로 원관을 흐르고 있다. 층류로 흐를 수 있는 관의 최소 직경은 몇 m인가?(단, 원유의 동점성계수는 6×10^{-5} m^2/s이고, 하임계 레이놀즈수는 2,100이다.)

풀이

$$u = \frac{Q}{A} = \frac{30/60}{\frac{\pi}{4}d^2} = \frac{0.637}{d^2}$$

$$Re = \frac{ud}{\nu} \Rightarrow 2{,}100 = \frac{\frac{0.637d}{d^2}}{6 \times 10^{-5}},\ 2{,}100 = \frac{0.637}{(6 \times 10^{-5})d}$$

$$d = 5.06\ \text{m}$$

10 내경 75 mm인 원관 속을 동점성계수가 8.035×10^{-6} m^2/s인 물이 15 cm/s로 흐르고 있다. 또한, 내경 25 mm인 원관 속에 동점성계수가 4.5×10^{-4} m^2/s인 피마자기름이 흐른다면 피마자기름의 유속이 몇 m/s이면 두 흐름이 역학적으로 상사가 되는가?

풀이

$$Re_1 = Re_2$$

$$Re_1 = \frac{u_1 d_1}{\nu_1} = \frac{0.075 \times 0.15}{8.035 \times 10^{-6}} = 1{,}400$$

$$u_2 = \frac{\nu_2}{d_2}Re_2 = \frac{4.5 \times 10^{-4}}{0.025} \times 1{,}400 = 252\ \text{m/s}$$

11 온도 60℃, 압력 100 kPa인 산소가 직경 10 mm인 관 속을 흐르고 있다. 임계 레이놀즈수가 2,100일 때 층류로 흐를 수 있는 최대 평균속도[m/s]와 유량[m^3/s]은? (단, 점성계수는 $\mu = 23 \times 10^{-6}$ kg/m·s이고, 기체상수는 $R = 260$ N · m/kg · K이다.)

풀이

$$p\bar{V} = RT \Rightarrow \rho = \frac{p}{RT} = \frac{100{,}000}{260(273+60)} = 1.155 \text{ kg/m}^3$$

$$\nu = \frac{\mu}{\rho} = \frac{23 \times 10^{-6}}{1.155} = 19.9 \times 10^{-6}$$

$$Re = 2{,}100 = \frac{u \times 0.01}{19.9 \times 10^{-6}} \Rightarrow u = 4.18 \text{ m/s}$$

$$Q = Au = \frac{\pi d^2}{4} \times 4.18 = 3.28 \times 10^{-4} \text{ m}^3/\text{s}$$

12 37.5℃인 원유가 0.3 m^3/s의 유량으로 원관을 흐르고 있다. 임계 레이놀즈수가 2,100일 때 층류로 흐를 수 있는 관의 최소 직경은 몇 m인가? (단, 원유가 37.5℃에서 6×10^{-5} m^2/s이다.)

풀이

$$u = \frac{Q}{\frac{\pi}{4}d^2} = \frac{0.3}{\frac{\pi}{4}d^2} = \frac{0.382}{d^2} \text{ m/s}$$

$$Re = \frac{ud}{\nu} = 2{,}100, \quad 2{,}100 = \frac{\frac{0.382d}{d^2}}{6 \times 10^{-5}}$$

$$d = 3.03 \text{ m}$$

13 직경 3 cm인 원형 관에 $\nu = 1.5 \times 10^{-6}$ m^2/s인 유체가 평균속도 2 m/s로 흐른다. 이 흐름의 레이놀즈수를 구하시오.

풀이

$$Re = \frac{ud}{\nu} = \frac{2 \times 0.03}{1.5 \times 10^{-6}} = 40{,}000$$

14 물($\nu = 0.015$ cm^2/s)이 직경 15 mm의 원관 속을 흐른다. 층류로 흐를 수 있는 최대속도[m/s]를 구하시오.

풀이

층류로 흐를 수 있는 하임계 레이놀즈수를 2,100이라 하면

$$2{,}100 = \frac{ud}{\nu}$$

$$u = \frac{2100\nu}{d} = \frac{2100 \times 0.015 \times 10^{-4}}{0.015} = 0.21\ \text{m/s}$$

15 비중 0.90이고 점성계수가 3×10^{-2} N · s/m^{2}인 기름이 직경 10 cm의 관 속을 0.7 m/s 속도로 흐른다. 흐름의 상태는 층류인가, 난류인가?

풀이

$$Re = \frac{\rho ud}{\mu} = \frac{0.9 \times 10^3 \times 0.7 \times 0.1}{3 \times 10^{-2}} = 2{,}100\ (\text{층류})$$

16 반경 5 cm인 원관 속에 층류가 흐르고 있다. 관 길이 1 m 당 압력손실이 10 N/m^{2}이었다면 관 중심에서 유체 흐름의 속도를 구하시오. 또한, 평균속도[m/s]는 얼마인가? (단, 유체의 점성계수는 0.05 N · s/m^{2}이다.)

풀이

$$u(r) = -\frac{1}{4\mu}\frac{dp}{dx}(R^2 - r^2) \rightarrow \frac{dp}{dx} = -10\ \frac{\text{N/m}^2}{\text{m}}$$

$r=0$에서 유속이 최대이므로

$$u(0) = -\frac{1}{4 \times 0.05} \times (-10) \times (0.05^2) = 0.125\ \text{m/s}$$

최대속도는 $U = 0.125$ m/s이고 층류의 경우 평균속도와 최대속도와의 관계는

$$v = \frac{1}{2}U = \frac{1}{2} \times 0.125 = 0.0625\ \text{m/s}$$

평균속도는 0.0625 m/s이다.

17 직경 30 cm의 수평 원관에 유체가 흐를 때 관 길이 20 m에서 압력강하가 50 kPa이었다면 관 벽에서의 전단 응력[N/m^2]을 구하시오.

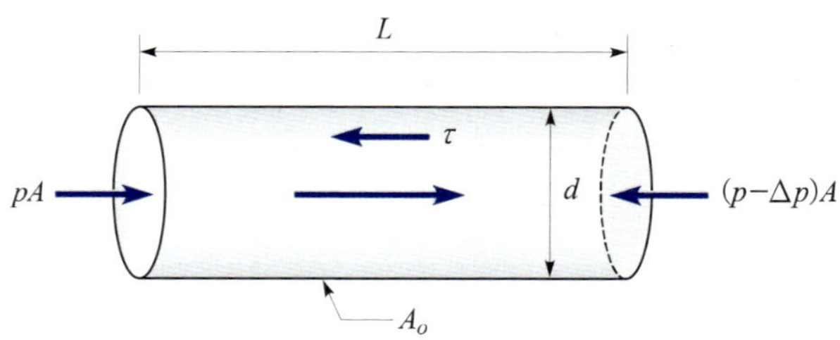

풀이

관 길이 L의 양측에 작용하는 힘의 평형 관계를 고려하면

$$pA - (p - \Delta p)A - \tau A_o = 0$$

여기서 A는 관 단면적이며, A_o는 관 길이 L에서의 관 둘레 표면적이다.

$$\tau = \frac{\Delta pA}{A_o} = \frac{\frac{\pi}{4}d^2\Delta p}{\pi dL} = \frac{\frac{\pi}{4} \times 0.3^2 \times 50 \times 10^3}{\pi \times 0.3 \times 20} = 187.5\ \text{N/m}^2$$

18 길이 200 m, 직경 30 mm인 원관을 이용하여 1×10^{-3} m^3/s의 유량을 수송하고자 할 때 펌프의 압력[kPa]은 최소 얼마로 해야 하는가? (단, 기름의 비중은 0.8이고 점성계수는 0.3 poise이다.)

풀이

$$u=\frac{Q}{A}=\frac{0.001}{\frac{\pi}{4}\times0.03^2}=1.41\ \text{m/s}$$

$$\mu=0.3\times10^{-1}\ \text{Pa}\cdot\text{s}$$

$$Re=\frac{\rho ud}{\mu}=\frac{0.8\times10^3\times1.41\times0.03}{0.3\times10^{-1}}=1{,}128$$

$Re=1{,}128$의 흐름은 층류이므로 압력강하를 구하면

$$\Delta p=\frac{128\mu LQ}{\pi d^4}=\frac{128\times0.3\times10^{-1}\times200\times1\times10^{-3}}{\pi\times0.03^4}=301.8\ \text{kPa}$$

19 평행한 무한평판 사이를 흐르는 층류의 평균속도가 1.5 m/s이다. 이 흐름의 최대속도[m/s]를 구하시오.

풀이

$u=\frac{2}{3}U$이므로

$$u=\frac{2}{3}\times1.5=1\ \text{m/s}$$

20 온도 20℃의 물($\nu=1.5\times10^{-6}$ m^2/s)이 평행한 평판 사이에서 흐른다. 평판 간격이 1 cm이고 평판의 폭이 20 cm 그리고 흐름의 레이놀즈수는 1,400이다. 이 흐름의 평균유속[m/s]과 평판 길이 2 m에서 일어나는 압력강하[Pa]를 구하시오.

풀이

$Re=\frac{uh}{\nu}$ (h: 평판 간격)

$$u=\frac{Re\cdot\nu}{h}=\frac{1400\times1.5\times10^{-6}}{0.01}=0.21\ \text{m/s}$$

$\Delta p=\frac{3\mu uL}{H^2}$ ($h=2H$이므로)

$$\Delta p=\frac{3\times1.5\times10^{-6}\times10^3\times0.21\times2}{\left(\frac{0.01}{2}\right)^2}=75.6\ \text{Pa}$$

21 직경 30 cm인 원관 속을 난류 상태로 흐르는 물의 유동 단면에서의 속도분포가 $u=10+0.5y^2$ m/s이고 벽면에서 0.1 m 떨어진 곳에서의 전단 응력이 30 kPa일 때 이 지점에서의 와점성계수 [N · s/m²]를 계산하시오. (단, 여기서 y는 벽면에서의 수직거리이다.)

풀이

$\epsilon \frac{du}{dy}=\tau$이므로 $\epsilon=\tau \left.\frac{dy}{du}\right|_{y=0.1}$

주어진 속도분포 식을 미분하면 $\frac{du}{dy}=y$이므로

$$\left.\frac{dy}{du}\right|_{y=0.1}=\frac{1}{0.1}\text{ s}$$

$$\epsilon=\left(30\times10^3\times\frac{1}{0.1}\right)\text{Pa}\cdot\text{s}=3\times10^5\text{Pa}\cdot\text{s}=3\times10^5\text{N}\cdot\text{s/m}^2$$

22 밀도가 $\rho=900$ kg/m³인 유체가 원관 속을 흐른다. 벽면에서의 전단 응력이 $\tau_o=120$ kPa이면 전단 속도[m/s]는 얼마인가?

풀이

$$u^*=\sqrt{\frac{\tau_o}{\rho}}=\sqrt{\frac{120\times10^3}{900}}=11.55\text{ m/s}$$

23 직경 100 mm의 원관 속을 물이 난류 상태로 흐른다. 속도분포가 관류의 7 제곱근 법칙에 따른다고 하면 관 중심에서 최대속도가 5 m/s일 때 관 벽면에서 10 mm 되는 지점에서의 유속[m/s]을 구하시오.

풀이

$$\frac{u}{U}=\left(\frac{y}{R}\right)^{\frac{1}{7}}$$

$$u=U\left(\frac{y}{R}\right)^{\frac{1}{7}}=5\left(\frac{0.01}{0.05}\right)^{\frac{1}{7}}=3.97\text{ m/s}$$

참고문헌

- Çengel, Y. A., & Cimbala, J. M. (2017). Fluid Mechanics : Fundamentals and Applications. McGraw-Hill Education.
- Fox, R. W., McDonald, A. T., & Pritchard, P. J. (2020). Introduction to Fluid Mechanics. Wiley.
- White, F. M. (2016). Fluid Mechanics. McGraw-Hill.
- Munson, B. R., Young, D. F., & Okiishi, T. H. (2015). Fundamentals of Fluid Mechanics. Wiley.
- 한국소방기술연구소 (2022). 소방 유체역학 실무 적용.
- 한국소방산업기술원 (2021). 소방설비기술기준 해설.
- 국립재난안전연구원 (2019). 소방유체역학과 화재진압 적용 연구.
- 한국소방안전원 (2021). 소방펌프 및 배관 시스템 설계 기준.
- Mott, R. L. (2015). Applied Fluid Mechanics. Pearson.
- Crowe, C. T., Elger, D. F., & Williams, B. C. (2019). Engineering Fluid Mechanics. Wiley.

CHAPTER 05

개수로 및 압축성 유동

1 개수로 유동의 기본 개념

2 항력과 양력의 원리 및 소방 분야 응용

3 압축성 유동의 개념

4 노즐 및 제트류의 소방학적 활용

5 수력 도약 및 배수 시스템에서의 활용

6 수직 충격파 및 가스계 소화설비에서의 적용

CHAPTER 05 개수로 및 압축성 유동

학습목표

- 개수로 유동의 기본 개념을 이해하고, 균일 및 비균일 유동을 분석할 수 있다.
- 항력과 양력의 원리를 파악하고, 소방관 방수 활동에서의 적용을 설명할 수 있다.
- 압축성 유동의 개념을 익히고, 소방 차량 및 고압 가스계 소화설비에서의 활용 방안을 분석할 수 있다.
- 노즐 및 제트류의 원리를 이해하고, 소방학적 활용 방안을 제시할 수 있다.
- 수력 도약의 개념을 숙지하고, 배수 시스템에서의 응용 방안을 도출할 수 있다.
- 수직 충격파의 개념을 익히고, 가스계 소화설비에서의 영향을 분석할 수 있다.

1 개수로 유동의 기본 개념

1.1 개수로 유동 정의

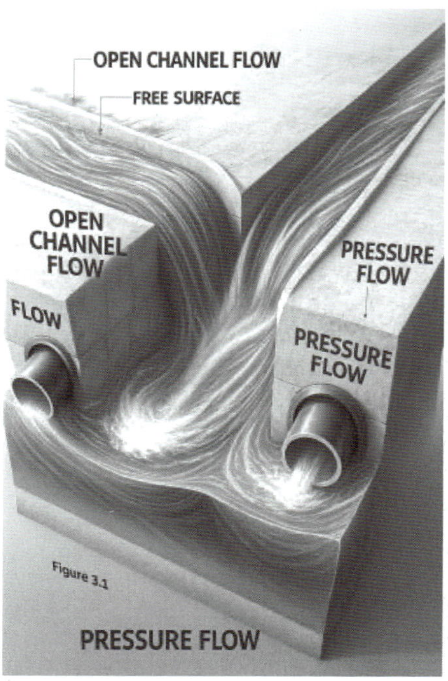

그림 5.1 개수로 유동 vs 압력 유동 비교

1. 개수로 유동(Open Channel Flow)

- 유체가 개방된 수로를 따라 중력에 의해 이동하는 유동을 의미한다.
- 자유 표면(Free Surface)을 가지며, 유체의 흐름이 중력과 압력 차이에 의해 결정된다.
- 폐쇄된 배관 내에서 발생하는 유동(압력 유동, Pressure Flow)과 구별된다.

2. 개수로 유동이 발생하는 대표적인 환경

- 자연적인 유로 : 강(River), 하천(Stream), 호수 연결수로(Lake Outlet)
- 인공적인 유로 : 운하(Canal), 도랑(Ditch), 배수 시스템(Drainage System), 홍수 방지 시스템(Flood Control)

3. 개수로 유동과 압력 유동의 차이점

표 5.1 개수로 유동과 압력 유동의 비교

구분	개수로 유동 (Open Channel Flow)	압력 유동 (Pressure Flow)
유동 특성	자유 표면 존재	밀폐된 공간 내 유동
압력 분포	대기압에 의해 결정됨	배관 내 압력에 의해 결정됨
주요 원동력	중력(Gravity)	외부 압력(Pumping, Head Loss)
예시	강, 운하, 하수로	소방펌프 배관, 급수관

4. 소방 시스템에서 개수로 유동의 중요성

- 소방 배수 시스템 설계에서 필수적인 개념
- 소화수 배출로 설계 시, 배수로를 통해 소화수가 원활히 흐를 수 있도록 개수로 유동 해석이 필요
- 홍수 방지 시스템에서 개수로 유동 해석을 통해 배수 효율 향상 가능

5. 소방 시스템 적용 예시

- 소방펌프 작동 후 배수로를 통해 배출되는 소화수가 원활하게 이동할 수 있도록 개수로 설계를 최적화해야 한다.
- 홍수 방지 시스템에서는 개수로 유동 분석을 활용하여 과도한 유량이 발생할 경우, 적절한 유출 경로를 확보할 수 있도록 한다.

1.2 개수로 유동의 분류

개수로 유동은 시간 변화, 공간 변화, 유체 속도 등의 기준에 따라 다양한 형태로 분류될 수 있다.

표 5.2 개수로 유동의 분류

분류 기준	유형	설명
시간 변화	정상 유동(Steady Flow)	시간에 따라 유량과 속도가 일정한 유동
	비정상 유동(Unsteady Flow)	시간에 따라 유량과 속도가 변하는 유동
공간 변화	균일 유동(Uniform Flow)	유체의 깊이와 속도가 일정한 유동
	비균일 유동(Non-Uniform Flow)	유체의 깊이와 속도가 변하는 유동
유체 속도	아임계 유동(Subcritical Flow)	중력의 영향이 강한 흐름 ($F_r < 1$)
	초임계 유동(Supercritical Flow)	관성력이 강한 흐름 ($F_r > 1$)

1. 정상 유동 vs 비정상 유동

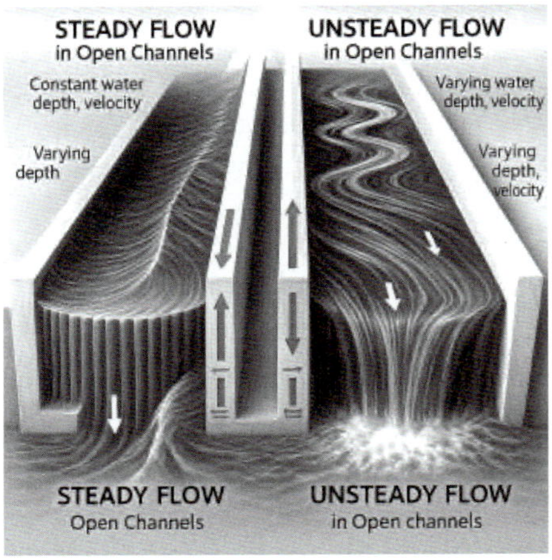

그림 5.2 정상 유동 vs 비정상 유동 비교

1) 정상 유동(Steady Flow)

- 시간에 따른 속도, 수심, 유량이 일정한 유동
- 예 : 일정한 펌프 유량을 유지하는 배수 시스템

2) 비정상 유동(Unsteady Flow)

- 시간에 따라 흐름 속도, 유량, 수심이 변화하는 유동
- 예 : 홍수 시 강물의 흐름 변화

3) 소방 시스템 적용 예시

- 소방 배수 시스템은 정상 유동을 유지해야 하며, 비정상 유동 발생 시 시스템에 부하가 걸릴 수 있다.

2. 균일 유동 vs 비균일 유동

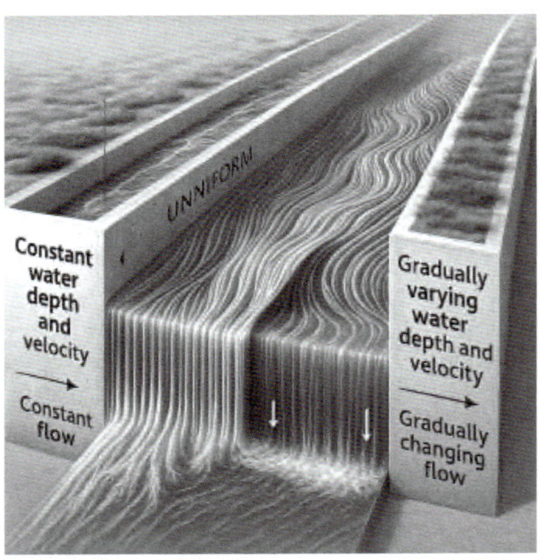

그림 5.3 균일 유동 vs 비균일 유동 비교

1) 균일 유동(Uniform Flow)

- 유체의 속도와 깊이가 일정한 유동
- 예 : 길고 직선적인 하천이나 운하

2) 비균일 유동(Non-Uniform Flow)

- 유체의 속도와 깊이가 점진적으로 변화하는 유동
- 예 : 홍수 시 강물의 흐름

3) 소방 시스템 적용 예시

- 소화수 배출 시스템에서는 균일 유동을 유지하는 것이 효율적이다.

3. 아임계 유동 vs 초임계 유동

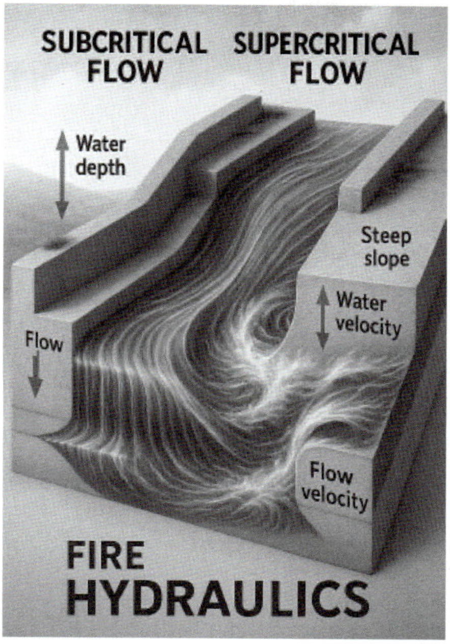

그림 5.4 아임계 vs 초임계 유동 비교

1) 아임계 유동(Subcritical Flow, $F_r < 1$)

- 중력의 영향이 큰 흐름
- 유속이 상대적으로 느리고, 변화가 점진적

2) 초임계 유동(Supercritical Flow, $F_r > 1$)

- 관성력이 큰 흐름
- 유속이 빠르고, 급격한 흐름 변화 발생

3) 소방 시스템 적용 예시

- 홍수 방지 설비에서는 프루드수를 활용하여 배수 속도를 최적화할 수 있다.

2 항력과 양력의 원리 및 소방 분야 응용

2.1 항력과 양력의 개념

- 항력(Drag Force, F_D)과 양력(Lift Force, F_L)은 유체가 물체를 통과할 때 발생하는 힘이다.
- 항력은 물체의 운동을 방해하는 힘, 양력은 물체를 위쪽으로 들어 올리는 힘을 의미한다.
- 소방 시스템에서 항력과 양력의 중요성
  ① 소방 노즐에서 물줄기의 도달 거리와 분사 패턴이 항력과 양력의 영향을 받음
  ② 소방 차량의 공기역학적 설계에서 항력을 줄이면 연료 효율이 향상되고, 응급 출동 시 속도를 증가시킬 수 있음
  ③ 고압 노즐 설계에서 항력을 감소시키고, 양력을 조절하면 방수 효율을 높일 수 있음

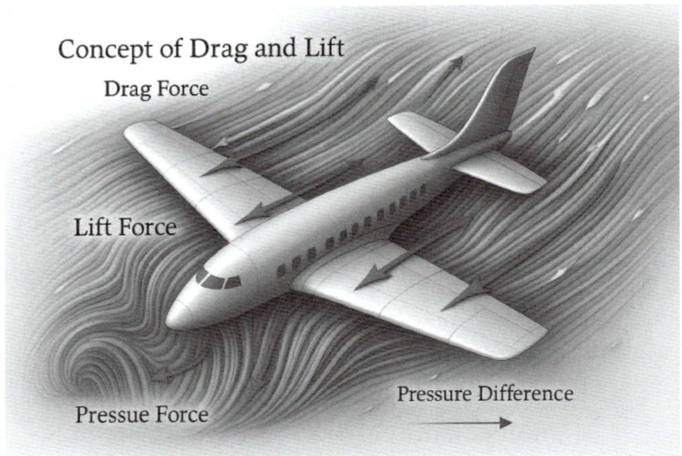

그림 5.5 항력과 양력의 개념

2.2 항력 및 양력의 발생 원리

1. 항력(Drag Force)이 발생하는 원리

항력은 유체가 물체를 지나면서 표면과 상호작용하며 발생하는 힘으로, 크게 마찰 항력(Skin Friction Drag)과 압력 항력(Pressure Drag)으로 나뉜다.

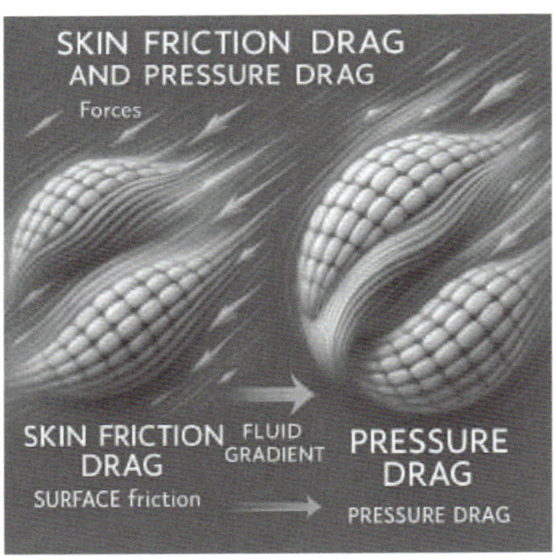

그림 5.6 마찰 항력과 압력 항력 비교

1) 마찰 항력(Skin Friction Drag)

- 유체가 물체 표면을 따라 흐를 때 발생하는 점성력에 의해 형성됨
- 물체 표면이 거칠수록 마찰 항력이 증가함
- 소방 차량의 차체 표면 처리 및 방수 노즐 내 마찰 감소 설계에 중요한 역할을 함

2) 압력 항력(Pressure Drag)

- 유체가 물체를 통과할 때 전방과 후방의 압력 차이로 인해 발생하는 항력
- 물체의 형상이 날렵할수록 압력 항력이 감소함
- 소방차 공기역학적 디자인, 노즐에서의 물줄기 형성 등에 영향을 줌

2. 양력(Lift Force)이 발생하는 원리

양력은 유체가 물체의 상하 표면을 지나갈 때 속도 차이가 발생하여 베르누이 원리(Bernoulli's Principle)에 의해 형성된다.

- 양력의 주요 특징
  ① 물체의 공기역학적 형상(Aerofoil Shape)이 양력 발생에 중요한 역할을 함
  ② 유체의 흐름 속도 차이에 의해 압력 차이가 발생하며, 이로 인해 양력이 형성됨
  ③ 소방호스에서 물이 방출될 때, 물줄기의 곡선 형태는 양력의 영향을 받음
  ④ 소방 헬리콥터 및 드론의 설계에서 양력이 중요한 역할을 함

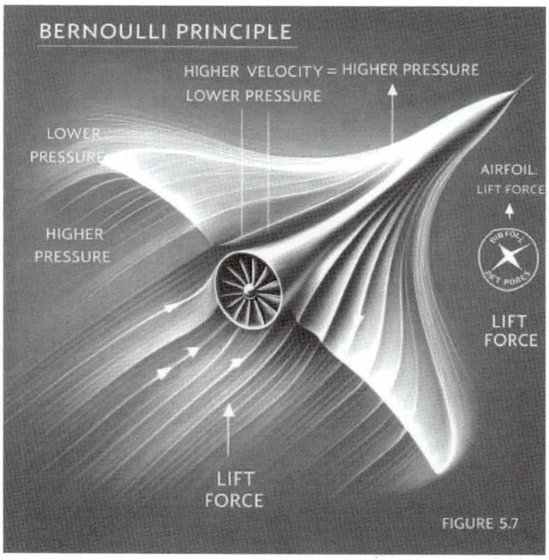

그림 5.7 베르누이 원리에 따른 양력 발생 과정

2.3 항력 및 양력의 수식

1. 항력(Drag Force, F_D)

$$F_D = \frac{1}{2} C_D \rho v^2 A \tag{5.1}$$

여기서, C_D : 항력 계수 (무차원), ρ : 유체 밀도 (kg/m^3), v : 유체 속도

(m/s), A : 물체의 단면적 (m^2)

2. 양력(Lift Force, F_L)

$$F_L = \frac{1}{2} C_L \rho v^2 A \tag{5.2}$$

여기서, C_L : 양력 계수 (무차원), ρ : 유체 밀도 (kg/m^3), v : 유체 속도 (m/s), A : 물체의 단면적 (m^2)

표 5.3 항력 및 양력의 주요 변수 비교

변수	항력 (Drag)	양력 (Lift)
힘의 방향	유체 흐름과 반대	유체 흐름과 수직
주요 원인	표면 마찰, 압력 차이	속도 차이에 의한 압력 변화
주요 적용	소방 차량, 노즐	소방 헬리콥터, 물줄기

2.4 소방 분야에서의 항력 및 양력 응용

1. 소방 노즐에서 항력과 양력 적용

소방 노즐의 설계에서 항력 감소와 양력 조절이 중요한 역할을 함

- 방수 각도에 따라 양력이 작용하여 물줄기가 곡선을 그릴 수 있음
- 고속 방수 시, 항력을 최소화하여 방수 거리를 증가시킴

2. 소방 차량의 공기역학적 설계

고속 주행 시 항력을 줄이면 연료 효율이 향상되고, 긴급 출동 시 속도를 증가시킬 수 있음

- 차체 형상을 최적화하여 항력을 줄이는 설계가 필요함
- 소방 드론과 헬리콥터 설계에서도 양력을 최적화하여 비행 안정성을 확보해야 함

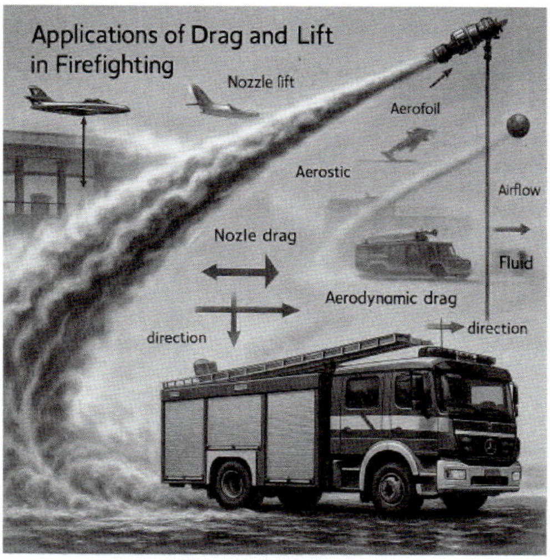

그림 5.8 소방 시스템에서의 항력 및 양력 응용 사례

3 압축성 유동의 개념

3.1 압축성 유동의 정의

1. 압축성 유동(Compressible Flow)

- 유체가 흐르는 동안 밀도가 변하는 유동을 의미한다.
- 대부분의 액체는 비압축성(Incompressible)으로 간주하지만, 초고압 환경에서는 밀도 변화가 발생할 수 있다.
- 기체는 온도, 압력, 속도의 변화에 의해 쉽게 밀도가 변하므로 압축성 효과를 반드시 고려해야 한다.
- 기체 유동에서 속도가 증가하면 압축성 효과가 점점 커지며, 특히 마하수(M)가 0.3을 넘으면 압축성 효과를 무시할 수 없다.

2. 압축성 유동이 발생하는 주요 조건

- 고속 흐름 : 유체가 빠른 속도로 이동할수록 압축성 효과가 커진다.
- 고압 환경 : 가스가 고압에서 저압으로 빠르게 확장될 때 밀도가 변화한다.
- 온도 변화 : 압축성 유동에서는 온도와 압력이 밀접한 관계를 가지므로

열역학적 분석이 필요하다.

- 충격파 형성 : 초음속 유동에서는 압력이 급격하게 변화하는 충격파가 발생할 수 있다.

3. 압축성 유동이 적용되는 소방분야의 대표적인 예시

- 고압 가스 소화 시스템 (CO_2, 할론, FM-200 등)
- 배연 시스템에서 연기 및 공기 흐름 해석
- 소방 차량 공기역학적 설계 (고속 주행 시 저항 최소화)
- 소방 드론 및 소방 헬리콥터의 공기 흐름 분석

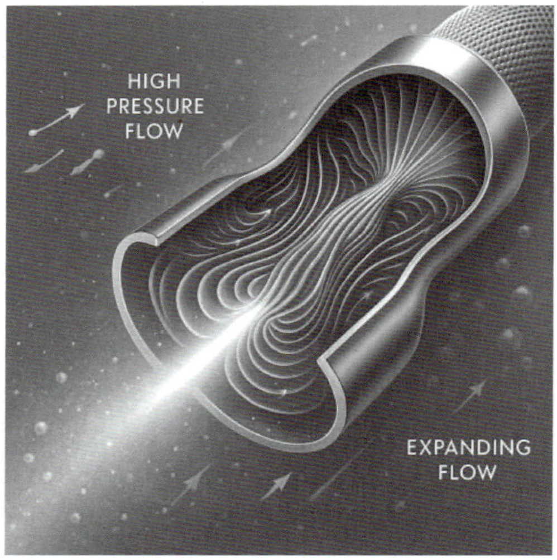

그림 5.9 압축성 유동 개념 설명

3.2 압축성 유동과 비압축성 유동 비교

1. 압축성 유동과 비압축성 유동의 기본 차이점

1) 밀도의 변화 여부

- 비압축성 유동에서는 유체의 밀도가 일정하다고 가정할 수 있다. 일반적으로 액체 유동에서 적용되며, 대부분의 물 흐름은 비압축성 유동으로 해석할 수 있다.
- 반면 압축성 유동에서는 유체의 밀도가 흐름 중 변화하며, 이는 주로 기체 유동에서 발생한다.

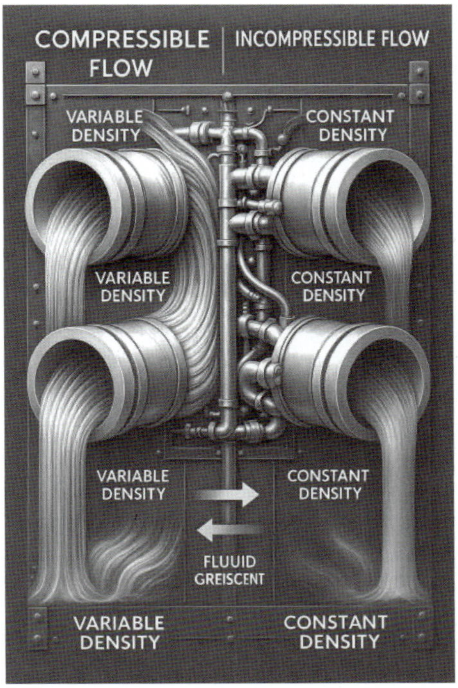

그림 5.10 압축성 유동과 비압축성 유동 비교

2) 적용 대상

- 비압축성 유동은 주로 물과 같은 액체를 다룰 때 사용되며, 예를 들어 소방호스에서 방출되는 물의 흐름은 밀도 변화가 거의 없으므로 비압축성으로 해석할 수 있다.
- 압축성 유동은 기체의 흐름에서 반드시 고려해야 하는 개념으로, 예를 들어 소방 가스계 소화 시스템에서 방출되는 CO_2 기체는 압축성 유동으로 해석해야 한다.

3) 속도 범위 및 마하수 기준

- 비압축성 유동은 저속(마하수 $M<0.3$)의 흐름에서 밀도 변화가 무시될 수 있기 때문에 사용된다.
- 압축성 유동은 고속(마하수 $M>0.3$)의 기체 흐름에서 밀도 변화가 크므로 이를 고려해야 한다.

4) 주요 방정식 및 해석 방법 차이

- 비압축성 유동에서는 베르누이 방정식을 사용할 수 있으며, 이는 속도, 압력, 위치 에너지 간의 관계를 설명하는 데 적합하다.
- 압축성 유동에서는 등엔트로피 방정식, 충격파 방정식, 노즐 유동 방정식 등 보다 복잡한 수식을 이용하여 해석해야 한다.

2. 소방 시스템에서 압축성 유동과 비압축성 유동의 적용 비교

소방 시스템에서는 물과 기체가 모두 사용되므로 압축성 및 비압축성 유동을 모두 고려해야 한다.

1) 비압축성 유동 적용 사례

(1) 소방호스 방수

- 물은 밀도가 거의 일정하므로, 비압축성 유동으로 가정할 수 있다.

- 베르누이 방정식을 이용하여 물이 노즐을 통과할 때의 속도 및 압력 변화를 계산할 수 있다.
- 물이 높은 압력에서 분사될 때 마찰 손실과 난류 효과를 고려해야 하지만, 밀도 변화는 무시할 수 있다.

(2) 스프링클러 시스템

- 스프링클러 헤드를 통해 일정한 유량이 공급되며, 유체의 밀도가 거의 변하지 않으므로 비압축성 유동으로 해석할 수 있다.
- 수두 손실 및 배관의 마찰 저항을 고려하여 최적 유량을 설계해야 한다.

(3) 소방펌프 시스템

- 펌프를 통해 물을 높은 위치로 이동시키는 과정에서 압력과 유량 변화가 발생하지만, 밀도 변화가 크지 않기 때문에 비압축성 유동 가정이 가능하다.

2) 압축성 유동 적용 사례

(1) 고압가스 소화 시스템 (CO_2, 할론, FM-200 등)

- 고압 상태의 기체가 방출될 때 압력이 급격히 낮아지며 기체가 팽창하기 때문에 압축성 유동으로 해석해야 한다.
- 가스가 배관을 통과할 때의 속도 변화 및 충격파 발생 가능성을 고려해야 한다.

(2) 배연 시스템 및 화재 시 연기 흐름

- 화재 발생 시 연기와 뜨거운 공기가 빠르게 상승하는 현상은 압축성 유동의 특성을 가진다.
- 고온의 연기 유동은 밀도가 변하면서 주변 공기와 혼합되며, 이를 고려한 배연 설계가 필요하다.

(3) 소방 차량의 공기역학적 설계

- 고속으로 주행하는 소방 차량은 공기 저항을 고려하여 설계해야 하며, 이는 압축성 유동 해석이 필요한 분야이다.
- 차량이 빠르게 이동할수록 압력 분포가 변화하며, 이는 차량 안정성과 연료 효율성에 영향을 미친다.

3.3 압축성 유동의 주요 특징

1. 압축성 유동을 해석할 때 중요한 요소

1) 밀도 변화 (ρ)

- 압력이 증가하면 밀도가 증가하고, 압력이 감소하면 밀도가 감소한다.
- 기체는 일정한 온도와 압력 조건에서도 밀도가 크게 변할 수 있음

2) 마하수 (Mach Number, M)

- 유체 속도가 음속과 비교하여 얼마나 빠른지를 나타내는 무차원 수이다.
- 마하수 공식

$$M = \frac{v}{a} \tag{5.3}$$

여기서, v : 유체 속도 (m/s), a : 해당 온도에서의 음속 (m/s)

2. 마하수에 따른 유동 분류

표 5.4 마하수에 따른 유동 분류

마하수 범위	유동 유형	설명
$M<0.3$	저속 유동 (Subsonic)	비압축성 유동으로 취급 가능
$0.3<M<1.0$	천음속 유동 (Transonic)	압축성 효과를 고려해야 함
$1.0<M<5.0$	초음속 유동 (Supersonic)	충격파 발생 가능
$M>5.0$	극초음속 유동 (Hypersonic)	강력한 충격파와 고온 효과 발생

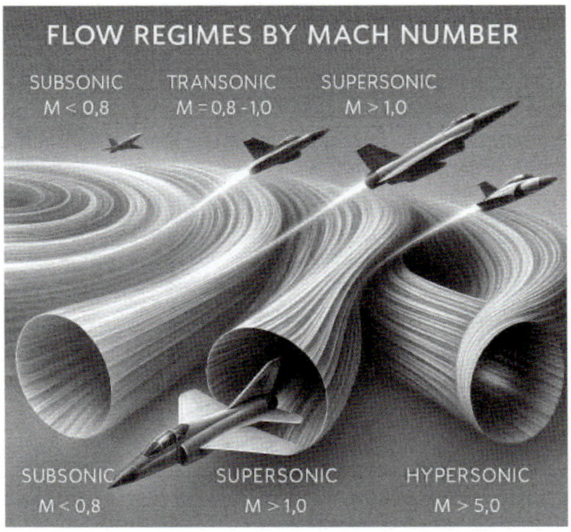

그림 5.11 마하수에 따른 유동 분류

3.4 압축성 유동의 소방 분야 응용

1. 고압가스 소화 시스템 적용

- CO_2 및 할론 소화 시스템의 방출 시 압력 감소와 함께 밀도가 변하는 효과 분석
- 초고압 환경에서 가스 흐름이 충격파를 형성할 가능성이 있음

2. 배연 시스템 적용

- 고온 연기 흐름이 압축성 유동을 형성하여 배기 속도를 조절할 필요가 있음
- 배연 팬 설계 시 압축성 효과 고려하여 최적화 필요

3. 소방 차량의 공기역학 설계 적용

- 고속 이동 시 공기 흐름 최적화를 통해 속도와 연료 효율 개선

그림 5.12 소방 시스템에서의 압축성 유동 응용 사례

4 노즐 및 제트류의 소방학적 활용

4.1 노즐의 기본 개념

1. 노즐(Nozzle)의 정의

- 노즐은 유체의 속도와 방향을 제어하는 장치로, 방사된 유체가 일정한 흐름 특성을 가지도록 설계된다.
- 압력과 속도 변화에 따라 다양한 형태의 노즐이 사용되며, 소방 분야에서는 직사형, 분무형, 포그 노즐 등이 대표적이다.

그림 5.13 다양한 형태의 소방 노즐

2. 노즐의 역할

- 유체의 속도 변화 : 노즐을 통과하는 유체는 가속되거나 감속될 수 있음
- 방사 패턴 제어 : 노즐의 형상에 따라 직사형, 확산형, 포그형 등으로 방사 가능
- 유량 조절 : 일정한 유량을 유지하거나, 가변식 노즐을 사용하여 조절 가능

표 5.5 노즐의 주요 설계 요소

요소	설명
출구 직경	직경이 작을수록 유속 증가, 방수 거리 증가
형상	직선형, 확산형, 혼합형 등 다양한 설계 가능
압력 차	입구와 출구 압력 차이가 클수록 유속이 증가
마찰 손실	내부 표면 거칠기에 따라 방출 속도 감소 가능

4.2 제트류(Jet Flow)의 기본 개념

그림 5.14 제트류의 구조

1. 제트류의 정의

- 유체가 노즐을 통해 높은 속도로 방출될 때 형성되는 유동 형태를 의미한다.
- 노즐을 통과한 후, 유체는 고속 기류(고속 제트, High-Velocity Jet) 또는 확산 기류(저속 제트, Low-Velocity Jet)로 방출될 수 있다.
- 제트류의 특성을 분석하면, 방수 거리와 방사 패턴을 최적화할 수 있다.

2. 제트류의 주요 특성

- 코어(Core) 영역 : 유체가 가장 빠르게 흐르는 중심 영역
- 확산(Diffusion) 영역 : 유체가 점점 넓게 퍼지면서 속도가 감소하는 영역
- 소산(Dissipation) 영역 : 유체가 주변 환경과 혼합되며 점차 사라지는 영역

3. 제트류의 속도 변화 공식

$$v = v_0\left(1 - \frac{x}{L}\right) \tag{5.4}$$

여기서, v : 특정 거리에서의 유속 (m/s), v_0 : 초기 유속 (m/s), x : 방출 후 거리 (m), L : 제트류의 유효 거리 (m)

4.3 노즐과 제트류의 소방학적 활용

1. 화재 유형에 따른 노즐 선택

- 직사형 노즐 : 높은 유속을 유지하여 원거리 화재진압에 유리
- 포그 노즐 : 미세한 물방울을 생성하여 냉각 효과 및 연기 제어 가능
- 조절식 노즐 : 상황에 따라 유량 및 방사 패턴 조절 가능

2. 방수 거리 및 소화 성능 최적화

- 방수 거리는 노즐 출구 속도 및 압력에 의해 결정되며, 제트류 분석을 통해 최적화 가능
- 높은 압력에서는 물이 더 멀리 분사되지만, 과도한 압력은 미세 방울화를 초래할 수 있음

3. 소방펌프 및 배관망 설계와 연계

- 노즐 설계는 소방펌프 및 배관망의 압력과 유량 조건에 따라 달라져야 함
- 펌프 압력이 낮을 경우, 노즐 출구에서 충분한 방수 속도를 얻지 못해 소화 효과가 저하됨

표 5.6 노즐 형태별 특징 비교

노즐 유형	특징	적용 사례
직사형 노즐	높은 유속, 긴 방수 거리	대형 화재 진압, 고층 건물
포그 노즐	미세 물방울, 냉각 효과	실내 화재, 전기 화재
조절식 노즐	유량 및 패턴 조절 가능	다목적 화재 진압

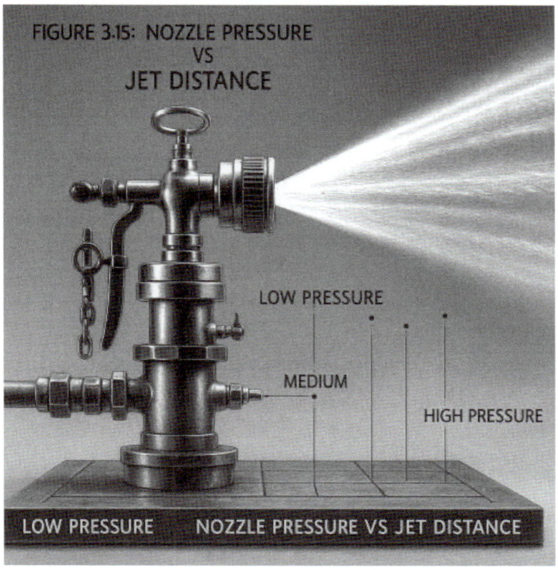

그림 5.15 소방 시스템에서의 노즐 및 제트류 활용

4.4 노즐 및 제트류 성능 분석

1. 유량과 방수 거리 관계

- 유량이 많을수록 일반적으로 방수 거리는 증가하지만, 너무 높은 유량은 방사 패턴을 불안정하게 만들 수 있음
- 방수 거리 공식

$$R = \frac{v^2}{g} sin(2\theta) \tag{5.5}$$

여기서, R : 방수 거리 (m), v : 노즐 출구 속도 (m/s), g : 중력가속도 (9.81 m/s^2), θ : 방사 각도 (°)

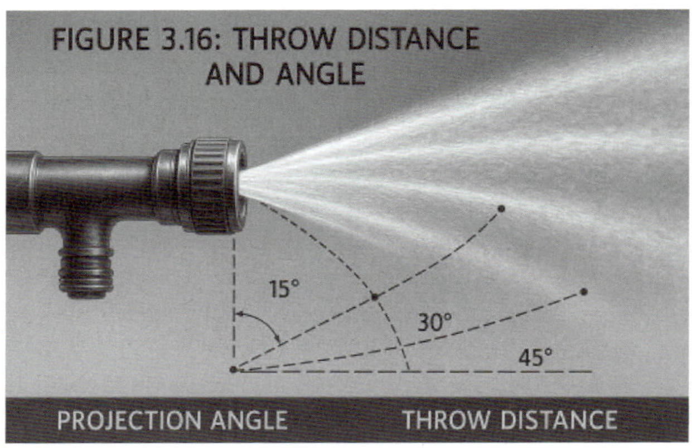

그림 5.16 방수 거리와 각도 관계

2. 압력과 속도 변화

- 노즐 입구 압력이 높을수록 속도는 증가하지만, 특정 이상에서는 미세 방울화가 발생하여 방수 거리가 감소할 수 있음
- 최적의 압력과 노즐 직경 조합이 중요함
- 베르누이 방정식을 이용한 속도 계산

$$v = \sqrt{\frac{2(P_1 - P_2)}{\rho}} \tag{5.6}$$

여기서, v : 방수 속도 (m/s), P_1, P_2 : 노즐 입구 및 출구 압력 (Pa), ρ : 유체 밀도 (kg/m^3)

5 수력 도약 및 배수 시스템에서의 활용

5.1 수력 도약의 개념

1. 수력 도약(Hydraulic Jump)

- 유체가 고속 상태(초임계 유동)에서 저속 상태(아임계 유동)로 급격히 변화하는 현상이다.
- 낙차가 있는 개수로나 방수 지점에서 주로 발생하며, 이 과정에서 물의 높이가 급격히 증가하고 난류가 형성된다.
- 이러한 현상은 에너지 손실, 공기 혼합, 수압 상승 등의 효과를 동반한다.

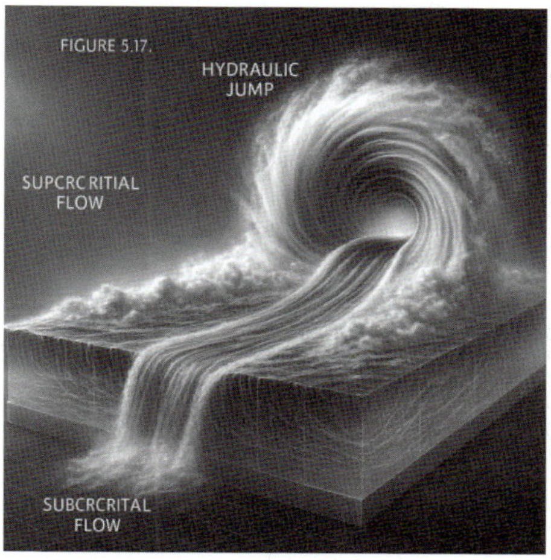

그림 5.17 수력 도약 개념도

2. 수력 도약이 발생하는 주요 원인

- 하류 수위 증가 : 배수로가 막히거나 하류에서 흐름이 저하될 때
- 구배 변화 : 개수로 경사가 급격히 변할 때
- 방출 유속 증가 : 노즐이나 펌프에서 높은 속도로 유출된 유체가 저속 흐름과 만나면서

3. 수력 도약의 특징

- 유체의 속도가 급격히 감소하면서 난류가 형성됨

- 유량은 일정하지만 수심이 증가함
- 에너지가 일부 손실되면서 교란 흐름과 소용돌이 현상이 발생
- 배수 시스템에서 지나치게 강한 수력 도약은 배관 손상 및 역류 가능성을 높일 수 있음

5.2 수력 도약의 수리학적 해석

1. 프루드 수(Fr, Froude Number)로 수력 도약 분석

수력 도약이 발생하는지 판단하려면 프루드 수(Fr)를 이용한다.

$$Fr = \frac{v}{\sqrt{gh}} \tag{5.7}$$

여기서, Fr : 프루드 수 (무차원 수), v : 유체 속도 (m/s), g : 중력 가속도 (9.81 m/s^2), h : 수심 (m)

표 5.7 프루드 수 범위별 유동 특성

프루드 수 (Fr)	유동 특성	수력 도약 여부
$Fr < 1$	아임계 유동 (저속)	도약 없음
$Fr = 1$	임계 유동	도약 발생 가능
$Fr > 1$	초임계 유동 (고속)	도약 발생 확률 높음

2. 수력 도약 후 수심 변화 공식

수력 도약 전후 수심의 관계는 아래와 같이 계산된다.

$$h_2 = \frac{h_1}{2}\left(-1 + \sqrt{1 + 8Fr^2}\right) \tag{5.8}$$

여기서, h_1 : 수력 도약 이전 수심 (m), h_2 : 수력 도약 이후 수심 (m)

표 5.8 수력 도약 발생 조건 및 영향

조건	영향
높은 프루드 수 ($Fr > 1$)	급격한 수위 상승
낮은 프루드 수 ($Fr < 1$)	도약 발생하지 않음
개수로 낙차 존재	난류 형성, 에너지 손실 증가

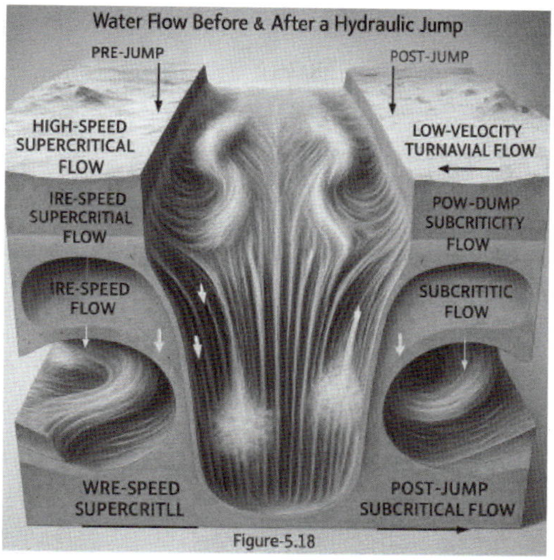

그림 5.18 수력 도약 발생 전후 비교

5.3 배수 시스템에서의 수력 도약 활용

1. 배수 시스템 설계에서 수력 도약 고려 사항

- 배수로에서 과도한 에너지 손실을 방지하기 위해 수력 도약이 일어나는 위치를 조절해야 한다.
- 배수관이나 개수로 내 난류 형성을 최소화하여 시스템 효율을 극대화해야 한다.
- 하수 시스템에서는 도약 발생으로 인해 배관 내 압력 증가 가능성이 있으므로 유속 조절이 필요하다.

2. 배수 시스템에서 수력 도약을 활용하는 방법

1) 방류구에 수력 도약을 유도하여 에너지를 감쇠시킴

- 도약이 발생하는 위치를 조절하여 배출 속도를 줄여 배관 손상을 방지할 수 있음

2) 배수로 설계 시 도약 지점을 사전에 분석하여 구조물을 보강

- 배수로의 설계 시 도약이 발생할 위치에 보강재나 완충 구조를 설치할 수 있음

3) 소방 배수 시스템에서 도약 현상을 이용한 유량 조절

- 소화수가 대량으로 배출될 때, 도약을 이용하여 흐름을 분산시키는 방식 적용 가능

3. 배수 시스템의 최적 설계를 위한 고려 사항

- 배출 지점에서 도약을 유도하여 배출 속도를 줄일 수 있도록 설계
- 배관 내 역류 방지를 위해 도약이 과도하게 발생하지 않도록 조정
- 배수 시스템의 내구성을 유지하기 위해 도약 위치를 미리 분석하여 보강

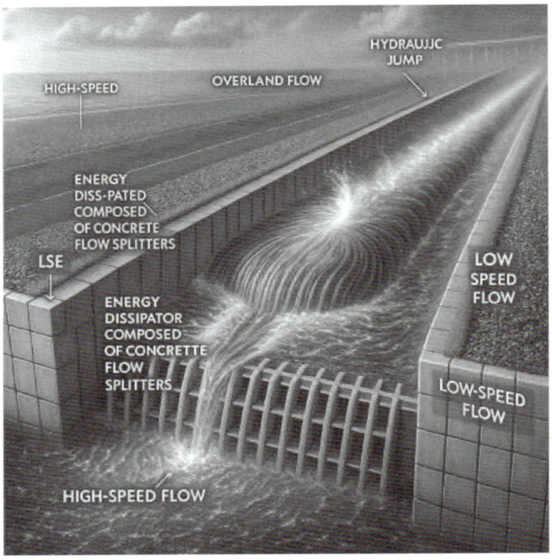

그림 5.19 배수 시스템에서 수력 도약 활용 사례

6 수직 충격파 및 가스계 소화설비에서의 적용

6.1 수직 충격파의 개념

1. 수직 충격파(Normal Shock Wave)

- 초음속 유동이 아음속으로 변화하는 과정에서 압력과 온도가 급격히 증가하는 현상
- 충격파를 통과하는 순간 속도 감소, 압력 및 온도 상승, 밀도 증가가 발생

- 가스 소화설비에서 노즐과 배관 설계 시 압축성 유동을 고려해야 하는 주요 요인

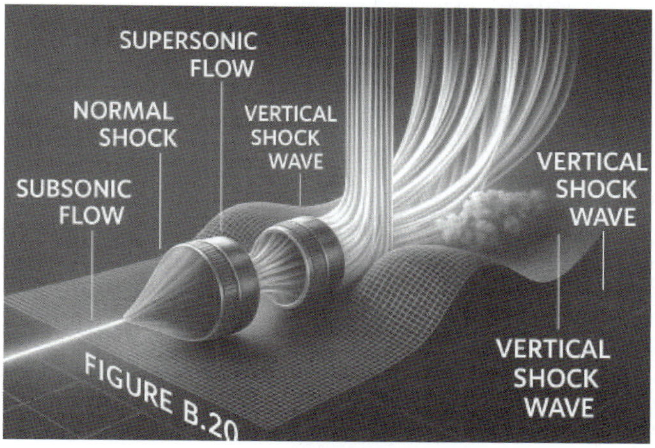

그림 5.20 수직 충격파 개념도

2. 수직 충격파의 주요 특징

- 속도 감소 : 초음속 유체가 충격파를 만나면서 급격히 감속됨
- 압력 및 온도 증가 : 충격파를 통과한 후 압력과 온도가 급격히 상승
- 밀도 증가 : 가스 밀도가 증가하면서 흐름이 압축됨

3. 수직 충격파 공식

$$\frac{P_2}{P_1} = 1 + \frac{2\gamma}{\gamma+1}\left(M_1^2 - 1\right) \tag{5.9}$$

여기서, P_2, P_1 : 충격파 전후 압력 (Pa), M_1 : 충격파 이전 마하수,
γ : 비열비 (공기 : 1.4)

표 5.9 수직 충격파 전후 유동 변화

변수	충격파 전	충격파 후
속도	초음속 ($M>1$)	아음속 ($M<1$)
압력	낮음	높음
온도	낮음	높음
밀도	낮음	높음

6.2 가스계 소화설비에서의 적용

그림 5.21 가스계 소화설비에서 충격파 영향

1. 가스계 소화설비에서 충격파의 중요성

- 고압가스를 분사하는 과정에서 압력 변화가 발생하며, 충격파를 고려한 설계 필요
- 충격파로 인한 에너지 손실을 방지하는 노즐 및 밸브 설계 필수
- 배관 내 가스 흐름 최적화를 위해 압축성 유동 해석 적용

2. 고압 소화 시스템에서 충격파 발생 가능성

- 이산화탄소(CO_2) 소화 시스템 : 압축된 CO_2가 급격히 팽창하며 충격파 발생 가능
- 할론(Halon) 및 FM-200 시스템 : 가스 분사 시 속도가 빠르면 충격파 영향 고려 필요

3. 충격파 방지를 위한 설계 방안

- 다단 노즐 시스템 사용
- 가스를 여러 단계로 감속시켜 충격파 발생 가능성을 줄임
- 충격파 흡수 배관 설계
- 배관 내 흐름을 최적화하여 급격한 압력 변화 방지
- 유량 조절 밸브 적용
- 초기 방출 속도를 낮춰 충격파 형성 최소화

표 5.10 가스계 소화설비에서 충격파 방지 기술

기술	적용 방법	효과
다단 노즐	여러 개의 작은 노즐 사용	압력 변화 완화
충격파 흡수 배관	곡선형 배관 구조 적용	급격한 압력 변화 방지
유량 조절 밸브	가변식 밸브 적용	초기 유량 조절 가능

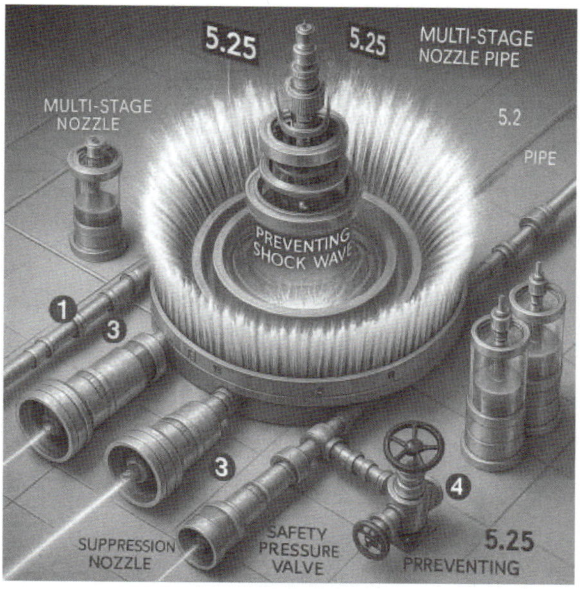

그림 5.22 가스계 소화설비에서 충격파 방지 대책

6.3 가스계 소화설비 적용 시 유동 해석

1. 압축성 유동을 고려한 노즐 설계

- 노즐 출구에서의 속도를 조절하여 충격파 발생 가능성을 줄이는 설계 필요
- 베르누이 방정식과 등엔트로피 방정식을 활용하여 압력 변화를 분석 가능

2. 배관 내 압력 변화 해석

- 배관 길이에 따라 압력강하가 발생하며, 충격파 형성 여부를 예측해야 함
- 이상 기체 상태 방정식을 활용하여 압력 및 온도 변화 해석 가능

3. 베르누이 방정식을 활용한 유속 변화 예측

$$P_1 + \frac{1}{2}\rho v_1^2 = P_2 + \frac{1}{2}\rho v_2^2 \tag{5.10}$$

여기서, P_1, P_2 : 압력 (Pa), v_1, v_2 : 속도 (m/s), ρ : 유체 밀도 (kg/m^3)

4. 실험 및 시뮬레이션을 통한 설계 최적화

- CFD(전산 유체 역학) 분석을 활용하여 소화 가스 방출 시 압력 변화를 예측
- 실험 데이터를 기반으로 충격파 발생 위치 분석 및 방지 대책 적용

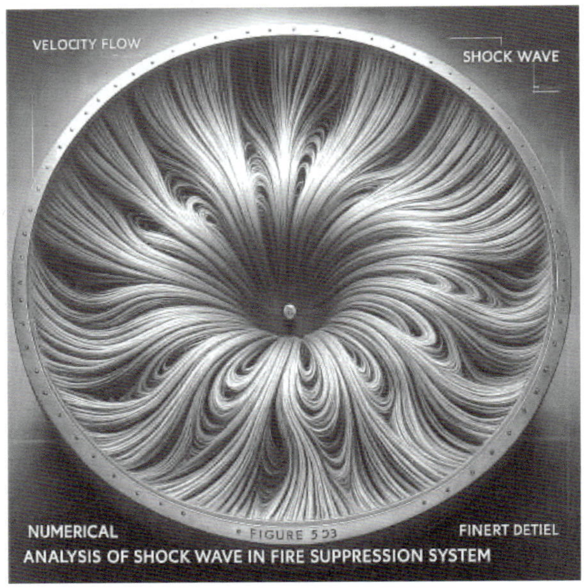

그림 5.23 소방 시스템 내 충격파 해석 시뮬레이션 예시

연습문제

01 경계층 밖의 비점성 운동영역에서의 속도 u_∞가 5 m/s이면 경계층 내부에서의 최대속도[m/s]를 구하시오.

풀이

$u = 0.99u_\infty \rightarrow u = 0.99 \times 5 = 4.95 \text{ m/s}$

02 동점성계수 ν=15×10^{-6} m^2/s인 공기가 평판 위를 2 m/s로 흐르고 있다. 선단(평판 앞 모서리)으로부터 20 cm인 곳에서 경계층 두께는 몇 mm인가?

풀이

$$Re_{x=0.2} = \frac{u_\infty x}{\nu} = \frac{2 \times 0.2}{15 \times 10^{-6}} = 2.7 \times 10^4 < 5 \times 10^5 \text{ (층류)}$$

$$\frac{\delta}{x} \approx \frac{5.48}{Re_x^{1/2}} \rightarrow \delta = \frac{5.48x}{Re_x^{1/2}} = \frac{5.48 \times 0.2}{26{,}666^{1/2}} = 6.71 \times 10^{-3} \text{ m} = 6.71 \text{ mm}$$

03 평판을 지나는 경계층 유동에서 속도분포가 경계층 바깥에서는 균일속도, 경계층 내에서는 벽으로부터의 거리의 1차 함수라고 가정하면, 배제두께 δ^*와 경계층 두께 δ와의 관계를 구하라. (단, 1차 함수의 기울기는 U/δ라고 한다.)

풀이

속도분포 : 경계층 바깥 → 균일속도 $U = U$

경계층 내부 → 벽으로부터의 거리의 1차 함수 $u = \frac{U}{\delta}y$

$$\delta^* = \frac{1}{U}\int_0^\delta \left(U - \frac{U}{\delta}y\right)dy = \left[y - \frac{y^2}{2\delta}\right]_0^\delta = \frac{\delta}{2}$$

04 시속 150 km로 달리고 있는 자동차의 전면 투영면적이 3 m^{2}일 때 항력[N]을 계산하시오. 여기서 항력계수는 0.2, 공기의 밀도는 1.5 kg/m^{3}로 한다.

풀이

$u = 150 \text{ km/h} = 41.7 \text{ m/s}$

$$F_D = C_D \frac{\rho u^2}{2} A = 0.2 \times \frac{1.5 \times 41.7^2}{2} \times 3 = 782.5 \text{ N}$$

05 직경 5 mm인 구가 공기 속을 4 cm/s로 운동할 때 항력[N]을 구하시오. 단, 공기의 밀도는 0.35 kg/m^3, 동점성계수는 $105 \times 10^{-6}\ m^2/s$이다.

풀이

$d = 5\ \text{mm} = 5 \times 10^{-3}\ \text{m},\ u = 4\ \text{cm/s} = 4 \times 10^{-2}\ \text{m/s}$

$$Re = \frac{ud}{\nu} = \frac{(4 \times 10^{-2})(5 \times 10^{-3})}{105 \times 10^{-6}} = 1.905 \text{ : Allen 유동}$$

$$C_D = \frac{18.5}{Re^{0.6}} = \frac{18.5}{1.905^{0.6}} = 12.6$$

$$F_D = C_D \frac{\rho u^2}{2} A = 12.6 \left\{ \frac{0.35(4 \times 10^{-2})^2}{2} \right\} \left\{ \frac{\pi (5 \times 10^{-3})^2}{4} \right\} = 6.9 \times 10^{-8}\text{N}$$

06 익현의 길이 1.5 m, 날개의 폭 15 m인 날개가 영각 1°에서 양력계수가 0.5이고 항력계수가 0.05이다. 이런 날개를 가진 항공기가 대기 중을 250 km/h 속도로 비행하는 경우의 양력[kN]을 구하시오. 또한, 비행에 필요한 동력[kW]은 얼마인가? (단, 공기의 밀도는 1.0 kg/m^3이라고 가정한다.)

풀이

$u = 250\ \text{km/h} = 69.4\ \text{m/s}$

$$F_L = C_L \frac{\rho u^2}{2} A = 0.5 \left(\frac{1.0 \times 69.4^2}{2} \right) (1.5 \times 15) = 27092\,\text{N} = 27.092\ \text{kN}$$

$$F_D = C_D \frac{\rho u^2}{2} A = 0.05 \left(\frac{1.0 \times 69.4^2}{2} \right) (1.5 \times 15) = 2709\ \text{N} = 2.709\ \text{kN}$$

$$P = F_D u = 2709 \times 69.4 = 188005\ \text{W} = 188\ \text{kW}$$

07 (r, θ)인 극좌표 계에서 속도 퍼텐셜 $\phi = 2\theta$에 대해 원주 방향 속도(u_θ)를 구하시오. (단, 속도 퍼텐셜 ϕ는 $\vec{u} \equiv \nabla \phi = grad \phi$로 정의된다.

풀이

$$u_\theta = \frac{1}{r} \frac{\partial \phi}{\partial \theta} = \frac{1}{r} \frac{\partial}{\partial \theta} (2\theta) = \frac{2}{r}$$

08 2차원 유동에서 속도가 $\vec{V} = 4xy\hat{i} + 2(x^2 - y^2)\hat{j}$와 같이 주어졌을 때 각속도 성분을 구하시오.

풀이

$u = 4xy,\ v = 2(x^2 - y^2),\ w = 0$

$$\omega_x = \frac{1}{2} \left(\frac{\partial w}{\partial y} - \frac{\partial v}{\partial z} \right) = 0$$

$$\omega_y = \frac{1}{2}\left(\frac{\partial u}{\partial y} - \frac{\partial w}{\partial x}\right) = 0$$

$$\omega_x = \frac{1}{2}\left(\frac{\partial v}{\partial x} - \frac{\partial u}{\partial y}\right) = \frac{1}{2}(4x - 4x) = 0$$

09 경계층의 속도분포가 $u = 10y(1+0.05y^3)$이고, y방향의 속도 성분 $v=0$일 때 벽면으로부터 수직거리 $y=1$ m 지점에서의 와도[s^{-1}]를 구하시오.

풀이

$$\zeta = 2\vec{\omega} = curl\,\vec{V} = \nabla \times \vec{V} = \begin{vmatrix} \hat{i} & \hat{j} & \hat{k} \\ \frac{\partial}{\partial x} & \frac{\partial}{\partial y} & \frac{\partial}{\partial z} \\ u & v & w \end{vmatrix}$$ 이므로

$$\zeta = \begin{vmatrix} \hat{i} & \hat{j} & \hat{k} \\ \frac{\partial}{\partial x} & \frac{\partial}{\partial y} & \frac{\partial}{\partial z} \\ 10y(1+0.5y^3) & 0 & 0 \end{vmatrix} = \frac{\partial}{\partial z}[10y(1+0.5y^3)]\hat{j} - \frac{\partial}{\partial y}[10y(1+0.5y^3)]\hat{k}$$

y방향 속도 성분이 0이라고 하였으므로

$$\frac{-\partial}{\partial y}[10y(1+0.5y^3)] = -(10+2y^3)\Big|_{y=1} = -12\,s^{-1}$$

10 레이놀즈수가 관성력과 점성력의 비임을 밝히시오.

풀이

길이를 L이라 하면, 면적은 L^2, 체적은 L^3이므로

$$관성력 = ma = \rho L^3\left(\frac{L}{T^2}\right) = \rho L^2\left(\frac{L}{T}\right)^2 = \rho L^2 V^2$$

$$점성력 = \mu\frac{du}{dy}A = \mu\left(\frac{V}{L}\right)L^2 = \mu L V$$

$$\frac{관성력}{점성력} = \frac{\rho L^2 V^2}{\mu V L} = \frac{\rho L V}{\mu} = Re$$

11 폭 3 m, 길이 20 m의 매끄러운 판이 물속에 정지하고 있다. 이 평판을 물속에서 2.5 m/s로 잡아끈다면 층류 경계층에서 난류 경계층으로 바뀌는 점은 평판 선단으로부터 얼마의 거리[m]에서인가? (단, 물의 동점성계수는 1.2×10^{-6} m^2/s이다.)

풀이

층류 경계층에서 난류 경계층으로 천이가 일어나는 점을 평판 선단으로부터 x라 하면 임계 레이놀즈수 5×10^5에 의해서

$$Re_x = \frac{ux}{\nu} = 5 \times 10^5$$

$$x = \frac{5 \times 10^5 \times \nu}{u} = \frac{5 \times 10^5 \times 1.2 \times 10^{-6}}{2.5} = 0.24 \text{ m}$$

12 직경 5 mm, 비중 8인 강철구를 점성계수 1.8, 비중 1.3인 글리세린이 들어있는 용기 속에서 낙하시킬 때 자유낙하 속도[m/s]를 구하시오.

풀이

Stokes 법칙에 따라서 구해진 항력과 부력의 크기가 구의 중량과 같을 때

구의 자유낙하 종속도가 되므로

$$\frac{1}{6}\pi d^3\gamma + 3\pi\mu du = \frac{1}{6}\pi d^3\gamma_s$$

$$u = \frac{\frac{\pi}{6}d^3(\gamma - \gamma_s)}{3\pi\mu d}$$

$$= \frac{0.005^2 \times (8-1.3) \times 9810}{18 \times 1.8}$$

$$= 0.051 \text{ m/s}$$

13 동점성계수 12.5×10^{-6} m^2/s인 유체가 평판 위를 1.5 m/s 속도로 흐른다. 평판 선단에서 10 cm 되는 곳의 Re_x와 경계층의 두께[m]를 구하시오.

풀이

$$Re_x = \frac{ux}{\nu} = \frac{1.5 \times 0.1}{12.5 \times 10^{-6}} = 12{,}000 < 5 \times 10^5 \text{ (층류 경계층)}$$

$$\delta = \frac{5.48x}{\sqrt{Re_x}} = \frac{5.48 \times 0.1}{\sqrt{12000}} = 5 \times 10^{-3} \text{ m}$$

14 직경 1.5 m, 길이 5 m의 원기둥이 20 m/s 속도로 흐르는 공기 속에 세워져 있다. 기둥의 항력계수가 $C_D = 0.5$이다. 기둥이 받는 항력[N]을 구하시오. (단, 공기의 비중은 12 N/m^3이다.)

풀이

$$F_D = C_D\frac{\rho u^2 A}{2} = C_D\frac{\gamma u^2 A}{2g}$$

$$= 0.5 \times \frac{12 \times 20^2 \times 1.5 \times 5}{2 \times 9.81}$$

$$= 917.4 \text{ N}$$

15 평판 상의 유체 흐름에서 층류 경계층의 두께는 평판 선단으로부터의 거리 x와 어떤 관계인가?

풀이

$$\frac{\delta}{x}=\frac{5.48}{\sqrt{Re_x}}$$

$$\delta=\frac{5.48x}{\sqrt{\dfrac{ux}{\nu}}}=\frac{5.48\sqrt{x}}{\sqrt{\dfrac{u}{\nu}}}=\frac{5.48x^{1/2}}{\left(\dfrac{u}{\nu}\right)^{1/2}}$$

경계층의 두께는 평판 선단으로부터 거리의 제곱근에 비례한다. 즉 $\delta \propto x^{1/2}$이다.

16 난류 경계층의 두께와 평판 선단으로부터의 거리 x의 관계를 구하시오.

풀이

$$\frac{\delta}{x}=\frac{0.382}{Re_x^{1/5}}$$

$$\delta=\frac{0.382}{\left(\dfrac{ux}{\nu}\right)^{1/5}}=\frac{0.382x^{4/5}}{\left(\dfrac{u}{\nu}\right)^{1/5}}$$

즉 $\delta \propto x^{4/5}$이다.

17 날개폭 10 m, 날개 길이 1.5 m인 비행기 날개가 100 m/s 속도로 날고 있다. 날개의 항력계수가 $C_D=0.05$일 때 항력[N]을 구하시오. (단, 공기의 비중량은 $\gamma=12\ \mathrm{N/m^3}$이다.)

풀이

날개의 항력 F_D는

$$F_D = C_D A\frac{\rho u^2}{2}$$

$$= 0.05\times 10\times 1.5\times\frac{12\times 100^2}{2\times 9.81}$$

$$= 4{,}587.2\ \mathrm{N}$$

18 직경 10 mm인 구가 점성계수 $0.15\times10^{-4}\ \mathrm{m^2/s}$ 공기 속을 40 m/s 속도로 날고 있다. 공기의 비중량이 112 $\mathrm{N/m^3}$이면 구가 받는 항력[N]과 손실동력[W]을 구하시오.

풀이

$$Re=\frac{ud}{\nu}=\frac{40\times 0.01}{0.15\times 10^{-4}}=2.67\times 10^4$$

$Re = 2.67 \times 10^4$일 때 $C_D = 0.51$이므로

$$F_D = C_D A \frac{\rho u^2}{2} = 0.51 \times \frac{\pi}{4} \times 0.01^2 \times \frac{12 \times 40^2}{2 \times 9.81} = 0.039 \text{ N}$$

손실동력은 항력과 속도의 곱이므로

$$P = F_D u = 0.039 \times 40 = 1.56 \text{ W}$$

19 길이 2 m, 폭 1.5 m인 평판 날개가 20 m/s 속도로 공기 속을 수평면과 15° 의 각도를 이루며 날고 있다. 이 날개의 항력계수가 0.15이고 양력계수가 0.75이면 날개에 작용하는 합력[N]을 구하시오. (단, 공기의 밀도는 1.2 kg/m^{3}이다.)

풀이

$$F_D = C_D A \frac{\rho u^2}{2} = 0.15 \times 2 \times 1.5 \times \frac{1.2 \times 20^2}{2} = 108 \text{ N}$$

$$F_L = C_L A \frac{\rho u^2}{2} = 0.75 \times 2 \times 1.5 \times \frac{1.2 \times 20^2}{2} = 540 \text{ N}$$

$$R = \sqrt{F_D^2 + F_L^2} = \sqrt{108^2 + 540^2} = 550.7 \text{ N}$$

20 폭이 1 m, 깊이 3 m인 사각형 개수로에 2.5 m/s 속도로 물이 흐른다. 이 수로에서의 Fr수를 구하시오.

풀이

$$Fr = \frac{u}{\sqrt{gL}} = \frac{2.5}{\sqrt{9.81 \times 3}} = 0.46$$

21 날개의 폭이 12 m, 길이가 2.1 m인 날개의 비행기가 150 m/s 속도로 날고 있다. 영각이 1.3° , 양력계수가 0.45, 항력계수가 0.065이면 공기의 밀도가 1.2 kg/m^{3}에서 양력[kN]과 비행기의 비행에 필요한 동력[kW]을 구하시오.

풀이

$$F_D = C_D A \frac{\rho u^2}{2} = 0.065 \times 12 \times 2.1 \times \frac{1.2 \times 150^2}{2} = 21.1 \text{ kN}$$

$$F_L = C_L A \frac{\rho u^2}{2} = 0.45 \times 12 \times 2.1 \times \frac{1.2 \times 150^2}{2} = 153.1 \text{ kN}$$

$$P = F_D u = 15.5 \times 150 = 2{,}325 \text{ kW}$$

22 폭이 2 m인 수로에서 물이 $Fr=1.0$, 유속 1.5 m/s로 흐르려면 흐름의 깊이[m]는 얼마로 해야 하는가?

풀이

$$Fr=\frac{u}{\sqrt{gL}}$$

$$L=\frac{(Fr\cdot u)^2}{g}=\frac{(1\times1.5)^2}{9.81}=0.23\ \text{m}$$

23 사각형 단면의 수로의 폭이 2 m, 깊이가 3 m이다. 이 수로에 물이 수로 깊이의 50% 깊이로 흐르면 수력 반경 R_h[m]를 구하시오.

풀이

실제 흐름의 깊이는

$3\times0.5=1.5$ m

접수 길이는 5 m이고 흐름의 단면적은 3 m^2이다.

$$R_h=\frac{A}{P}=\frac{3}{5}=0.6\ \text{m}$$

24 Chezy 상수가 50 $m^{1/2}/s$인 사각형 수로의 폭이 2 m, 깊이가 1 m이고 경사도가 0.0015이면 수로의 유량[m^3/s]을 구하시오.

풀이

$$R_h=\frac{A}{P}=\frac{2}{2+2\times1}=0.5\ \text{m}$$

$$Q=CA\sqrt{R_hS}=50\times2\sqrt{0.5\times0.0015}=2.74\ \text{m}^3/\text{s}$$

25 원형의 매끄러운 콘크리트 수로를 통하여 물을 수송하려 한다. 관의 직경이 3 m이고 길이가 200 m, 수로 양단의 높이차가 4 m일 때 유속[m/s]과 유량[m^3/s]을 구하시오. (단, 원관 수로에 물은 반이 차서 등류로 흐른다.)

풀이

$$A=\frac{\pi d^2}{8}=\frac{\pi\times3^2}{8}=3.53\ \text{m}^2$$

$$P=\frac{\pi d}{2}=\frac{\pi\times3}{2}=4.71\ \text{m}$$

$$R_h = \frac{A}{P} = \frac{3.53}{4.71} = 0.75 \text{ m}$$

$$S = \frac{4}{200} = 0.02$$

매끄러운 콘크리트관의 n값은 0.012이므로

$$u = \frac{1}{n} R_h^{2/3} S^{1/2} = \frac{1}{0.012}(0.75)^{2/3}(0.02)^{1/2} = 9.73 \text{ m/s}$$

$$Q = Au = 3.53 \times 9.73 = 34.35 \text{ m}^3/\text{s}$$

26 사각형 단면의 콘크리트 수로에 유량 0.1 m^3/s의 물이 등류 상태로 흐른다. 수로의 경사도가 0.001이고 만능지수 $n = 0.011$이다. 수심이 수로 폭의 반이라면 수로의 폭[m]과 깊이[m], 유속[m/s]을 구하시오.

풀이

수로 폭을 b라고 하면 깊이는 $b/2$이므로

$$A = \frac{b^2}{2}, \quad P = 0.5b + 0.5b + b = 2b, \quad R_h = \frac{A}{P} = \frac{b}{4}$$

$$u = \frac{Q}{A} = \frac{0.1}{0.5b^2} = \frac{1}{5b^2}$$

Manning의 식을 적용하면

$$u = \frac{1}{n} R_h^{2/3} S^{1/2} = \frac{1}{5b^2}$$

$$\frac{1}{0.011} \times \left(\frac{b}{4}\right)^{2/3} \times (0.001)^{1/2} = \frac{1}{5b^2}$$

$$b = 0.52 \text{ m}$$

흐름의 깊이는 0.26 m이고 유속은

$$u = \frac{1}{5b^2} = \frac{1}{5 \times 0.52^2} = 0.74 \text{ m/s}$$

27 매끄러운 콘크리트 수로($n = 0.011$) 사각형 단면의 수로가 경사도는 0.0001이다. 흐름의 단면적이 10 m^2일 때 이 수로에 등류의 상태로 흐르는 물의 유량[m^2/s]을 구하시오. 또한, 경제 수로를 만든다고 할 때 수로의 폭[m]과 깊이[m]를 결정하시오.

풀이

$$A = y \times b = \frac{b^2}{2}$$

$$b = 4.47 \text{ m}, \quad y = 2.24 \text{ m}$$

$$R_h=\frac{A}{P}=\frac{A}{2b}=\frac{10}{8.94}=1.12\ \text{m}$$

$$Q=\frac{A}{n}R_h^{2/3}S^{1/2}=\frac{10}{0.011}\times(1.12)^{2/3}\times(0.0001)^{1/2}=9.8\ \text{m}^3/\text{s}$$

28 $n=0.012$인 경제적인 직사각형 수로를 만들려고 한다. 평균유속 2 m/s, 유량 15 m^3/s의 물을 수송하려고 할 때 수로의 형상과 기울기를 결정하시오.

풀이

$$A=\frac{Q}{u}=\frac{15}{2}=7.5\ \text{m}^2=2\text{y}^2$$

$$y=1.94\ \text{m}$$

$$R_h=\frac{A}{P}=\frac{7.5}{1.94+(2\times1.94)}=1.29\ \text{m}$$

$u=\frac{1}{n}R_h^{2/3}S^{1/2}$이므로

$$S=n^2u^2R_h^{-4/3}=0.012^2\times2^2\times1.29^{-4/3}=0.0004$$

깊이 1.94 m, 경사도 0.0004인 수로가 적합하다.

29 $n=0.02$인 등변 사다리꼴 개수로에서 경사면의 각도가 수평면과 45° 각도를 이루며, 경사도가 0.0001일 때 유량[m^3/s]을 구하시오. (단, 밑면의 수로 폭이 2.5 m, 수심은 1.5 m이다.)

풀이

$$P=3.5+\left(2\times\frac{1.5}{\sin45°}\right)=7.74\ \text{m}$$

$$A=2.5\times2+1.5\times2=8\ \text{m}^2$$

$$R_h=\frac{A}{P}=\frac{8}{7.74}=1.03\ \text{m}$$

$$Q=\frac{A}{n}R_h^{2/3}S^{1/2}=\frac{8}{0.02}\times1.03^{2/3}\times0.0001^{1/2}=4.08\ \text{m}^3/\text{s}$$

30 수로의 유량이 8 m^3/s이고 유속이 1.5 m/s라 할 때 경제적인 사다리꼴 단면 수로의 폭[m]과 수심[m], 경사도를 구하시오. 수로의 재료는 표면이 매끄러운 콘크리트 수로로 $n=0.010$이다.

풀이

$$A=\frac{Q}{u}=\frac{8}{1.5}=5.3\ \text{m}^2$$

$$A = by + my^2 = \frac{\sqrt{3}}{2}b^2 + \frac{\sqrt{3}}{3} \times \frac{3}{4}b^2 = \frac{3\sqrt{3}}{4}b^2$$

$$5.3 = \frac{3\sqrt{3}}{4}b^2$$

$$b = 2.02 \text{ m}, \ y = \frac{\sqrt{3}}{2}b = 1.75 \text{ m}$$

$$R_h = \frac{Q}{P} = \frac{5.3}{2.02 \times 3} = 0.87$$

$$S = n^2u^2R_h^{-4/3} = 0.011^2 \times 1.5^2 \times 0.87^{-4/3} = 3.28 \times 10^{-4}$$

31 폭 2 m, 깊이 1.5 m의 직사각형 수로에 10 m^3/s 유량의 물이 흐른다. 비에너지[m], 임계 깊이[m], 임계속도[m/s]를 구하시오.

풀이

$$u = \frac{Q}{A} = \frac{10}{3} = 3.33 \text{ m/s}$$

$$E = y + \frac{u^2}{2g} = 1.5 + \frac{3.33^2}{2 \times 9.81} = 2.07 \text{ m}$$

단위 폭당 유량은 $q = uy = 1.5 \times 3.33 = 5 \text{ m}^3/\text{s} \cdot \text{m}$

임계 깊이는 $y_c = \left(\frac{q^2}{g}\right)^{1/3} = \left(\frac{5^2}{9.81}\right)^{1/3} = 1.37 \text{ m}$

임계속도는 $u_c = \sqrt{9.81 \times 1.37} = 3.67 \text{ m/s}$

32 깊이 2.5 m 되는 연못에 돌을 던져 물결파를 만들었을 때 이 파의 전파속도[m/s]를 구하고 또한, 깊이가 10 m로 깊어지면 속도[m/s]는 어떻게 되는가?

풀이

중력파의 전파속도는 $c = \sqrt{gy}$를 이용하여 구하므로 깊이가 2.5 m이면

$$c = \sqrt{9.81 \times 2.5} = 4.95 \text{ m/s}$$

깊이가 10 m이면

$$c = \sqrt{9.81 \times 10} = 9.9 \text{ m/s}$$

33 폭 3 m, 깊이 2 m인 개수로의 유량이 12 m^3/s이다. 흐름의 형태가 아임계 또는 초임계 흐름인지를 결정하시오. 또한, 같은 유량에서 초임계 흐름이 되기 위한 깊이[m]를 구하시오.

풀이

유량이 12 m^3/s이므로 흐름의 속도는 2 m/s이다.

$$Fr = \frac{u}{\sqrt{gy}} = \frac{2}{\sqrt{9.81 \times 2}} = 0.45 < 1 \text{ (아임계 흐름)}$$

초임계 흐름이 되기 위한 깊이는 단위 폭당 유량을 구해서 얻어지므로

$$q = \frac{12}{3} = 4\,\mathrm{m^3/s \cdot m}$$

$$y_c = \left(\frac{q^2}{g}\right)^{1/3} = \left(\frac{4^2}{9.81}\right)^{1/3} = 1.18 \text{ m}$$

34 폭이 3 m이고 비에너지 E=1.5 m인 직사각형 수로에서의 최대 유량[m^3/s]을 구하시오.

풀이

임계 깊이에서 흐르는 유량이 최대 유량이 되므로 임계 깊이를 구하면

$$y_c = \frac{2}{3}E = \frac{2}{3} \times 1.5 = 1 \text{ m}$$

$$y_c = \left(\frac{q^2}{g}\right)^{1/3}$$

$$1 = \left(\frac{q^2}{9.81}\right)^{1/3}$$

$$q = 3.13 \text{ m}^3/\text{s} \cdot \text{m}$$

최대 유량은

$$Q = bq = 3 \times 3.13 = 9.39 \text{ m}^3/\text{s}$$

35 개수로에서 수력 도약이 일어났다. 수력 도약 전의 깊이가 2 m, 수력 도약 후의 깊이가 8 m라면 수력 도약에 의한 손실수두[m]를 구하시오.

풀이

$$h_L = \frac{(y_2 - y_1)^3}{4y_1y_2} = \frac{(8-2)^3}{4 \times 8 \times 2} = 3.375 \text{ m}$$

36 500 m/s의 속도로 비행기가 날고 있다. 공기의 기온이 27℃, 기체상수 R=287 J/kg · K, 비열비 κ=1.5이면 마하수는 얼마인가?

풀이

$$M = \frac{u}{a} = \frac{u}{\sqrt{\kappa RT}} = \frac{500}{\sqrt{1.5(287)(300.15)}} = 1.39$$

37 음속 300 m/s인 공기 속을 초음속으로 비행하는 물체의 마하 각이 30° 일 때 그 물체의 이동속도 [m/s]를 구하시오.

풀이

$$\sin\alpha = \frac{a}{u} \rightarrow u = \frac{a}{\sin\alpha} = \frac{300}{\sin 30°} = 600 \text{ m/s}$$

38 피토 정압관을 아르곤 기체의 흐름이 있는 곳에 설치하였더니 정체압력이 150 kPa, 정압력이 100 kPa이었다. 이 기체의 온도가 20℃일 때 유속[m/s]을 구하시오. 만약 이 기체를 비압축성이라고 하면 이때의 유속[m/s]도 구하시오. (단, 아르곤의 기체상수 R=210 J/kg · K이고 비열비는 κ= 1.5이다.)

풀이

$$\frac{p_t}{p} = \left(1 + \frac{\kappa - 1}{2}M^2\right)^{\frac{\kappa}{\kappa-1}} \rightarrow \left(\frac{p_t}{p}\right)^{\frac{\kappa-1}{\kappa}} = 1 + \frac{1}{2}(\kappa - 1)M^2$$

$$M^2 = \left[\left(\frac{p_t}{p}\right)^{\frac{\kappa-1}{\kappa}} - 1\right]\frac{2}{\kappa - 1} = \left[\left(\frac{150}{100}\right)^{\frac{0.5}{1.5}} - 1\right]\left(\frac{2}{0.5}\right) = 0.58$$

$$M = \sqrt{0.58} = 0.762 = \frac{u}{a} = \frac{u}{\sqrt{\kappa RT}}$$

$$u = 0.762\sqrt{\kappa RT} = 0.762\sqrt{1.5(210)(293.15)} = 231.56 \text{ m/s}$$

비압축성 유체로 다루는 경우

$$p_t = p + \frac{1}{2}\rho u^2 \rightarrow u = \sqrt{2RT\left(\frac{p_t}{p} - 1\right)} = \sqrt{2(210)(293.15)(1.5 - 1)} = 248.12 \text{ m/s}$$

39 κ=1.5인 공기가 그림과 같이 M_1=0.2, A_1=0.2 m^2으로부터 M_2=2까지 등엔트로피적으로 팽창되어 흐르고 있을 때 최소 노즐 면적[m^2]과 출구 면적 A_2[m^2], p_2/p_1 및 T_2/T_1를 구하시오.

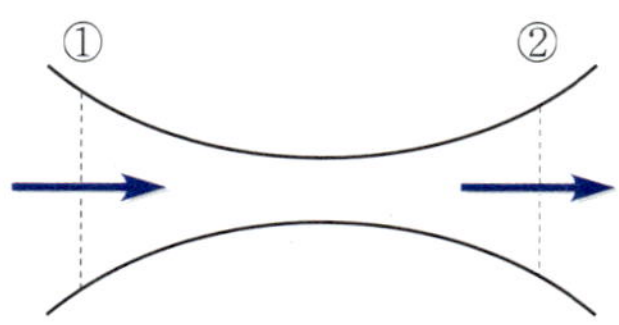

풀이

등엔트로피 유동이므로 M_1=0.2에 대해

$$\frac{T_1}{T_{t1}} = \frac{1}{\left(1 + \frac{\kappa - 1}{2}M_1^2\right)} = \frac{1}{\left[1 + \frac{0.5}{2}(0.2)^2\right]} = 0.99$$

$$\frac{p_1}{p_{t1}} = \frac{1}{\left(1 + \frac{\kappa - 1}{2}M_1^2\right)^{\frac{\kappa}{\kappa-1}}} = \frac{1}{\left[1 + \frac{0.5}{2}(0.2)^2\right]^{\frac{1.5}{0.5}}} = 0.97$$

$$\frac{A_1}{A^*}=\frac{1}{M_1}\left(\frac{\kappa+1}{2+(\kappa-1)M_1^2}\right)^{\frac{1+\kappa}{2(1-\kappa)}}=\frac{1}{0.2}\left[\frac{2.5}{2+0.5(0.2)^2}\right]^{-2.5}=2.93$$

같은 방법으로 $M_2=2$에 대해

$$\frac{T_2}{T_{t2}}=\frac{1}{\left(1+\frac{\kappa-1}{2}M_2^2\right)}=\frac{1}{\left[1+\frac{0.5}{2}(2)^2\right]}=0.5$$

$$\frac{p_2}{p_{t2}}=\frac{1}{\left(1+\frac{\kappa-1}{2}M_2^2\right)^{\frac{\kappa}{\kappa-1}}}=\frac{1}{\left[1+\frac{0.5}{2}(2)^2\right]^{\frac{1.5}{0.5}}}=0.125$$

$$\frac{A_2}{A^*}=\frac{1}{M_2}\left(\frac{\kappa+1}{2+(\kappa-1)M_2^2}\right)^{\frac{1+\kappa}{2(1-\kappa)}}=\frac{1}{2}\left[\frac{2.5}{2+0.5(2)^2}\right]^{-2.5}=1.62$$

노즐 유동은 아음속으로부터 초음속으로 흐르기 때문에 그 유동은 $M_1=1$에서 최소면적 A^*를 통해 흘러야만 한다. $M_1=0.2$에서 $A_1/A^*=2.93$이므로 최소면적은

$$A^*=\frac{0.2}{2.93}=0.068\ \mathrm{m}^2$$

$M_2=2$에서 $A_2/A^*=1.62$이므로 최소면적은

$$A_2=1.62A^*=0.11\ \mathrm{m}^2$$

등엔트로피 유동에 대해 T_t와 p_2는 일정하므로

$$\frac{p_2}{p_1}=\frac{p_2/p_{t2}}{p_1/p_{t1}}=\frac{0.125}{0.97}=0.129$$

$$\frac{T_2}{T_1}=\frac{T_2/T_{t2}}{T_1/T_{t1}}=\frac{0.5}{0.99}=0.51$$

40 공기가 온도 20℃, 절대압력 600 kPa로 유지되는 저장 탱크로부터 빠져나와 절대압력이 350 kPa인 다른 탱크 안으로 유입된다. 저장 탱크에 부착된 축소 노즐의 출구 면적이 20 cm^{2}라면 질량 유량[kg/s]을 구하시오. (단, 공기의 비열비는 1.4이다.)

풀이

등엔트로피 유동으로 가정하면

노즐 출구 면에서 마하수 $M_e=1\rightarrow p/p_t=0.5283,\ T/T_t=0.8333$

출구 면에서의 압력 $p_e=0.5283p_t=0.5283\times600=317\ \mathrm{kPa}$

출구 면에서의 압력은 배압 $p_b=350\ \mathrm{kPa}$보다 낮으므로 노즐은 초크 되지 않고

출구 마하수는 $M_e<1$이 된다. 또한, 출구면 압력은 배압과 같아진다.

$$M_e^2 = \frac{2}{\kappa-1}\left[\left(\frac{p_t}{p_b}\right)^{\frac{\kappa-1}{\kappa}} - 1\right] = \frac{2}{0.4}\left[\left(\frac{600}{350}\right)^{\frac{0.4}{1.4}} - 1\right] = 0.832$$

$M_e = 0.9124$

질량 유량은

$$\dot{m} = p_t\sqrt{\frac{\kappa}{RT_t}}AM_e\left(1+\frac{\kappa-1}{2}M_e^2\right)^{\frac{1+\kappa}{2(1-\kappa)}}$$

$$= 600{,}000\sqrt{\frac{1.4}{287(293.15)}}(0.002)(0.9124)\left(1+\frac{0.4}{2}\times 0.9124^2\right)^{-\frac{2.4}{0.8}}$$

$= 2.814\ \text{kg/s}$

41 그림과 같이 출구 면적이 100 cm^2인 축소 노즐이 압력 250 kPa, 온도 300 K인 저장 탱크에 부착되어 있다. 배압이 각각 0, 100 그리고 200 kPa인 경우에 대해 노즐을 통한 공기의 질량 유량 [kg/s]을 계산하시오. (단, 공기의 비열비는 1.4이다.)

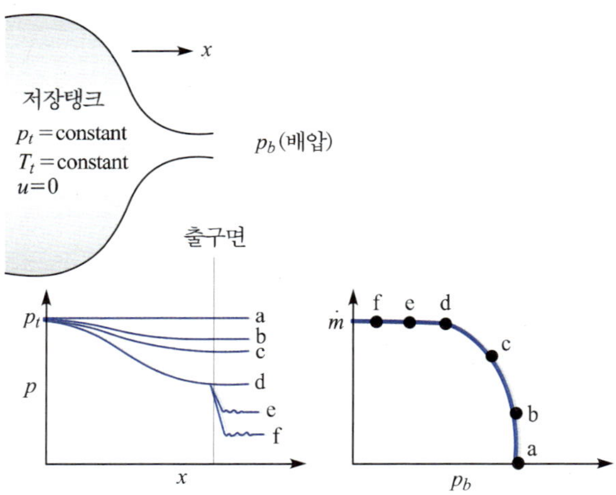

풀이

노즐이 초크 되는 압력 → 노즐 출구 면에서 마하수 $M_e = 1$인 경우

$p/p_t = 0.5283,\ T/T_t = 0.8333$

$p_e = 0.5283 p_t = 0.5283 \times 250 = 132.08\ \text{kPa}$

이보다 낮은 모든 배압에 대해 노즐은 초크 되고 초크 된 노즐의 경우 출구 면에서의 공기 유속은 음속과 같아진다.

$T_e = 0.8333 T_t = 0.8333 \times 300 = 250\ \text{K}$

$0 \le p_b \le 132.08\ \text{kPa}$인 경우 → 노즐 초크

$$\dot{m} = \rho_e A_e u_e = \frac{p_e}{RT_e} A_e u_e = \frac{p_e}{RT_e} A_e \sqrt{\kappa R T_e}$$

$$= \frac{132.08(100 \times 10^{-4})\sqrt{1.4(287)(250)}}{0.287(250)} = 5.834 \text{ kg/s}$$

200 kPa의 배압의 경우 → 노즐 초크 없으며, 출구 면에서의 흐름은 아음속이 되고 출구면 압력은 배압과 같아진다.

$\kappa = 1.4,\ p_e/p_t = 200/250 = 0.8$

$M_e = 0.575,\ T_e/T_t = 1.2197 \rightarrow T_e = 1.2197 T_t = 1.2197 \times 300 = 365.9\text{K}$

$u_e = M_e\sqrt{\kappa R T_e} = 0.575\sqrt{1.4(287)(365.9)} = 220.5 \text{ m/s}$

$p_e = p_b = 200 \text{ kPa} \rightarrow \rho_e = \dfrac{p_e}{RT_e} = \dfrac{200}{0.287(365.9)} = 1.905 \text{ kg/m}^3$

$\dot{m} = \rho_e A_e u_e = 1.905(100 \times 10^{-4})(220.5) = 4.2 \text{ kg/s}$

42 그림과 같이 어떤 축소-확대 노즐이 일정 압력을 갖는 공기탱크에 부착되어 있다. 노즐의 출구 면적은 120 cm^2고 노즐 목의 단면적은 80 cm^2이다. 탱크 내 압력과 온도는 각각 350 kPa과 400 K이다. 노즐이 초크 되었을 때 최대배압[kPa]을 구하고 배압이 각각 0, 150, 300 kPa일 때의 질량유량[kg/s]을 구하며, 또한, 노즐에서 완전히 팽창된 초음속유동(그림에서 곡선 d에 해당)이 얻어질 때 대한 배압[kPa]과 출구 마하수를 구하시오.

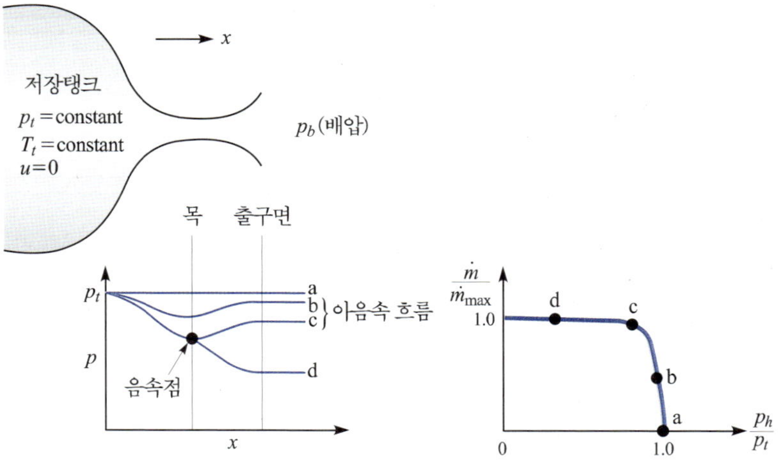

풀이

노즐을 초크 시키는 데 필요한 최대배압 → 그림에서 곡선 c의 경우이고 노즐 목에서 $M=1$이고 확대부에서는 아음속 유동이 이어진다.

$A/A^* = 1.5 \rightarrow M = 0.43,\ p/p_t = 0.8807$

노즐은 $p_b = 0.8807 p_t = 0.8807 \times 350 = 308.25$ kPa보다 낮은 모든 배압에 대해 초크 된다.

노즐은 308.25 kPa보다 낮은 모든 배압에 대해 초크 되므로 노즐을 통한 질량 유량은 0, 150 및 300 kPa의 배압에 대해 모두 같다.

$M=1 \rightarrow p/p_t = 0.5283,\ T/T_t = 0.8333$

$p = 0.5283 p_t = 184.9\ \text{kPa},\ T = 0.8333 T_t = 333.3\ \text{K}$

$\dot{m} = \rho A u = \frac{p}{RT} A \sqrt{\kappa RT} = \frac{184.9}{0.287(333.3)}(80 \times 10^{-4})\sqrt{1.4(287)(333.3)} = 5.66\ \text{kg/s}$

$A/A^* = 1.5 \rightarrow M = 1.855,\ p/p_t = 0.160$

완전히 팽창된 초음속 출구 유동을 위한 배압은

$p_b = 0.160 p_t = 0.16(350) = 56.0\ \text{kPa}$

43 축소-확대 노즐이 그림과 같은 일정 압력을 갖는 공기탱크에 장착되어 있다. 노즐의 출구 면적은 300 cm^2, 목 부분의 면적은 200 cm^2이다. 탱크 내 압력과 온도는 각각 400 kPa와 300 K이다. 수직 충격파가 노즐 내에서 발생할 수 있는 배압[kPa]의 범위를 결정하시오.

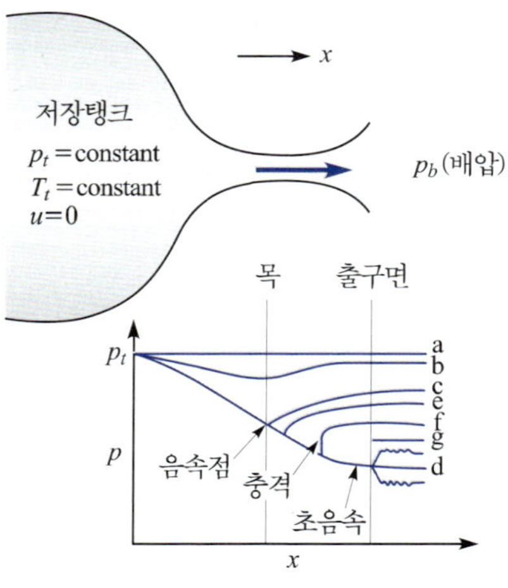

풀이

$M = 0.43,\ p/p_t = 0.8807$이므로

$p_b = 0.8807 p_t = 0.8807 \times 400 = 352.28\ \text{kPa}$

$A_1/A^* = 1.5$에 대한 초음속 해를 구하면

$M_1 = 1.855,\ p_1/p_t = 0.160$이므로

$p_1 = 0.160 p_t = 0.160 \times 400 = 64.0\ \text{kPa}$

$M_1 = 1.855$에 대해 $p_e/p_1 = 3.848$이므로

$p_e = 3.848 \times 64 = 246.3\ \text{kPa}$

수직 충격파는 배압이 $246.8\ \text{kPa} < p_b < 352.28\ \text{kPa}$ 인 범위에서 발생하고

경사 충격파는 64 kPa $< p_b <$ 246.3 kPa의 범위에서 나타나며 팽창파는 $p_b <$ 64 kPa에서 발생한다.

44 어떤 수직 충격파가 온도가 20℃이고 대기압이 100 kPa인 정체 중인 대기 속을 600 m/s의 속도로 움직인다. 이 충격파 하류의 온도[K]와 압력[kPa]을 계산하시오.

풀이

$$M_1 = \frac{u}{a} = \frac{u}{\sqrt{\kappa RT}} = \frac{600}{\sqrt{1.4 \times 287 \times 293.15}} = 1.75$$

$$M_2^2 = \frac{M_1^2 + \frac{2}{\kappa - 1}}{\frac{2\kappa}{\kappa - 1} M_1^2 - 1} = \frac{1.75^2 + \frac{2}{0.4}}{\frac{2.8}{0.4} \times 1.75^2 - 1} = 0.3945$$

$$p_2 = p_1 \frac{(1 + \kappa M_1^2)}{(1 + \kappa M_2^2)} = 100 \times \frac{(1 + 1.4 \times 1.75^2)}{(1 + 1.4 \times 0.3945^2)} = 434.16 \text{ kPa}$$

$$T_2 = T_1 \frac{\left(1 + \frac{\kappa - 1}{2} M_1^2\right)}{\left(1 + \frac{\kappa - 1}{2} M_2^2\right)} = 293.15 \times \frac{\left(1 + \frac{0.4}{2} \times 1.75^2\right)}{\left(1 + \frac{0.4}{2} \times 0.3945\right)} = 438.14 \text{ K}$$

45 어떤 수직 충격파가 정체 중인 대기 속(101.325 kPa, 300 K)을 1,000 m/s의 속도로 움직인다. 수직파 뒤의 공기속도[m/s], 정압[kPa] 및 온도[K]를 구하시오.

풀이

마하수는

$$M = \frac{u}{a} = \frac{u_1}{\sqrt{\kappa R T_1}} = \frac{1,000}{\sqrt{1.4 \times 287 \times 300}} = 2.88$$

$M = 2.88$에 대해

$$\frac{p_2}{p_1} = 9.51, \quad \frac{T_2}{T_1} = 2.54, \quad \frac{\rho_2}{\rho_1} = 3.743 = \frac{u_1}{u_2}$$

수직 충격파 뒤의 압력 : $p_2 = 9.51 p_1 = 9.51 \times 101.325 = 963.6 \text{ kPa}$

수직 충격파 뒤의 온도 : $T_2 = 2.54 T_1 = 2.54 \times 300 = 762 \text{ K}$

수직 충격파 뒤의 공기속도 : $u_2 = 1000 - u_a = \frac{u_1}{3.743} = \frac{1000}{3.743} = 267.16 \rightarrow u_a = 732.83 \text{ m/s}$

참고문헌

- Çengel, Y. A., & Cimbala, J. M. (2017). Fluid Mechanics : Fundamentals and Applications. McGraw-Hill Education.
- Fox, R. W., McDonald, A. T., & Pritchard, P. J. (2020). Introduction to Fluid Mechanics. Wiley.
- White, F. M. (2016). Fluid Mechanics. McGraw-Hill.
- Munson, B. R., Young, D. F., & Okiishi, T. H. (2015). Fundamentals of Fluid Mechanics. Wiley.
- 한국소방기술연구소 (2022). 소방 유체역학 실무 적용.
- 한국소방산업기술원 (2021). 소방설비기술기준 해설.
- 국립재난안전연구원 (2019). 소방유체역학과 화재진압 적용 연구.
- 한국소방안전원 (2021). 소방펌프 및 배관 시스템 설계 기준.
- Mott, R. L. (2015). Applied Fluid Mechanics. Pearson.
- Crowe, C. T., Elger, D. F., & Williams, B. C. (2019). Engineering Fluid Mechanics. Wiley.
- Batchelor, G. K. (2000). An Introduction to Fluid Dynamics. Cambridge University Press.
- 한국소방과학회 (2020). 소방 유체역학 연구 동향.
- 한국소방설비학회 (2021). 소방 배관망 설계 및 운영 최적화 연구.
- 국립소방연구원 (2023). 고층 건물 화재 진압을 위한 유체역학적 접근.
- Panton, R. L. (2013). Incompressible Flow. Wiley.

CHAPTER 06

소방 시스템 내 열역학 적용

1 열역학 제1, 2 법칙과 소방 설비 연계
2 화재 시 열전달 방식 분석
3 이상기체상태방정식과 연소반응 분석

CHAPTER 06 소방 시스템 내 열역학 적용

학습목표

- 열역학 제1법칙과 제2법칙의 개념을 이해하고, 이를 소방설비 설계와 운영에 적용할 수 있다.
- 화재 발생 시 전도, 대류, 복사에 의한 열전달 메커니즘을 분석하고, 각 방식이 소방 시스템에 미치는 영향을 설명할 수 있다.
- 이상기체상태방정식을 활용하여 소방용 가스계 소화설비의 거동을 해석할 수 있다.
- 연소반응과 연료의 열역학적 특성을 분석하여 소방 시스템의 효율성과 안전성을 평가할 수 있다.
- 열역학 법칙과 열전달 이론을 활용하여 화재 진압 및 화재 확산 방지에 대한 최적의 방안을 제시할 수 있다.

1 열역학 제1, 2 법칙과 소방 설비 연계

1.1 열역학 제1법칙 (에너지 보존 법칙)

1. 정의

열역학 제1법칙은 에너지가 생성되거나 소멸하지 않고, 단순히 한 형태에서 다른 형태로 변환된다는 원리를 설명한다. 이 법칙은 폐쇄계(closed system)와 개방계(open system)에 모두 적용되며, 소방 시스템에서 연료, 압축 공기, 화염 에너지가 어떻게 변환되는지 설명하는 핵심 개념이다.

$$\Delta U = Q - W \tag{6.1}$$

여기서, ΔU : 내부 에너지 변화량 (J), Q : 시스템으로 전달된 열량 (J), W : 시스템이 외부에 수행한 일 (J)

2. 소방 시스템에서 열역학 제1법칙 적용 사례

1) 소방펌프에서 연료의 화학 에너지가 기계적 에너지로 변환됨

- 소방펌프는 연료(예 디젤, 전기) → 운동에너지로 변환하여 물을 이동시킨다.

- 효율적인 설계를 통해 에너지 손실 최소화가 필요하다.

2) 가스계 소화 시스템에서 고압 가스가 분출될 때 내부에너지가 감소
- 가스계 소화 시스템(FM-200, CO_2 시스템)에서는 고압 탱크의 내부에너지가 감소하면서 기체가 팽창하여 소화제 방출
- 가스가 팽창할 때 온도가 낮아지고, 열역학적 변화를 고려한 설계가 필요함

그림 6.1 소방펌프의 에너지 변환 과정

1.2 열역학 제2법칙 (엔트로피 법칙)

1. 정의

열역학 제2법칙은 에너지는 한 방향(고온 → 저온)으로 자연스럽게 이동하며, 엔트로피(무질서도)는 항상 증가하는 경향이 있다는 개념을 설명한다. 이 법칙은 소방 장비의 냉각 과정, 소방 시스템의 효율 분석, 열 손실 제어 등에서 필수적인 역할을 한다.

$$dS \geq \frac{dQ}{T} \tag{6.2}$$

여기서, S : 엔트로피 (J/K), Q : 전달된 열량 (J), T : 절대온도 (K)

2. 소방 시스템에서 열역학 제2법칙 적용 사례

1) 고온 화재 현장에서 열이 확산하는 과정

- 화재가 발생하면 열이 자연스럽게 고온 → 저온 방향으로 복사, 대류, 전도를 통해 이동
- 벽, 천장, 바닥 등으로 전달되며, 이를 차단하는 내화재 적용 필요

2) 소방 장비의 열 손실 제어

- 열역학 제2법칙에 따라, 에너지는 항상 일부 손실(비가역적)되며 100% 효율은 불가능
- 소방 장비의 열 손실을 줄이기 위해 고효율 절연재(방화복, 내열 호스 등) 사용

3) 소방관 보호장비의 열전달 관리

- 소방관의 방화복은 고온 환경에서 체온을 유지하고 열전달을 최소화하는 설계 필요
- 방화복 내 단열층과 방사 차단층이 엔트로피 증가를 최소화하여 보호 성능을 극대화함

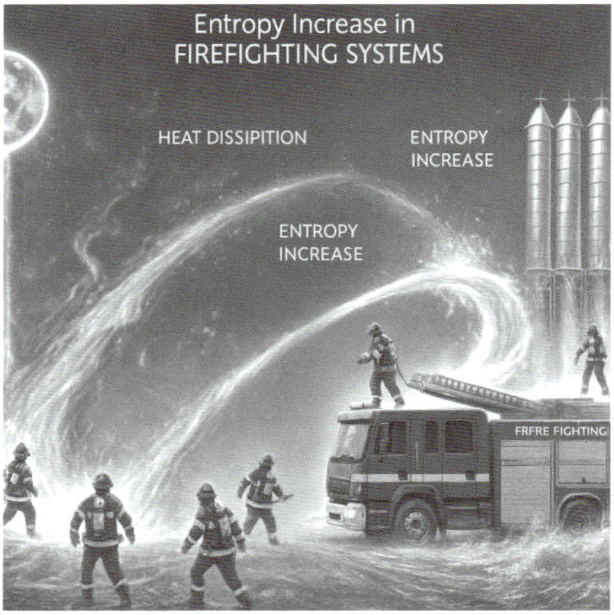

그림 6.2 엔트로피 증가 개념과 소방 장비의 열 손실 분석

2 화재 시 열전달 방식 분석

2.1 전도 (Conduction)

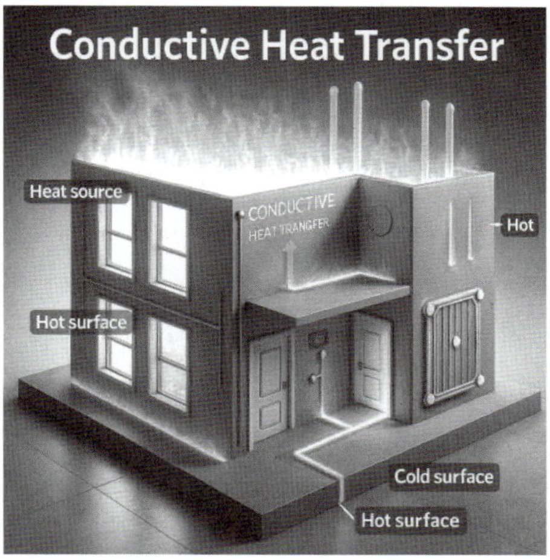

그림 6.3 화재 시 전도에 의한 열전달 과정

1. 전도

- 열이 고체 내부를 통해 전달되는 방식으로, 물질 내부 원자나 분자의 충돌을 통해 에너지가 전달됨
- 금속과 같은 열전도율이 높은 물질은 열이 빠르게 이동하지만, 단열재(내화재)는 열전달을 지연시킴

2. 전도의 특징

- 매질이 필요하며, 분자가 직접 접촉하여 열이 전달됨
- 전도 속도는 물질의 열전도율(thermal conductivity, k)에 따라 결정됨
- 금속, 콘크리트, 유리 등은 열전도율이 높아 빠르게 가열됨

3. 전도 공식 (푸리에 법칙, Fourier's Law)

$$q = -k\frac{dT}{dx} \tag{6.3}$$

여기서, q : 단위 면적당 열전달률 (W/m^2), k : 열전도율 (W/m·K), dT/dx : 온도 구배 (K/m)

4. 소방에서 전도의 중요성

- 문이나 벽이 뜨거워지는 속도를 예측하여 화재 확산 가능성을 판단할 수 있음
- 내화성 소재(불연재, 단열재)를 사용하면 전도를 통한 화재 확산을 지연할 수 있음

2.2 대류 (Convection)

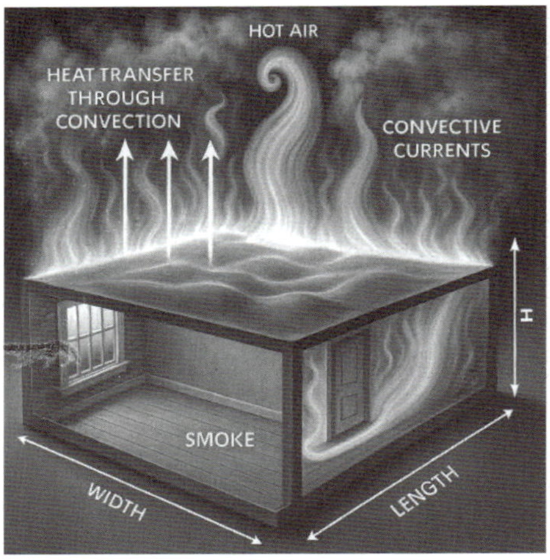

그림 6.4 화재 시 대류에 의한 열전달 과정

1. 대류

- 열이 유체(기체 또는 액체)의 이동을 통해 전달되는 방식
- 공기나 물이 가열되면 밀도가 감소하여 상승하고, 차가운 공기는 아래로 내려오는 과정이 반복됨

2. 대류의 특징

- 매질(유체)이 필요하며, 유체의 움직임을 통해 열이 전달됨
- 자연 대류(Natural Convection) : 온도 차이에 의해 유체가 움직이며 열 전달됨
- 강제 대류(Forced Convection) : 선풍기, 환기 시스템과 같이 외부 힘(팬, 펌프)에 의해 유체가 강제적으로 이동하면서 열이 전달됨

3. 대류 공식 (뉴턴의 냉각 법칙, Newton's Law of Cooling)

$$q = h(T_s - T_\infty) \tag{6.4}$$

여기서, h : 대류 열전달 계수 (W/m^2·K), T_s : 표면 온도 (K), T_∞ : 주변 유체 온도 (K)

4. 소방에서 대류의 중요성

- 화재 시 뜨거운 연기가 천장으로 올라가는 현상을 설명하는 핵심 원리
- 배연 시스템과 소방 환기 설계에서 대류를 이용하여 연기를 효과적으로 배출할 수 있음

2.3 복사 (Radiation)

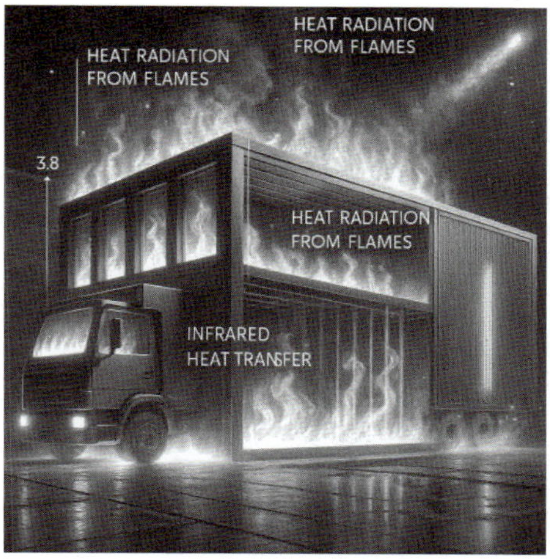

그림 6.5 화재 시 복사에 의한 열전달 과정

1. 복사

- 열이 전자기파(적외선) 형태로 전달되는 방식으로, 매질 없이도 전파됨
- 태양열이 우주 공간을 통해 지구에 도달하는 것과 같은 원리

2. 복사의 특징

- 매질이 없어도 열이 전달될 수 있음
- 복사 열전달량은 온도의 4제곱(T^4)에 비례하며, 매우 강한 열전달을 유발할 수 있음
- 방사율(emissivity, ϵ)이 높은 검은색 표면은 열을 잘 흡수하고 방출함

3. 복사 공식 (스테판-볼츠만 법칙, Stefan-Boltzmann Law)

$$q = \epsilon \sigma T^4 \tag{6.5}$$

여기서, ϵ : 방사율, σ : 스테판-볼츠만 상수 (5.67×10^{-8} $W/m^2 \cdot K^4$), T : 절대온도 (K)

4. 소방에서 복사의 중요성

- 복사열은 가장 빠르게 전달되는 열전달 방식으로, 직접적인 열 방출을 통해 화재가 확산할 수 있음
- 소방복, 방화문, 내화재 등은 복사열을 차단하기 위한 특수 코팅을 적용함

3 이상기체상태방정식과 연소반응 분석

3.1 이상기체상태방정식

1. 이상기체상태방정식

- 이상기체는 분자 간 상호작용이 없고, 기체의 부피와 압력이 일정한 관계를 가지는 이상적인 모델이다.
- 실제 기체는 약간의 상호작용이 존재하지만, 고온·저압 환경에서는 이상기체 방정식이 높은 정확도를 가진다.

2. 이상기체상태방정식 (Ideal Gas Law) 공식

$$PV = nRT \tag{6.6}$$

여기서, P : 압력 (Pa), V : 부피 (m^3), n : 기체 몰수 (mol), R : 기체 상수 (8.314 J/mol·K), T : 온도 (K)

3. 소방 시스템에서 이상기체상태방정식 적용 사례

1) 가스계 소화 시스템

- CO_2, 할론(Halon), FK-5-1-12(노브렉 1230) 등의 소화제가 압축된 상태에서 방출될 때 기체의 팽창과 온도 변화를 예측하는 데 활용됨
- 예를 들어, 고압 CO_2가 방출되면 팽창하면서 주변 온도가 낮아지고 응결 현상이 발생할 수 있음

2) 소방 환기 및 배연 시스템

- 화재 시 뜨거운 연기가 건물 내부를 이동할 때, 기체의 팽창 및 밀도 변화를 예측하여 배연 설비를 설계함
- 연기 제어를 위해 연기의 온도와 부피 변화를 고려하여 압력 차이를 활용한 공기 흐름 조절 필요

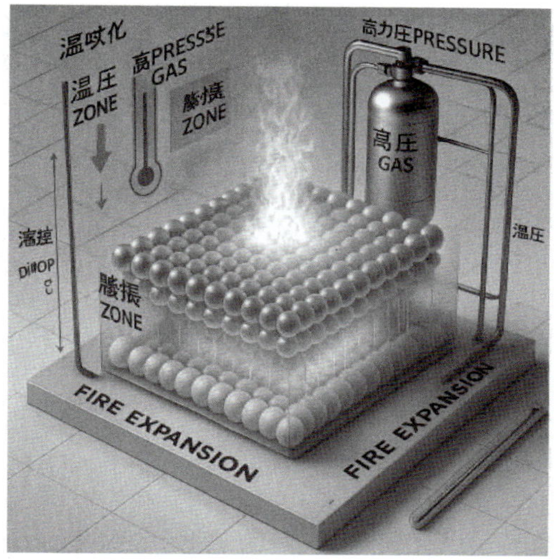

그림 6.6 가스계 소화 시스템에서 기체의 팽창 과정

3.2 압축성 유동과 이상기체 거동

1. 압축성 유동

- 기체의 속도가 빠르거나 압력이 큰 경우, 기체의 밀도가 변하는 유동을 압축성 유동이라 한다.
- 압축성 유동은 소방 차량의 공기역학적 설계, 고속 배기 시스템, 가스 소화설비에서 중요한 역할을 한다.

2. 소방에서 압축성 유동 적용 사례

1) 고속 배연 시스템

- 화재 현장에서 연기를 빠르게 제거하기 위해 배연팬을 사용하여 압력 차이를 생성하여 연기 유동을 조절
- 압축성 유동 해석을 통해 최적의 배기 속도와 압력 차이 조절 필요

2) 소방 차량의 공기역학적 설계

- 소방차가 고속으로 주행할 때 공기의 흐름을 최적화하여 저항을 줄이고 연료 효율을 개선할 수 있음

그림 6.7 소방 차량 주변의 공기 흐름과 압축성 유동

3.3 연소 반응 분석과 소방 시스템 적용

1. 연소

- 연료와 산소가 화학 반응을 일으켜 열과 빛을 방출하는 과정
- 완전 연소와 불완전 연소로 구분되며, 연소 과정에서 발생하는 가스 성분이 소방 전략에 중요한 영향을 미친다.

표 6.1 완전 연소 vs 불완전 연소

연소 형태	반응식	주요 특징
완전 연소	$CH_4 + 2O_2 \rightarrow CO_2 + 2H_2O$ + 열	CO_2와 H_2O만 발생하며 유독 가스 없음
불완전 연소	$CH_4 + O_2 \rightarrow CO + H_2O$ + 열	CO(일산화탄소), 그을음(탄소 입자) 발생

2. 연소반응과 소방에서의 고려 사항

1) 화재 시 유독가스 방출

- 불완전 연소 시 일산화탄소(CO), 사이안화수소(HCN), 다이옥신 등의 유해 물질 발생

- 소방관은 이를 대비해 공기호흡기(SCBA)를 착용하고 구조 활동을 수행해야 함

2) 소방 시스템에서 연소반응 최적화

- 연소반응을 제어하기 위해 산소 공급 제한, 냉각, 연료 제거 방법을 활용함
- 가스계 소화설비에서 연료와 산소 비율을 조절하여 효과적인 화재진압 가능

그림 6.8 연소반응 비교 (완전 연소 vs 불완전 연소)

연습문제

01 실린더 내의 혼합기체 3 kg을 압축하는 데 소비된 일이 15 kN · m이었다. 혼합기체의 내부에너지는 1 kg에 대하여 3.36 kJ이 증가했다면 이때 방출된 열량[kJ]을 구하라.

풀이

$$ {}_1Q_2 = U_2 - U_1 + W_a = G(u_2 - u_1) + W_a $$
$$ = 3 \times 3.36 + (-15) = -4.92 \text{ kJ} $$

02 실린더 내의 어떤 기체를 압축하는 데 19.6 kN · m의 일을 필요로 한다. 기체의 내부에너지 증가를 4.2 kJ로 가정하면 외부로 방출되는 열량[kcal]을 구하라.

풀이

$$ dQ = dU + dW $$
$$ Q = \Delta U + W_a = 4.2 + (-19.6) = -15.4\text{kJ} = -3.68 \text{ kcal} $$

03 고 열원 600℃, 저 열원 5℃ 사이에서 작동하는 카르노사이클에서 방열량과 수열량의 비를 구하라.

풀이

$$ \frac{Q_2}{Q_1} = \frac{T_2}{T_1} = \frac{273.15 + 5}{273.15 + 600} = 0.32 $$

04 압력이 550 kPa, 체적이 0.5 m^3인 공기가 압력이 일정한 상태에서 90 kN · m의 팽창일을 행했다면 변화 후의 체적[m^3]을 구하라.

풀이

$$ W_a = \int_1^2 p dV = p(V_2 - V_1) $$
$$ V_2 = \frac{W_a}{p} + V_1 = \frac{90{,}000}{550 \times 10^3} + 0.5 = 0.66 \text{ m}^3 $$

05 매분 500 kg의 물을 150 m의 깊이로부터 떠올리는 양수기가 있다. 이 양수의 동력이 25 PS일 때 이 양수기로부터 열로 바뀌는 에너지[kcal/h]를 구하라.

풀이

$$W = G \cdot S = 500 \times 150 = 4.5 \times 10^6 \text{ kg} \cdot \text{m/h}$$

$$AW = \frac{1}{427} \times 4.5 \times 10^6 = 10{,}538.64 \text{ kcal/h}$$

$$Q_2 = Q_1 - AW = 25 \times 632.3 - 10{,}538.64 = 5{,}043.86 \text{ kcal/h}$$

06 카르노사이클로 작동되는 기관에서 한 사이클마다 98 N · m의 일을 얻고자 한다. 한 사이클당 공급 열량이 0.885 kJ이고 고 열원의 온도가 250℃라고 한다면 저 열원의 온도[℃]를 구하라.

풀이

$$\eta_c = \frac{W}{Q_1} = 1 - \frac{T_2}{T_1}$$

$$T_2 T_1 \times \left(1 - \frac{W}{Q_1}\right) = (273.15 + 250) \times \left(1 - \frac{98}{0.885 \times 1{,}000}\right) = 465.2 \text{ K} = 192℃$$

07 밀폐계가 마찰이 없는 과정에서 $p = (15 + 20V) \times 10^4 \text{Pa}$ 의 관계에 따라 변한다. 체적이 0.1 m^3에서 0.4 m^3로 변하는 동안 계가 한 일[kJ]을 구하라.

풀이

$$W = \int_{V_1}^{V_2} p dV = \int_{0.1}^{0.4} (15 + 20V) dV = |15V + 10V^2|_{0.1}^{0.4} \times 10^4$$

$$= [15 \times (0.4 - 0.1) + 10(0.4^2 - 0.1^2)] \times 10^4$$

$$= 6 \times 10^4 \text{N} \cdot \text{m} = 60 \text{ kJ}$$

08 열효율 40%인 열기관에서 연료의 소비량이 30 kg/h, 발열량 $H_l = 42{,}000$ kJ/kg이라면 이때 발생하는 동력을 PS와 kW 단위로 구하라.

풀이

$$\eta = \frac{power}{H_l \times f} \rightarrow power = \eta \times H_l \times f$$

$$P = 0.4 \times 42{,}000 \times 30 = 504{,}000 \text{ kJ/h}$$

$$= 504{,}000 \times 1{,}000 / 3{,}600 = 140{,}000 \text{ J/s} = 140 \text{ kW}$$

1 kW = 1.36 PS 이므로 140 kW = 1.36 × 140 = 190.4 PS

09 0℃와 100℃ 사이에서 작동하는 카르노사이클과 500℃와 600℃ 사이에서 작동하는 카르노사이클의 열효율을 비교하면 전자가 후자의 몇 배 정도인가?

풀이

$$\eta_c = 1 - \frac{T_2}{T_1}$$

$$\eta_{c1} = 1 - \frac{273.15+0}{273.15+100} = 0.27$$

$$\eta_{c2} = 1 - \frac{273.15+500}{273.15+600} = 0.115$$

$$\frac{\eta_{c1}}{\eta_{c2}} = \frac{0.27}{0.115} = 2.35$$

10 공기 1 kg을 저 열원의 온도 0℃로 하여 정적인 상태로 20℃에서 100℃까지 가열하고 다시 정압인 상태로 100℃에서 200℃까지 가열하였다. 공기의 비열을 $c_p=1.005$ kJ/kg · K, $c_v=0.718$ kJ/kg · K라 할 때 무효에너지[kJ/kg]와 유효에너지[kJ/kg]를 각각 구하라.

풀이

무효에너지는 $q_2 = q_1 \times \frac{T_{II}}{T_I} = T_2 \times \Delta s$이므로

$$q_2 = T_{II} \times (\Delta s_v + \Delta S_p) = T_{II} \times \left(c_v \ln\frac{T_2}{T_1} + c_p \ln\frac{T_2'}{T_1'}\right)$$

$$= (273.15+0) \times \left(0.718 \times \ln\frac{373.15}{293.15} + 1.005 \times \ln\frac{473.15}{373.15}\right) = 112.5 \text{ kJ/kg}$$

유효에너지 $q_a = q_1 - q_2$이므로

$$q_1 = c_v(T_2 - T_1) + c_p(T_2 - T_1) = 0.718(100-20) + 1.005(200-100) = 157.9 \text{ kJ/kg}$$

$$q_a = 157.9 - 112.5 = 45.4 \text{ kJ/kg}$$

11 어떤 보일러에서 발생한 증기를 열원으로 사용한다면 $T_1 = 300℃$에서 매 시간당 $Q_1 = 2{,}101{,}873$ kJ의 열을 낼 수 있다. 고 열원 $T_2 = 20℃$인 냉각수의 온도를 이 증기의 저 열원으로 하고 이 양 온도 사이에 가역 카르노사이클로 작동되는 손실이 없는 열기관을 가동했다면 냉각수에 버리는 열량은 몇 kcal/h인가?

풀이

$$\frac{T_2}{T_1} = \frac{Q_2}{Q_1}$$

$$Q_2 = Q_1 \times \frac{T_2}{T_1} = 2{,}101{,}873 \times \frac{273.15+20}{273.15+300} = 1{,}075{,}049 \text{ kJ/h}$$

12 공기 1 kg이 정압상태로 300 K로부터 600 K까지 가열되었다면 압력은 408 kPa에서 306 kPa의 상태로 등온변화하였다. 공기의 c_p=1,005 J/kg · K, 기체상수 R=287 N · m/kg · K 라면 엔트로피 변화량[kJ/kg · K]을 구하라.

풀이

$$\Delta S = \Delta S_p + \Delta S_T$$

$$= c_p \cdot \ln\frac{T_2}{T_1} - R \cdot \ln\frac{p_2}{p_1} = 1{,}005 \times \ln\frac{600}{300} - 287 \times \ln\frac{306}{408}$$

$$= 779.2 \ \text{J/kg} \cdot \text{K} = 0.7792 \ \text{kJ/kg} \cdot \text{K}$$

13 고 열원의 온도가 727℃에서 한 계가 12,600 kJ의 열을 공급받는다. 이 계의 온도는 327℃이며, 이 계는 상태변화 후 27℃에서 열을 방출한다. 이때 각각의 온도가 일정하다고 하면 ① 열원의 엔트로피[kJ/K], ② 열전달에 의한 엔트로피의 증가[kJ/K], ③ 원래의 유효에너지[kJ], ④ 열전달 후의 유효에너지[kJ], ⑤ 비가역에 의한 무효에너지의 증가[kJ]를 구하라.

풀이

① 열원의 엔트로피

$$\Delta S_1 = \int_1^2 \frac{dQ}{T} = \frac{\Delta Q}{T} = \frac{-12{,}600}{273.15+727} = -12.6 \ \text{kJ/K}$$

② 열전달에 의한 엔트로피의 증가

$$\Delta S_2 = \int_1^2 \frac{dQ}{T} = \frac{\Delta Q}{T} = \frac{12{,}600}{273.15+327} = 21 \ \text{kJ/K}$$

$$\Delta S_p = S_2 - S_1 = 21 - 12.6 = 8.4 \ \text{kJ/K}$$

③ 원래의 유효에너지

$$Q_a = Q_1 - T_o \cdot \Delta S_1 = 12{,}600 - (273.15+27) \times 12.6 = 8{,}818 \ \text{kJ}$$

④ 열전달 후의 유효에너지

$$Q_a = Q_1 - T_o \cdot \Delta S_2 = 12{,}600 - (273.15+27) \times 21 = 6{,}297 \ \text{kJ}$$

⑤ 비가역에 의한 무효에너지의 증가

$$\Delta Q_o' = Q_1 - T_o \cdot \Delta S_p = (273.15+27) \times 8.4 = 2{,}521 \ \text{kJ}$$

14 1 kg의 공기가 152 kPa의 정압상태에서 50℃에서 300℃까지 열이 가해질 때 유효에너지[kJ/kg]를 구하라. (단, 공기의 c_p =1.005 kJ/kg이다.)

풀이

$$\eta = \frac{W}{Q_1} = \frac{Q_1 - Q_2}{Q_1} = \frac{Q_a}{Q_1} = 1 - \frac{T_2}{T_1}$$

유효에너지 $q_a = W = q_1\left(1-\frac{T_2}{T_1}\right) = \int_1^2\left(1-\frac{T_2}{T_1}\right)c_p dT$

$$= \int_1^2 c_p dT - \int_1^2 \frac{T_0}{T_1}\cdot c_p dT = c_p(T_2 - T_1) - c_p \cdot T_0 \ln\frac{T_2}{T_1}$$

$$= 1.005\times(573.15-323.15) - 1.005\times 323.15\times\ln\frac{573.15}{323.15}$$

$$= 65.15\ \text{kJ/kg}$$

15 폴리우레탄 폼 벽체를 관통하는 단위 면적당 열 유동률[W/m²]을 구하라. (단, 벽의 두께는 0.05 m, 벽 양면의 온도는 각각 40℃와 20℃이다.)

풀이

단위 면적당 열 유동률을 열 유속(heat flux)라 하고 $\dot{q}''$로 표시한다.

$\dot{q}'' = \dot{q}/A$

$\dot{q} = kA(T_2 - T_1)/l = 0.034\times(40-20)/0.05 = 13.6\ \text{W/m}^2$

16 높이 1 m, 폭 0.5 m, 두께 0.5 m의 목재 화염에서 3 m 떨어진 곳의 복사열[W/m²]을 구하라. (단, κ는 0.8 m^{-1}이고 화염의 온도는 800℃로 가정한다.)

풀이

$T_2 = 800℃ + 273.15 = 1{,}073.15\ \text{K}$

형태계수 F_{12}를 구하기 위하여 $x = a/c = 1/3 = 0.333,\ y = b/c = 0.5/3 = 0.167$

형태계수 선도로부터 $F_{12} = 0.017$이므로

$\epsilon = 1 - e^{-\kappa l} = 1 - e^{-0.8\times 0.5} = 0.33$

$\dot{q}'' = \epsilon\sigma T_2^4 F_{12} = 0.33\times 5.559\times 10^{-11}\times 1{,}073.15^4\times 0.017 = 0.41\ \text{kW/m}^2$

17 중량 100 ton으로 매시 100 km의 속도로 달리고 있는 기차를 제동하여 정지시키려면 몇 kJ의 마찰열이 생기는가?

풀이

$100\ \text{km/h} = 100\times 1{,}000\ \text{m/h} = \frac{100\times 1{,}000}{3{,}600}\ \text{m/s} = 27.78\ \text{m/s}$

$E_k = \frac{1}{2}\mu^2 = \frac{Wu^2}{2g} = \frac{(100\times 10^3)(27.78)^2}{2\times 9.81} = 3{,}933{,}376\ \text{kg}\cdot\text{m}$

$= 3{,}933{,}376\times 9.81\ \text{N}\cdot\text{m} = 38{,}586{,}419\ \text{N}\cdot\text{m} = 38{,}586\times 10^3\ \text{J} = 38{,}586\,\text{kJ}$

18 노 속에 직경 30 cm, 길이 1 m의 철봉(방사율 $\epsilon = 0.9$)이 들어있다. 노 온도를 1,000 K, 철봉 온도를 600 K라 할 때 1분 동안 철봉에 방사되는 전열량[kcal/min]을 구하라.

풀이

$$Q = 4.88\epsilon A\left[\left(\frac{T_1}{100}\right)^4 - \left(\frac{T_2}{100}\right)^4\right]$$

$$A = \pi dl + \frac{\pi}{4}d^2 \times 2 = \pi \times 0.3 \times 1 + \frac{\pi}{4} \times 0.3^2 \times 2 = 9.55\ \text{m}^2$$

$$Q = 4.88 \times 0.9 \times 9.55 \times \frac{\left[\left(\frac{1,000}{100}\right)^4 - \left(\frac{600}{100}\right)^4\right]}{60} = 6,085\ \text{kcal/min}$$

19 실린더 내에 있는 질소를 가역과정으로 100 kPa, 20℃로부터 500 kPa까지 압축했다. 압축과정 동안 p와 $\overline{V}$의 관계는 $p\overline{V}^{1.3} = C$이다. $R = 0.2968$ kJ/kg · K, $c_v = 0.7448$ kJ/kg · K라 할 때 압축 일량[kJ/kg]과 방출 열량 [kJ/kg]을 구하라.

풀이

$p\overline{V}^{1.3} = C$는 polytrope 변화이므로

압축 일량 $W_a = \dfrac{1}{n-1}(p_1\overline{V_1} - p_2\overline{V_2}) = \dfrac{R}{n-1}(T_1 - T_2)$

$$\frac{T_2}{T_1} = \left(\frac{\overline{V_1}}{\overline{V_2}}\right)^{n-1} = \left(\frac{p_2}{p_1}\right)^{\frac{n-1}{n}}$$

$$T_2 = T_1 \times \left(\frac{p_2}{p_1}\right)^{\frac{n-1}{n}} = 293.15 \times \left(\frac{500}{100}\right)^{\frac{1.3-1}{1.3}} = 425\ \text{K}$$

$$W_a = \frac{1}{1.3-1} \times 0.2968 \times (293.15 - 425.15) = -130.59\ \text{kJ/kg}$$

방출 열량 $du + dW = c_p dT + dW$

$$q = c_p(T_2 - T_1) + W_a = 0.7448 \times (425.15 - 293.15) - 130.59 = -32.3\ \text{kJ/kg}$$

20 보일러 전열 면을 통과하는 연소기체 온도가 입구에서 1,200℃, 출구에서 200℃이고 보일러 물의 온도는 120℃로 일정하다. 이때 전열량을 구하기 위한 대수 평균온도 차[℃]를 구하라.

풀이

$$\Delta T_1 = 1,200 - 120 = 1,080$$

$$\Delta T_2 = 200 - 120 = 80$$

$$\Delta T_m = \frac{1,080 - 80}{\ln\frac{1,080}{80}} = 384℃$$

21 포화수증기를 사용하는 열교환기에서 매시간 5,000 kg의 공기를 5℃에서 25℃까지 가열한다. 열교환기의 열관류율이 200 kcal/m^2 · h · ℃일 때 필요한 전열 면적[m2]을 구하라. (단, 대수 평균 온도 차는 115℃이고 공기 비열은 0.24 kcal/kg · ℃이다.)

풀이

$$Q = UA\Delta T_m$$

$$A = \frac{Q}{U\Delta T_m} = \frac{GC\Delta T}{U\Delta T_m} = \frac{5{,}000 \times 0.24 \times (25-5)}{200 \times 115} = 1.043\ \text{m}^2$$

22 보일러 전열 면에서 연소기체가 1,300℃로 유입하여 300℃로 나가고 보일러 물의 온도는 210℃로 일정하며, 열관류율을 150 kcal/m^2 · h · ℃일 때 단위 면적당 열교환량[kcal/m^2 · h]을 구하라. (단, log 12.1=2.5이다.)

풀이

$$\Delta T_1 = 1{,}300 - 210 = 1{,}090℃$$

$$\Delta T_2 = 300 - 210 = 90℃$$

$$\Delta T_m = \frac{1{,}090 - 90}{\ln\frac{1{,}090}{90}} = 400℃$$

$$Q = UA\Delta T_m = 150 \times 1 \times 400 = 60{,}000\ \text{kcal/m}^2 \cdot \text{h}$$

23 외기 온도가 10℃일 때 표면 온도 50℃의 관 표면에서의 방식에 의한 열전달률[kcal/m^2 · h · ℃]을 구하라. (단, 관의 열 방사율은 30.8이다.)

풀이

방사열 전달률 : $a_r = 4.88\epsilon \dfrac{\left[\left(\dfrac{T_1}{100}\right)^4 - \left(\dfrac{T_2}{100}\right)^4\right]}{T_1 - T_2} = 4.88 \times 30.8 \times \dfrac{\left[\left(\dfrac{323.15}{100}\right)^4 - \left(\dfrac{288.15}{100}\right)^4\right]}{(273.15+50)-(273.15+10)}$

$= 150.7\ \text{kcal/m}^2 \cdot \text{h} \cdot ℃$

24 61℃인 수증기가 길이 1 m의 수직 평판에서 막상 응축할 때의 평균 열전달률[kcal/m^2 · h · ℃]을 구하라. (단, 판 온도는 59℃이며, 액막 내의 유동을 층류로 간주한다.)

풀이

평균온도 $T_m = \dfrac{61-59}{2} = 60℃$

$\mu = 0.482 \times 10^{-4} = 1.338 \times 10^{-8}\ \text{kg} \cdot \text{h/m}^2$

$k = 0.562\ \text{kcal/m}\cdot\text{h}\cdot℃$

$\gamma = 982.3\ \text{kg/m}^3$

$r = 562.4\ \text{kcal/kg}$

평균 열전달률 $\alpha = 0.943\left(\dfrac{1}{H+\Delta T}\right)^{1/4}\cdot\left(\dfrac{k^3\gamma^2 r}{\mu}\right)^{1/4}$

$= 0.943\left(\dfrac{1}{1+(61-59)}\right)^{1/4}\cdot\left(\dfrac{0.562^3\times 982.3^2\times 562.4}{1.338\times 10^{-8}}\right)^{1/4}$

$= 6{,}600.14\ \text{kcal/m}^2\cdot\text{h}\cdot℃$

25 4.5℃인 이산화탄소 2.3 kg이 체적 0.283 m^3인 용기에 가득 차 있다. 기체 압력[kPa]을 구하라.

풀이

$pV = nRT = \dfrac{W}{M}RT$

$p = \dfrac{WRT}{VM} = \dfrac{2300\ \text{g}\times 0.08205\ \ell\cdot\text{atm/gmol}\cdot\text{K}\times(273.15+4.5)\cdot\text{K}}{0.283\ \text{m}^3\times 1000\ \ell\text{m}^3\times 44}$

$= 4.20\ \text{atm}\times 101.325\ \text{kPa} = 426\ \text{kPa}$

26 진공계기 압력이 0.18 kg/cm^2, 20℃인 기체가 계기압력 8 kg/cm^2으로 등온 압축되었다면 처음 체적에 대한 최후체적의 비는 얼마인가? (단, 대기압은 730 mmHg이다.)

풀이

절대압(p_1) = 대기압−진공 = $\dfrac{730\ \text{mmHg}}{760\ \text{mmHg}}\times 1.0336\ \text{kg/cm}^2 - 0.18\ \text{kg/cm}^2 = 0.813\ \text{kg/cm}^2$

절대압(p_2) = 대기압+게이지압 = $\dfrac{730\ \text{mmHg}}{760\ \text{mmHg}}\times 1.0336\ \text{kg/cm}^2 + 8\ \text{kg/cm}^2 = 8.992\ \text{kg/cm}^2$

등온압축일 때 $V_2 = V_1\times\dfrac{p_1}{p_2} = 1\times\dfrac{0.813}{8.992} = \dfrac{1}{11.1}$

27 내경 50 mm인 파이프에 수소의 질량 유량이 0.02 kg/s로 흐르고 있다. 이때 수소의 절대압력 3 kg_f/cm^2 온도 10℃일 때 수소의 평균속도[m/s]를 구하시오.

풀이

$pV = nRT = \dfrac{W}{M}RT,\ pM = \dfrac{W}{V}RT,\ \rho = \dfrac{W}{V} = \dfrac{pM}{RT}$

$p = 3\ \text{kg}_f/\text{cm}^2\times\dfrac{1\ \text{atm}}{1.0336\ \text{kg}_f/\text{cm}^2} = 2.9\ \text{atm}$

수소의 분자량 $M=2$, $R=0.08205\ \text{m}^3 \cdot \text{atm/kgmol} \cdot \text{K}$

$T=273.15+10=283.15\text{K}$

$$\rho=\frac{2.9\times 2}{0.08205\times 283.15}=0.25\ \text{kg/m}^3$$

$$\dot{m}=\rho A u \rightarrow u=\frac{\dot{m}}{A\rho}=\frac{0.02\ \text{kg/s}}{\frac{\pi}{4}(0.05\ \text{m})^2\times 0.25\ \text{kg/m}^3}=40.74\ \text{m/s}$$

28 0℃의 기체가 몇 ℃가 되면 체적이 2배로 되는가? (단, 압력의 변화는 없을 경우임)

풀이

$$V_2=V_1\times\frac{T_2}{T_1},\ T_2=T_1\times\frac{V_2}{V_1}=273.15\times\frac{2}{1}=546.3\ \text{K}=273.15\ ℃$$

29 내용적 1 m^3인 어느 용기 내의 기체압력을 압력계로 측정해 보니 2 $\text{kg}_\text{f}/\text{cm}^2$이었다. 이 기체를 모두 내용적 3 m^3의 용기로 옮겼다면 기체의 압력[$\text{kg}_\text{f}/\text{cm}^2$]은 압력계로 얼마를 지시할 것인가? (단, 주위 온도는 일정하며 대기압은 1 $\text{kg}_\text{f}/\text{cm}^2$이고 기체는 이상기체이다.)

풀이

$$V_2=V_1\times\frac{p_1}{p_2}$$

$$p_2=p_1\times\frac{V_1}{V_2}=(2+1)\ \text{kg}_\text{f}/\text{cm}^2\times\frac{1\ \text{m}^3}{3\ \text{m}^3}=1\ \text{kg}_\text{f}/\text{cm}^2$$

30 대기압 하에서 15℃의 물 1 kg이 전부 증발하여 100℃의 수증기로 되는데 흡수되는 열량은 몇 kcal인가?

풀이

$$Q=mc\Delta T+r\cdot m=1\ \text{kg}\times 1\ \text{kcal/kg}\cdot ℃\times(100-15)\ ℃+539\ \text{kcal/kg}=624\ \text{kcal}$$

31 밀폐된 기체를 피스톤으로 압축하였더니 3.2 kcal의 열량이 방출되고 압축일은 2200 kg · m이었다. 이때 이 기체의 내부에너지 증가는 몇 kg · m 인가?

풀이

내부에너지 $U=H-pV$

$$\frac{2200}{427}-3.2=427\ \text{kg}\cdot\text{m}$$

32 표준대기압 하에서 1.5×10^{23}개의 산소분자가 들어있는 용기의 체적은 몇 ℓ인가?

풀이

모든 기체는 0℃, 1 atm(표준상태)에서 22.4 ℓ의 체적 속에서는 같은 수의 분자, 즉 6.023×10^{23}개가 들어있으므로 $22.4\ \ell : 6.023\times10^{23} = x : 1.5\times10^{23}$

$x = 5.585\ \ell$

참고문헌

- Çengel, Y. A., & Cimbala, J. M. (2017). Fluid Mechanics : Fundamentals and Applications. McGraw-Hill Education.
- Moran, M. J., Shapiro, H. N., Boettner, D. D., & Bailey, M. B. (2014). Fundamentals of Engineering Thermodynamics. Wiley.
- Incropera, F. P., DeWitt, D. P., Bergman, T. L., & Lavine, A. S. (2011). Fundamentals of Heat and Mass Transfer. Wiley.
- Fox, R. W., McDonald, A. T., & Pritchard, P. J. (2020). Introduction to Fluid Mechanics. Wiley.
- White, F. M. (2016). Fluid Mechanics. McGraw-Hill.
- 한국소방기술연구소 (2022). 소방 유체역학 실무 적용.
- 한국소방산업기술원 (2021). 소방설비기술기준 해설.
- 국립재난안전연구원 (2019). 소방유체역학과 화재진압 적용 연구.
- 한국소방안전원 (2021). 소방펌프 및 배관 시스템 설계 기준.
- Panton, R. L. (2013). Incompressible Flow. Wiley.
- 한국소방과학회 (2020). 소방 유체역학 연구 동향.
- 한국소방설비학회 (2021). 소방 배관망 설계 및 운영 최적화 연구.
- 국립소방연구원 (2023). 고층 건물 화재 진압을 위한 유체역학적 접근.
- Turns, S. R. (2012). An Introduction to Combustion : Concepts and Applications. cGraw-Hill Education.
- 한국화재소방학회 (2022). 화재 안전과 연소 공학 연구.

CHAPTER 07

소방 유체기계 실무 응용

1 소방펌프의 원리와 종류
2 압축기 및 송풍기의 활용
3 고압 소방 시스템 설계 개요

CHAPTER 07

소방 유체기계 실무 응용

학습목표

- 소방펌프의 원리와 종류를 이해하고, 각 시스템에 적합한 펌프를 선정할 수 있다.
- 압축기 및 송풍기의 원리를 익히고, 이를 활용한 배연 시스템 설계를 수행할 수 있다.
- 고압 소방 시스템(스프링클러 및 물분무 시스템)의 설계 원칙과 성능 해석 방법을 이해할 수 있다.
- 소방 유체기계의 효율적인 운영과 유지보수 방안을 분석할 수 있다.
- 실제 소방 현장에서 유체기계의 적용 사례를 검토하고 최적의 해결 방안을 도출할 수 있다.
- 최신 소방 유체기계 기술과 발전 동향을 파악하여 실무 적용성을 높일 수 있다.

1 소방펌프의 원리와 종류

1.1 소방펌프의 개념

1. 소방펌프

- 소방펌프(Fire Pump)는 화재 발생 시 소방설비에 충분한 유량과 압력을 공급하여 방수 성능을 극대화하는 핵심 장치이다.
- 일반적으로 건물 내 스프링클러 시스템, 소화전, 물 분무 소화 시스템 등에 물을 공급하는 역할을 한다.
- 소방펌프는 기계적 에너지를 유체의 운동 에너지 및 압력 에너지로 변환하여 물을 높은 압력으로 방출하는 역할을 하며, 원심력 또는 기계적 압축을 이용하여 작동한다.

2. 소방펌프의 기본 작동 원리

1) 유체의 이동과 에너지 변환

- 소방펌프는 기계적인 회전 운동을 통해 유체(물)의 속도를 증가시키고, 이 운동 에너지를 압력 에너지로 변환하여 높은 압력으로 방출한다.
- 기본적으로 흡입 → 가압 → 방출의 3단계 과정을 거친다.

2) 소방펌프의 에너지 변환 과정

(1) 흡입(Suction)

- 대기압 또는 외부 압력 차이를 이용하여 물을 흡입
- 소방펌프 흡입 측에서는 일반적으로 저압 상태 유지

(2) 가압(Pressurization)

- 회전하는 임펠러(Impeller)가 물을 가속하여 속도를 증가
- 원심력의 작용으로 물이 펌프 내부에서 바깥 방향으로 이동하면서 속도 에너지가 압력 에너지로 변환됨

(3) 방출(Discharge)

- 높은 압력을 가진 물이 배관을 통해 스프링클러 또는 소화전으로 이동
- 방출된 물은 화재를 진압하고, 냉각 및 연소 억제 효과를 가짐

그림 7.1 소방펌프의 흡입, 가압, 방출 과정

3. 소방펌프의 역할과 중요성

1) 소방펌프의 주요 역할

- 소화수 공급 : 화재진압을 위해 일정한 유량과 압력을 유지
- 배관 내 압력 유지 : 소방 시스템이 정상 작동할 수 있도록 안정적인 수압 제공
- 고층 건물 및 대형 시설에서 압력 보정 : 높은 층까지 물을 공급하기 위해 추

가적인 압력 제공

- 산업시설 및 위험물 저장소에서 지속적인 냉각 효과 제공

2) 소방펌프가 필요한 이유

(1) 일반적인 수도 시스템의 압력은 소방 요구 조건을 충족하지 못함

- 건물 내 수도 시스템의 기본 압력(200~300kPa)은 소방설비를 작동하기에는 부족할 수 있음.
- 따라서 소방펌프가 추가 압력을 가해 유체를 원활하게 공급해야 함

(2) 소방설비 작동 중 압력강하 문제 해결

- 스프링클러 또는 소화전이 동시에 작동하면 배관 내 유속 증가로 인해 압력강하가 발생함
- 펌프는 이러한 압력강하를 보완하고 일정한 유량을 유지하는 역할 수행

(3) 고층 건물 및 지하 시설에서 압력 차이 극복

- 고층 건물의 경우, 상층부에서는 중력으로 인해 압력이 낮아질 가능성이 큼
- 소방펌프가 필요한 압력을 유지하여 건물 전체에서 균등한 방수 가능

표 7.1 일반 건물 vs 소방펌프 적용 건물의 압력 비교

구분	일반 수도 시스템 압력	소방펌프 적용 후 압력
저층부	250 kPa	600 kPa
중층부	180 kPa	500 kPa
고층부	100 kPa	400 kPa

4. 소방펌프의 성능 지표 및 평가 기준

소방펌프의 성능은 유량, 압력, 효율을 포함한 여러 지표를 통해 평가된다.

1) 정격 유량 (ℓ/min)

- 펌프가 최적의 성능을 발휘할 때 공급할 수 있는 유량
- 일반적인 소방펌프는 1,000 ℓ/min ~ 5,000 ℓ/min 이상의 유량을 제공

2) 정격 압력 (kPa 또는 bar)

- 펌프가 방출하는 최대 압력 값
- 보통 700~1,200 kPa (7~12 bar) 정도의 압력 범위를 가짐

3) 펌프 효율 (%)

- 입력된 에너지가 얼마나 효과적으로 유체의 운동 에너지 및 압력 에너지로 변환되는지를 나타냄
- 일반적인 원심 펌프의 효율은 60~85% 정도이며, 설계 및 유지보수 상태에 따라 달라질 수 있음

표 7.2 소방펌프 성능 비교

펌프 유형	정격 유량 (ℓ/min)	정격 압력 (kPa)	효율 (%)
소형 원심 펌프	1,000	700	60~75
중형 다단 펌프	3,000	900	70~80
대형 터보 펌프	5,000	1,200	75~85

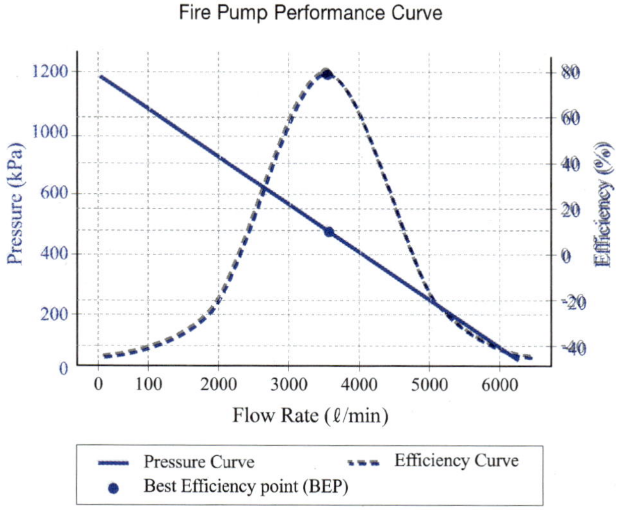

그림 7.2 소방펌프 성능 곡선 그래프

1.2 소방펌프의 종류

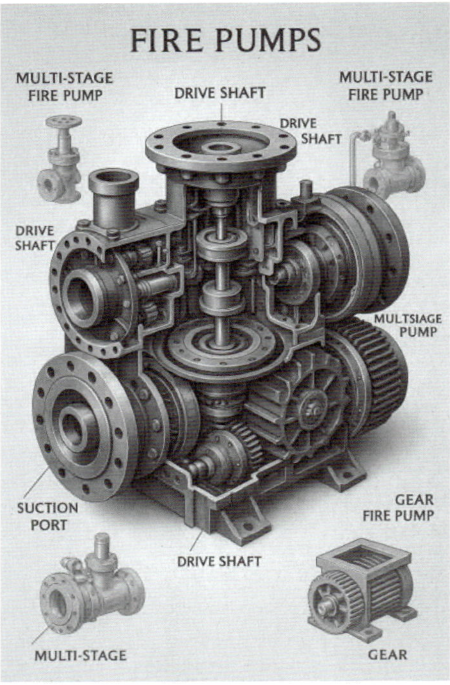

그림 7.3 다양한 소방펌프의 내부 구조 비교

1. 원심 펌프 (Centrifugal Pump)

- 임펠러(impeller)의 회전 운동을 이용해 유체에 원심력을 가하여 압력을 증가시키는 방식
- 일반적인 건물 및 산업용 소방 시스템에서 가장 많이 사용됨
- 특징 : 높은 유량을 제공하며 유지보수가 용이함

2. 다단 펌프 (Multi-Stage Pump)

- 여러 개의 임펠러를 이용해 고압을 생성할 수 있는 펌프
- 고층 건물이나 대형 산업시설에서 높은 압력을 필요로 하는 경우 사용됨
- 특징 : 높은 양정(높이 차이)에서도 안정적인 압력을 제공함

3. 기어 펌프 (Gear Pump)

- 기어의 회전을 이용해 유체를 압송하는 방식
- 주로 소형 소방 시스템이나 이동식 펌프에서 사용됨
- 특징 : 고압 유지가 가능하나 유량이 상대적으로 적음

4. 터보 펌프 (Turbo Pump)

- 고속 회전을 통해 대량의 유량을 공급하는 방식
- 대형 발전소 및 해양 소방 시스템에서 활용됨

2 압축기 및 송풍기의 활용

- 압축기와 송풍기는 소방 시스템에서 중요한 역할을 하며, 특히 배연 시스템 및 공기 공급 장치에서 필수적인 요소이다.
- 압축기는 공기를 고압으로 압축하여 저장 또는 공급하는 장치이며, 송풍기는 연기와 유독가스를 배출하는 데 사용된다.

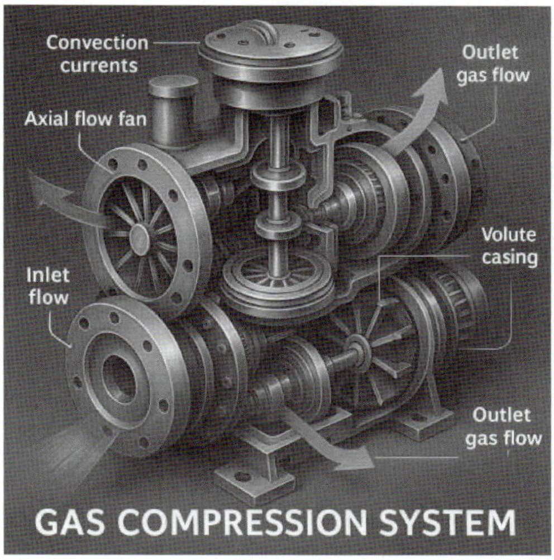

그림 7.4 압축기의 내부 구조와 작동 원리

2.1 압축기의 원리와 소방 시스템에서의 역할

1. 압축기의 작동 원리

- 압축기는 공기를 기계적으로 압축하여 높은 압력을 생성하고, 이를 통해 공기 공급 및 기체 저장이 가능하도록 한다.
- 공기는 압축기 내부에서 피스톤, 로터리 블레이드 또는 스크류 회전에 의해 압축되며, 높은 압력 상태로 배출된다.

2. 압축기 작동 과정

- 공기 흡입 (Suction) : 대기 중 공기를 흡입
- 압축 (Compression) : 피스톤 또는 로터에 의해 공기 부피 감소 → 압력 상승

- 공기 저장 (Storage) 또는 사용 : 압축된 공기는 공기 저장 탱크 또는 즉시 사용되는 장치로 이동

3. 소방 시스템에서 압축기의 역할

1) 공기호흡기 시스템 (Self-Contained Breathing Apparatus, SCBA)
- 소방관이 고온 및 유독가스 환경에서도 안전하게 호흡할 수 있도록 고압 공기를 저장
- 일반적으로 30,300 bar (330 MPa)의 고압 공기를 탱크에 저장하여 사용

2) 배연 시스템의 공기 공급 및 압력 조절
- 연기의 이동을 조절하고 실내 공기 흐름을 개선하기 위해 공기 공급 압력을 유지
- 화재 시 양압 배연(Positive Pressure Ventilation, PPV) 방식으로 연기를 신속하게 배출

3) 가스계 소화설비 (CO_2, 할론 시스템)에서 소화제 방출 압력 조절
- 압축기는 고압 상태의 가스를 저장하고 필요한 순간 방출할 수 있도록 함
- 가스 방출 시 소화제의 확산 속도 및 분사 압력을 최적화

2.2 송풍기의 원리 및 배연 시스템 적용

1. 송풍기의 작동 원리

- 송풍기는 공기를 강제로 이동시키는 장치로, 압력 차이를 생성하여 공기 흐름을 유도한다.
- 대부분의 송풍기는 팬(날개)의 회전 운동을 통해 공기를 이동시키며, 원심력 또는 축류 방식으로 작동한다.

2. 송풍기 작동 과정

- 공기 흡입 : 송풍기 입구를 통해 공기가 유입됨
- 압력 상승 : 회전하는 팬 블레이드가 공기를 가속

- 공기 배출 : 배출구를 통해 공기가 빠르게 방출되어 연기 및 가스를 밀어냄

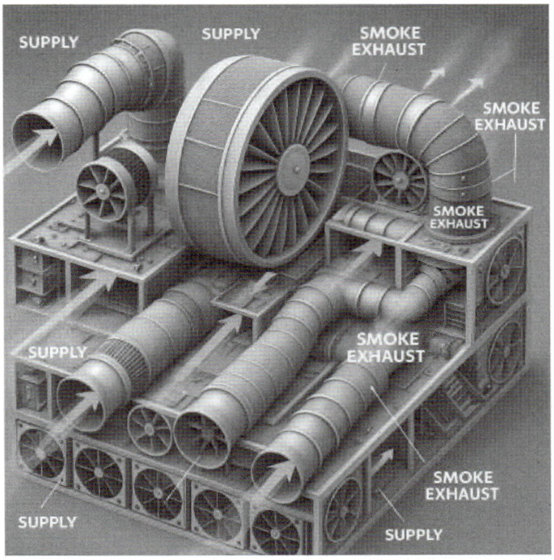

그림 7.5 송풍기와 배연 팬의 공기 흐름 방향

3. 배연 시스템에서의 활용

그림 7.6 배연 시스템 내 송풍기 배치

1) 화재 시 연기 배출을 위한 강제 환기 시스템
   - 건물 내부의 연기를 빠르게 배출하기 위해 배연 송풍기가 사용됨
   - 연기 배출 효율을 높이기 위해 배연 덕트 및 필터 시스템과 연계

2) 양압 배연 (Positive Pressure Ventilation, PPV)
   - 건물 내부를 일정한 양압(Positive Pressure) 상태로 유지하여 연기의 확산을 방지
   - 문이나 창문을 개방하여 연기를 원하는 방향으로 배출하도록 설계

3) 고층 건물 및 지하 공간에서 연기 확산 방지

- 송풍기를 이용하여 공기 흐름을 조절하고, 피난 경로를 보호
- 고층 건물의 경우, 계단실 및 엘리베이터 샤프트에 송풍기를 설치하여 안전한 피난 공간 유지

표 7.3 압축기 및 송풍기의 소방 시스템 적용 사례

장비	주요 기능	적용 사례
압축기	공기 압축 및 저장	SCBA(소방 공기호흡기), 가스계 소화설비
송풍기	공기 이동 및 배출	배연 시스템, 연기 확산 방지, 환기 조절
배연 팬	연기 제거 및 환기	양압 배연 시스템, 화재 시 유독가스 배출
덕트 시스템	공기 흐름 유도	건물 내부 연기 배출 경로 조절

3 고압 소방 시스템 설계 개요

3.1 고압 소방 시스템 개념

1. 고압 소방 시스템

- 높은 압력에서 작동하여 화재 초기 진압 효과를 극대화하는 소방 시스템

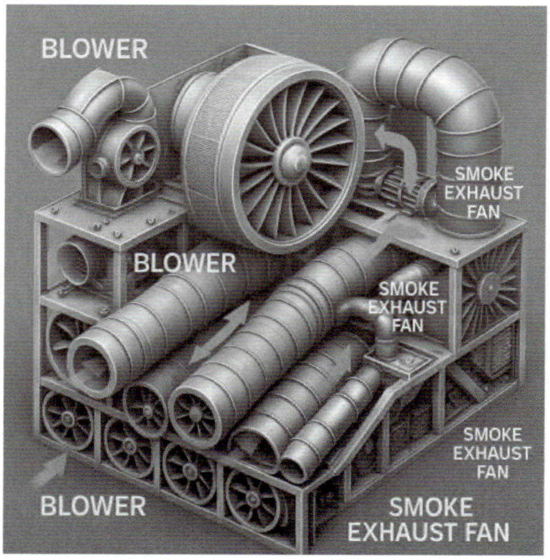

그림 7.7 고압 소방 시스템의 구조 개요

- 대표적인 고압 소방 시스템:
  ① 스프링클러 시스템
  ② 물 분무 시스템
  ③ 포 소화 시스템

2. 고압 소방 시스템의 장점

- 더 넓은 범위로 물을 방출하여 화재 진압 효과 증가
- 빠른 반응 시간으로 초기 화재 대응 가능
- 적은 양의 물로도 효과적인 진압 가능

3.2 스프링클러 시스템 설계 원칙

1. 스프링클러 시스템

- 화재 감지 후 자동으로 작동하는 소방 시스템으로, 실내 화재 예방에 필수적임

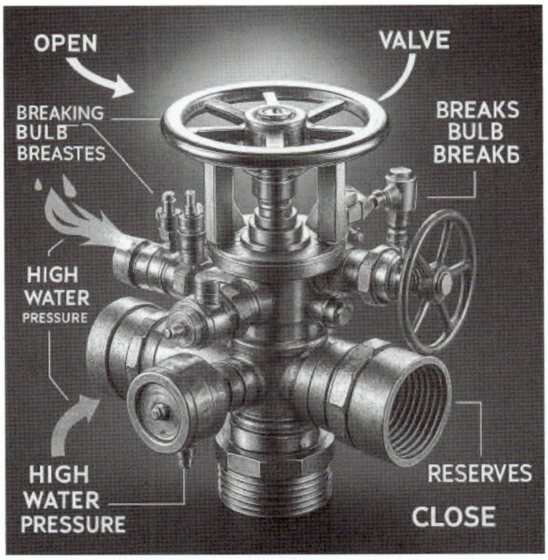

그림 7.8 스프링클러 시스템의 작동 원리

2. 주요 설계 요소

- 스프링클러 헤드 배치 – 방수 범위 고려하여 최적 위치 선정
- 최소 작동 압력 및 유량 충족 – 효과적인 화재 진압을 위한 필수 요건
- 배관 설계 및 마찰 손실 고려 – 원활한 유량 공급을 위한 최적화

3.3 물 분무 시스템 설계

1. 물 분무 시스템

- 미세한 물방울을 방출하여 열을 흡수하고 산소 공급을 차단하는 방식의 화재진압 시스템

2. 물 분무 시스템 설계 요소

- 물방울 크기와 방수 거리 계산 – 화재 유형별 최적 분사 설정 필요
- 분사 압력과 유량 조절 – 과도한 압력 손실 방지
- 배관망 내 압력 손실 해석 – 균일한 방수 유량 유지

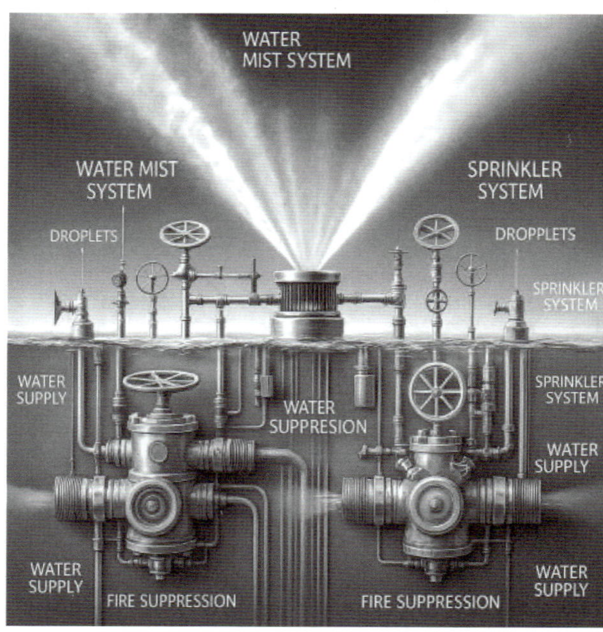

그림 7.9 물 분무 시스템과 스프링클러 비교

연습문제

01 수면의 높이가 옥내소화전 펌프의 중심으로부터 6 m 위에 있는 지상 수조에 있는 물을 송수할 때 펌프의 이용 가능한 유효흡입 양정(NPSH)[m]을 구하라.

풀이

$$\text{NPSH}=\frac{p_a}{\gamma}+H_s-h_1-\frac{p_v}{\gamma}=\frac{101{,}325}{9{,}810}+6-2-\frac{2{,}000}{9{,}810}=14.1\ \text{m}$$

02 표준대기압 하에서 80℃의 물을 펌프로 끌어올릴 수 있는 최대높이[m]를 구하라. (단, 손실은 무시하고 80℃에서 물의 증기압은 47.3 kPa이라고 가정한다.)

풀이

$$47.3\ \text{kPa}=47{,}300\ \text{Pa}$$

$$47{,}300\ \text{Pa}\times\frac{10.33\ \text{m}}{101{,}325\ \text{Pa}}=4.822\ \text{m}$$

$$10.33\ \text{m}-4.822\ \text{m}=5.5\ \text{m}$$

03 4단 펌프를 사용하여 소화 용수를 공급하려고 한다. 펌프의 흡입 측 압력이 0.5 kg_f/cm^2며 토출 측 압력이 10.5 kg_f/cm^2가 되게 하기 위한 펌프의 가압능력(압축비)을 구하라.

풀이

$$\text{펌프의 가압능력(압축비)}=\sqrt{\frac{p_2}{p_1}}=\sqrt{\frac{10.5}{0.5}}=4.58$$

04 물 올림 중인 어느 수평 회전축 원심펌프에서 흡입구 측에 설치된 연성 압력계가 460 mmHg을 가리키고 있었다면 이 펌프의 이론흡입 양정[mH_2O]을 구하라. (단, 대기압은 절대압력으로 1.03 kg_f/cm^2라고 한다.)

풀이

$$\frac{460\ \text{mmHg}\times 10.3\ \text{mH}_2\text{O}}{760\ \text{mmHg}}=6.23\ \text{mH}_2\text{O}$$

05 송풍기의 풍량은 $Q=750\ \text{m}^3/\text{min}$, 전압은 $p_t=60\ \text{mmAq}$, 효율은 55%, 전달계수는 1.15일 때 배연기의 축 동력[kW]을 구하라.

풀이

$$L=\frac{pQ}{102\times 60\times E}\times K=\frac{750\times 60}{102\times 60\times 0.55}\times 1.15=15.4\text{kW}$$

06 송풍기의 전압이 150 mmAq, 풍량이 20 m^3/min, 전압효율이 0.6일 때 축동력[W]을 구하라.

풀이

$$L=\frac{pQ}{102\times 60\times E}=\frac{150\times 20}{102\times 60\times 0.6}=0.816\ \text{kW}=816\ \text{W}$$

07 소화 펌프의 토출량이 48 m^3/h, 양정 50 m, 펌프 효율 67%일 때 필요한 축동력[kW]을 구하라.

풀이

$$L=\frac{0.163\times Q\times H}{E}=\frac{0.163\times \dfrac{48}{60}\times 50}{0.67}=9.73\ \text{kW}$$

08 송풍기의 풍량은 $Q=750\ \text{m}^3/\text{min}$, 전압은 $p_t=60\ \text{mmAq}$, 효율은 55%, 전달계수는 1.15일 때 배연기의 축 동력[kW]을 구하라.

풀이

$$L=\frac{pQ}{102\times 60\times E}\times K=\frac{750\times 60}{102\times 60\times 0.55}\times 1.15=15.4\text{kW}$$

09 효율 80%의 펌프가 물을 전 양정 20 m, 중량 유량 0.7 kN/s로 송출하는데 필요한 축동력[kW]을 구하라.

풀이

$$G=\gamma Au=\gamma Q$$

$$Q=\frac{G}{\gamma}=\frac{700\ \text{N/s}}{9{,}810\ \text{N/m}^3}=0.0714\ \text{m}^3/\text{s}=4.28\ \text{m}^3/\text{min}$$

$$L=\frac{0.163\times Q\times H}{E}\times K=\frac{0.163\times 4.29\times 20}{0.8}\times 1=17.44\ \text{kW}$$

10 어떤 수평관 속에 물이 2.8 m/s의 평균속도와 46 kPa의 압력으로 흐르고 있다. 이 물의 유량이 0.75 m^3/s이고 손실수두를 무시할 경우 물의 동력[kW]을 구하라.

풀이

p kg_f/m^2, Q m^3/s일 경우

$101{,}325\ Pa : 10{,}332\ kg_f/m^2 = 46{,}000 : x$

$x = 4{,}690\ kg_f/m^2$

$$L = \frac{pQ}{102} = \frac{4{,}690 \times 0.75}{102} = 34.5\ kW$$

11 송풍기의 전압이 150 mmAq, 풍량이 20 m^3/min, 전압효율이 0.6일 때 축동력[W]을 구하라.

풀이

$$\eta = \frac{L_a}{L},\ L = \frac{L_a}{\eta} = \frac{490}{0.6} = 817\ W$$

$$L_a = \frac{Qp}{102 \times 60} = \frac{20 \times 150}{102 \times 60} = 0.49\ kW$$

12 펌프 입구에서의 압력 80 kPa, 출구에서의 압력 160 kPa이고 이 두 곳의 높이차(출구가 높음)가 1 m이다. 입구 및 출구 관의 직경은 같으며 송출 유량이 0.02 m^3/s일 때 효율 90%인 펌프에 필요한 동력[kW]을 구하라.

풀이

$$H = \frac{p_d + p_s}{\gamma} + 1 = \frac{240{,}000}{9{,}810} + 1 = 25.5\ m$$

$$L = \frac{0.163 \times Q \times H}{E} = \frac{0.163 \times (0.02 \times 60) \times 25.5}{0.9} = 5.54\ kW$$

13 펌프로부터 1.5 m 아래에 있는 물을 펌프 위 20 m의 송출 액면에 유량 0.6 m^3/min로 양수하고자 할 때 펌프에 공급해야 할 동력[kW]을 구하라.

풀이

$$L = \frac{\gamma Q H}{102 \times 60} = \frac{1{,}000 \times 0.6 \times (21.5 + 3)}{102 \times 60} = 2.4\ kW$$

14 양정 220 m, 회전수 $N=2,900$ rpm, 비교회전도 176인 4단 원심펌프에서 유량 Q [m^3/min]를 구하라.

풀이

$$n_s = \frac{N\sqrt{Q}}{\left(\frac{H}{i}\right)^{3/4}} = \frac{2,900\sqrt{Q}}{\left(\frac{220}{4}\right)^{3/4}} = 176$$

$Q = 1.5\ \ \text{m}^3/\text{min}$

15 양정 220 m, 유량 1.5 m^3/min, $N=2,900$ rpm인 4단 원심펌프의 비교회전도 n_s를 구하라.

풀이

$$n_s = \frac{N\sqrt{Q}}{\left(\frac{H}{i}\right)^{3/4}} = \frac{2,900\sqrt{1.5}}{\left(\frac{220}{4}\right)^{3/4}} = 176$$

16 토출량 1.6 m^3/min, 임펠러의 회전수가 1,000 rpm인 송수 펌프가 있다. 이 송수 펌프의 임펠러 회전수를 1,400 rpm으로 변경했을 때 토출량[m^3/min]을 구하라.

풀이

$$Q_2 = \left(\frac{N_2}{N_1}\right) \times Q_1 = \left(\frac{1,400}{1,000}\right) \times 1.6 = 2.24\,\text{m}^3/\text{min}$$

17 토출량 0.5 m^3/min, 임펠러의 회전수가 800 rpm인 펌프가 있다. 이 펌프의 토출량을 0.8 m^3/min으로 하기 위한 펌프의 회전수[rpm]를 구하라.

풀이

$$N_2 = \frac{Q_2}{Q_1} \times N_1 = \frac{0.8}{0.5} \times 800 = 1,280\ \text{rpm}$$

18 양정 45 m, 임펠러의 회전수가 600 rpm인 펌프가 있다. 이 펌프의 임펠러 회전수를 800 rpm으로 했을 때 양정[m]을 구하라.

풀이

$$H_2 = \left(\frac{N_2}{N_1}\right)^2 \times H_1 = \left(\frac{800}{600}\right)^2 \times 45 = 80\ \ \text{m}$$

19 하나의 잘 설계된 원심펌프의 임펠러 직경이 10 cm이다. 똑같은 모양의 펌프를 임펠러 직경이 20 cm로 만들었을 때 같은 회전수에서 운전하면 새로운 펌프의 설계점 성능특성 중 유량은 몇 배가 되는가? (단, 레이놀즈수의 영향은 무시한다.)

풀이

$$Q_2 = Q_1 \times \left(\frac{N_2}{N_1}\right) \times \left(\frac{d_2}{d_1}\right)^3 = Q_1\left(\frac{20}{10}\right)^3 = 8Q_1$$

20 회전수 1,000 rpm, 전 양정 60 m에서 0.12 m^3/s의 물을 배출하는 펌프의 축동력이 100 kW이다. 이 펌프와 상사인 펌프의 크기가 3배이면서 500 rpm으로 운전될 때의 축동력[kW]을 구하라.

풀이

$$L_2 = L_1\left(\frac{N_2}{N_1}\right)^3\left(\frac{d_2}{d_1}\right)^5 = 100 \times \left(\frac{500}{1{,}000}\right)^3 \times 3^5 = 3{,}037.5 \text{ kW}$$

21 매분 1,400 회전하는 펌프가 12.6 m의 양정에 대해서 0.07 m^3/s의 유량을 방출한다. 상사 법칙을 만족하면서 매분 1,450 회전할 경우 양정[m]을 구하라.

풀이

$$H_2 = \left(\frac{N_2}{N_1}\right)^2 \times H_1 = \left(\frac{1{,}450}{1{,}400}\right)^2 \times 12.6 = 13.52 \text{ m}$$

22 회전속도 1,000 rpm일 때 송출량 Q m^3/min, 전 양정 H m인 원심펌프가 상사한 조건에서 회전속도가 1,200 rpm으로 작동할 때 유량 및 전 양정을 구하라.

풀이

$$Q_2 = Q_1\left(\frac{N_2}{N_1}\right) = \left(\frac{120}{100}\right)Q_1 = 1.2Q$$

$$H_2 = H_1\left(\frac{N_2}{N_1}\right)^2 = \left(\frac{120}{100}\right)^2 H_1 = 1.44H_1$$

23 양정 1 H, 1 Q인 송수 펌프 2대를 직렬로 연결하였을 경우 펌프의 양정과 토출량의 값을 구하라.

풀이

양정이 1H, 토출량이 1Q인 송수 펌프 2대를 병렬로 연결하면 이 송수 펌프의 양정은 1H이며 토출량은 2Q이다. 하지만 2대의 펌프를 직렬로 연결하면 양정은 2배가 되고 토출량은 변하지 않는다.

24 흡입 측의 압력이 2 kg_f/cm^2인 송수 펌프를 압축비 2로 3단 압축할 경우, 펌프의 토출압력 [kg_f/cm^2]을 구하라.

풀이

압축비 $r=\sqrt[\epsilon]{\dfrac{p_2}{p_1}}$

$p_2=r^{\epsilon}\times p_1=2^3\times 2=16\ \ kg_f/cm^2$

25 운전 중인 펌프의 압력계를 조사하니 펌프의 입구 측은 150 mmHg 진공이고 출구 측은 300 kPa 이다. 펌프의 전양정[m]은 얼마인가? 단, 출구 측 압력계는 입구 측 압력계보다 1 m 높은 곳에 있고 입구와 출구 측 관의 직경은 같다.

풀이

펌프 입구 (1), 출구 (2)에 대하여 베르누이 방정식을 적용하면 전양정 H는

$$\frac{u_1^2}{2g}+\frac{p_1}{\gamma}+z_1+H=\frac{u_2^2}{2g}+\frac{p_2}{\gamma}+z_2$$

$$H=\frac{u_2^2-u_1^2}{2g}+\frac{p_2-p_1}{\gamma}+(z_2-z_1)$$

관의 직경이 입구와 출구가 같으므로 $u_1=u_2$이고 $z_2-z_1=1\ \ m$이다.

$$p_2-p_1=300-\left(-\frac{150\times 101.325}{760}\right)=320\ \ kPa$$

$$H=\frac{320\times 10^3}{9,810}+1=32.6\ \ m$$

26 원심펌프의 이론 양정이 8 m, 유량이 0.2 m^3/s이다. 펌프 구동에 필요한 동력[kW]을 구하시오.

풀이

$L_t=\gamma QH_t$이므로

$L_t=\gamma QH_t=9810\times 0.2\times 8=15,696\ \ W=15.7\ \ kW$

27 임펠러 출구 직경이 300 mm, 내경 140 mm인 원심펌프가 회전수 500 rpm으로 운전될 때 임펠러의 외경과 내경에서 유체의 원주 방향 속도가 14 m/s, 0 m/s로서 유량이 3.0 m^3/min이라 하면 펌프에 필요한 동력[W]을 구하시오.

풀이

회전수를 n이라 하여 펌프 수두를 구하면

$$u_2=\frac{\pi dn}{60}$$

원주 속도는 $u_2\cos\alpha_2 = 14$ 이고 $u_1\cos\alpha_1 = 0$ 이다.

$$H_t = \frac{V_2 u_2 \cos\alpha_2 - V_1 u_1 \cos\alpha_1}{g}$$

$$= \frac{1}{g}\left(\frac{\pi \times 0.3 \times 500}{60} \times 14 - 0\right) = 11.2 \text{ m}$$

$$L = \gamma Q H = 9810 \times \frac{3}{60} \times 11.2 = 5{,}493.6 \text{ W}$$

28 전양정 $H=$,30 m 유량 $Q=1.2$ m^3/min의 펌프를 설계하려 한다. 펌프의 효율을 70%로 하면 펌프의 동력[W]은 얼마가 필요한가?

풀이

펌프의 축동력을 L_t라 하면

$$\eta_p = \frac{\gamma Q H}{L_t}$$

$$L_t = \frac{\gamma Q H}{\eta_p} = \frac{9810 \times 1.2 \times 30}{0.7 \times 60} = 8{,}408.6 \text{ W}$$

29 흡입관의 내경 200 mm, 토출관의 내경 150 mm인 원심펌프의 유량이 6 m^3/min이고 펌프 기준면에서 측정한 흡입압력이 150 mmHg의 진공압력이고 기준면에서 수직 상방향으로 1.5 m 위에 있는 토출관의 압력이 150 kPa이며 펌프를 구동하는 동력은 22 kW이다. 펌프의 효율을 구하시오.

풀이

흡입관의 유속은

$$u_1 = \frac{Q}{A_1} = \frac{4 \times 6}{\pi \times 0.2^2 \times 60} = 3.2 \text{ m/s}$$

토출관의 유속은

$$u_2 = \frac{Q}{A_2} = \frac{4 \times 6}{\pi \times 0.15^2 \times 60} = 5.7 \text{ m/s}$$

흡입관의 압력은

$$p_1 = -101.325 \times \frac{150}{760} = -20.0 \text{ kPa}$$

토출관의 압력은

$$p_2 = 150 \text{ kPa}$$

$$H_p = \frac{p_2 - p_1}{\gamma} + \frac{u_2^2 - u_1^2}{2g} + z = \frac{(150+20) \times 10^3}{9810} + \frac{5.7^2 - 3.2^2}{2 \times 9.81} + 1.5 = 20 \text{ m}$$

$$\eta_p = \frac{L_p}{L_t} = \frac{\gamma Q H_p}{L_t} = \frac{9810 \times 6 \times 20}{60 \times 22000} = 0.892 = 89.2\%$$

30 어떤 펌프가 1000 rpm으로 회전하여 전양정 9 m에 유량 0.01 m^3/s의 물을 방출한다. 펌프가 1,550 rpm으로 운전된다면 유량[m^3/s]은 얼마가 되는가?

풀이

동일펌프이므로

$$\frac{D'}{D}=1$$

$$Q'=Q\left(\frac{D'}{D}\right)^3\left(\frac{n'}{n}\right)=0.01\times\frac{1550}{1000}=0.0155\ \ m^3/s$$

31 펌프가 2000 rpm으로 회전하고 있다. 전양정 60 m에서 0.12 m^3/s의 물을 배출하고 펌프의 축동력은 150 kW이다. 이 펌프와 상사인 펌프가 크기가 2배이며 1500 rpm으로 운전되고 있다. 이 펌프의 축동력[kW]을 구하시오.

풀이

$\frac{D'}{D}=2$로 주어졌으므로

$$\frac{L'}{L}=\left(\frac{D'}{D}\right)^5\left(\frac{n'}{n}\right)^3$$

$$L'=L\left(\frac{D'}{D}\right)^5\left(\frac{n'}{n}\right)^3=150\times2^5\times\left(\frac{1500}{2000}\right)^3=2{,}025\ \ kW$$

32 원심펌프의 흡입 측 진공계 읽음이 50 cmHg이고 토출 측 압력계 읽음이 400 kPa일 경우 펌프의 전양정[m]을 구하시오. 단, 흡입관과 토출관의 직경은 동일하다.

풀이

흡입 양정과 토출 양정을 합하면 전양정이 되므로 각각을 구하면 흡입 양정은

$$p_i=50\ \ cmHg=\frac{500}{760}\times101325=66661.2\ \ Pa$$

$$\frac{p_i}{\gamma}=\frac{66661.2}{9810}=6.8\ \ m$$

토출 양정은 $\frac{p_o}{\gamma}=\frac{400000}{9810}=40.8\ \ m$

전 양정은 $H=40.8+6.8=47.6\ \ m$

33 유효낙차 70 m, 유량 85 m^3/s의 물을 이용하여 43,000 kW의 전기를 생산하는 수차의 효율을 구하시오.

풀이

$$L_f = \gamma Q H_T = 9810 \times 85 \times 70 = 58369500 \text{ W}$$

$$\eta_T = \frac{L_t}{L_f} = \frac{43000000}{58369500} = 0.737$$

34 수차의 유효낙차가 100 m이다. 이론적으로 2500 kW의 출력을 얻으려면 유량[m^3/s]은 얼마나 되어야 하는가?

풀이

이론 동력은 $L = \gamma H Q$이므로

$$Q = \frac{L}{\gamma H} = \frac{2500000}{9810 \times 100} = 2.55 \text{ m}^3/\text{s}$$

참고문헌

- Çengel, Y. A., & Cimbala, J. M. (2017). Fluid Mechanics : Fundamentals and Applications. McGraw-Hill Education.
- Moran, M. J., Shapiro, H. N., Boettner, D. D., & Bailey, M. B. (2014). Fundamentals of Engineering Thermodynamics. Wiley.
- Incropera, F. P., DeWitt, D. P., Bergman, T. L., & Lavine, A. S. (2011). Fundamentals of Heat and Mass Transfer. Wiley.
- Fox, R. W., McDonald, A. T., & Pritchard, P. J. (2020). Introduction to Fluid Mechanics. Wiley.
- White, F. M. (2016). Fluid Mechanics. McGraw-Hill.
- 한국소방기술연구소 (2022). 소방 유체역학 실무 적용.
- 한국소방산업기술원 (2021). 소방설비기술기준 해설.
- 국립재난안전연구원 (2019). 소방유체역학과 화재진압 적용 연구.
- 한국소방안전원 (2021). 소방펌프 및 배관 시스템 설계 기준.
- Panton, R. L. (2013). Incompressible Flow. Wiley.

CHAPTER 08

소방 유체역학 실무 사례 연구

1 소방 배관망 설계 사례 분석
2 소방펌프 성능 해석 및 유지보수
3 화재 현장에서의 유체역학 적용 사례

CHAPTER 08

소방 유체역학 실무 사례 연구

학습목표

- 소방 배관망의 설계 원칙을 이해하고, 실제 사례를 분석할 수 있다.
- 소방펌프의 성능 해석 방법과 유지보수 절차를 익혀 실무 적용성을 높일 수 있다.
- 화재 현장에서의 유체역학적 원리를 분석하고, 방수 패턴과 배연 효과를 활용한 최적의 대응 방안을 도출할 수 있다.
- 실무 사례를 기반으로 소방 시스템의 효율성을 개선하고 유지관리 방안을 제안할 수 있다.
- 최신 소방 유체역학 기술과 사례 연구를 통해 현장 적용 능력을 향상시킬 수 있다.

1 소방 배관망 설계 사례 분석

1.1 소방 배관망의 중요성

소방 배관망은 화재 발생 시 신속하고 지속적인 소방 용수 공급을 가능하게 하는 중요한 요소이다. 적절한 설계가 이루어지지 않으면 방수량 부족, 압력 저하, 시스템 고장 등의 문제가 발생할 수 있다. 배관망의 설계는 화재진압 속도와 효과성뿐만 아니라 소방 장비의 성능을 극대화하는 데 중요한 역할을 한다.

소방 배관망 설계 시 주요 고려 요소들은 다음과 같다.

1. 배관 직경 및 재질 선택

- 배관 직경이 클수록 마찰 손실이 줄어들고, 더 많은 유량을 공급할 수 있다.
- 배관 재질에 따라 내구성, 유지보수, 부식 저항성이 다르므로 설치 환경에 맞게 적절한 재료를 선택해야 한다.
- 일반적인 소방 배관 재질 : 강관(Steel Pipe), 동관(Copper Pipe), PVC, CPVC 등

2. 마찰 손실 및 압력강하 분석

- 소방 배관망 내 유체는 마찰에 의해 에너지를 잃으며, 이로 인해 압력강하가 발생한다.
- 마찰 손실 공식 (Darcy-Weisbach 공식 사용)

$$h_f = f\frac{L}{D}\frac{v^2}{2g} \tag{8.1}$$

여기서, h_f : 마찰 손실 수두 (m), f : 마찰 계수, L : 배관 길이 (m), D : 배관 직경 (m), v : 유속 (m/s), g : 중력가속도 (9.81 m/s^2)

3. 유량 및 흐름 속도 최적화

- 소화전, 스프링클러, 물 분무 시스템 등은 각기 다른 유량 요구사항을 가지므로 이를 충족하도록 배관 설계를 최적화해야 한다.
- 유속이 너무 빠르면 배관 마모 및 소음 발생, 너무 느리면 효율 저하 및 압력 손실 증가 가능성이 있다.

표 8.1 소방 배관망 설계 시 주요 변수

변수	설명	일반적인 값
유량 (ℓ/min)	배관을 통해 흐르는 물의 양	100 ~ 1000 ℓ/min
유속 (m/s)	배관 내 물 흐름 속도	1.5 ~ 5.0 m/s
마찰 손실 (Pa)	배관 내 압력 강하	0.1 ~ 5.0 kPa/m
최소 압력 (kPa)	소방 시스템 정상 작동을 위한 최소 압력	700 ~ 1200 kPa
배관 직경 (mm)	적용되는 배관의 내경	50 ~ 150 mm

1.2 배관망 설계 기준 및 사례

배관망 설계는 국내 및 국제 소방 기준을 준수해야 하며, 건물의 특성에 따라 적절한 설계를 수행해야 한다.

소방 배관망 설계 시 적용되는 주요 기준은 다음과 같다.

- NFPA 13 – 스프링클러 시스템 설계 기준

- NFPA 14 – 소화전 및 스탠드파이프 시스템 설계 기준
- NFPA 20 – 소방펌프 시스템 설계 기준
- 국내 소방시설법 및 배관 설계 기준 – 건축물 소방 배관망 설계 필수 기준

1.3 소방 배관망 설계 사례

1. 설계 사례 1 : 고층 건물 소방 배관망 설계

1) 고층 건물에서는 층별 압력 차이를 고려해야 함

- 높은 층에서는 자연적인 압력강하가 발생하기 때문에 추가적인 부스터 펌프 설치가 필요할 수 있다.
- 압력조정밸브(PRV)를 설치하여 높은 층에서 과도한 압력을 방지

2) 중간 저장 탱크 또는 압력조정밸브(PRV) 설치

- 스프링클러 및 소화전의 최적 압력을 유지하기 위해 중간 저장 탱크(Intermediate Storage Tank) 및 압력조절밸브를 활용

3) 스프링클러 및 소화전 배관 분리 설계

- 고층 건물에서는 스프링클러 시스템과 소화전 시스템을 별도 배관망으로 분리하여 독립적인 압력 및 유량을 유지하도록 설계

그림 8.1 고층 건물 소방 배관망 개요

2. 설계 사례 2 : 산업시설 내 소방 배관망

1) 대형 배관망의 마찰 손실 저감

- 배관 직경을 넓혀 유속을 낮추고 압력 손실을 최소화
- 긴 배관 구간에는 추가적인 펌프 스테이션 설치 가능

2) 화재 시 흐름 해석을 통한 효율적 대응 방안 마련

- 시뮬레이션을 이용한 유량 및 압력 해석을 통해 배관망 내 최적 흐름 설계
- 특정 구역의 유량이 부족해지지 않도록 분배 시스템 구축

3) 자동 밸브 및 경보 시스템 연계

- 자동 밸브가 작동하여 필요한 구역으로 유량을 신속하게 공급
- 시스템 이상 시 경보가 울려 즉각적인 점검 및 대응이 가능하도록 설계

표 8.2 산업 시설 내 소방 배관망 설계 변수

요소	설계 기준	적용 방법
최소 배관 직경	100 mm 이상	소방 펌프 시스템 고려
최소 유속	1.5 m/s	유속이 낮을 경우 배관 침전물 발생 가능
마찰 손실	3 kPa/m 이하	과도한 압력 강하 방지

1.4 소방 배관망 최적화 방안

1. 배관 직경 확대를 통한 압력 손실 최소화

- 기존 설계에서 직경이 작은 배관을 사용하면 마찰 손실이 증가하므로, 보다 넓은 직경의 배관을 사용할 필요가 있다.

2. 적절한 펌프 배치 및 추가 압력 조정 장치 활용

- 일정 거리를 두고 중간 펌프를 설치하여 압력을 유지

3. 유체 해석을 이용한 최적 설계 적용

- CFD(Computational Fluid Dynamics) 해석을 통해 유체 흐름 및 압력 분포 최적화

- 화재 발생 시 시뮬레이션을 통해 예상 유량과 압력 변화를 미리 분석

4. 자동 소방 시스템과의 연계 강화

- 스마트 센서를 활용한 자동 압력 조정 시스템 구축
- 배관망 내 유량, 압력 센서를 통해 실시간 모니터링 및 유지보수 가능

2 소방펌프 성능 해석 및 유지보수

소방펌프는 건물 내 소방 용수를 일정한 압력과 유량으로 공급하는 핵심 장비이다. 소방펌프의 성능은 다양한 요인에 의해 결정되며, 이를 지속해서 관리하고 유지보수하는 것이 시스템의 신뢰성을 확보하는 데 필수적이다.

2.1 소방펌프의 기능과 중요성

소방펌프는 화재 시 신속하게 소방 용수를 공급하여 화재 진압을 지원하는 장비로, 건물의 높이, 배관 시스템, 요구 유량에 따라 다양한 종류가 사용된다.

1. 소방펌프의 주요 기능

- 소방 용수 공급 : 소방용 배관망에 적절한 압력과 유량을 제공하여 소방 호스 및 스프링클러 시스템이 효과적으로 작동할 수 있도록 함
- 압력 유지 : 일정한 압력을 유지하여 화재 시 모든 층에서 균등한 방수 성능을 보장
- 유량 조절 : 유량과 압력을 조절하여 각 소방 시스템이 필요로 하는 최적의 조건을 제공

2. 소방펌프의 중요성

- 신뢰성 확보 : 화재 발생 시 즉각적인 작동을 보장해야 하므로, 사전 점검

및 유지보수가 필수

- 법적 기준 충족 : 소방펌프는 NFPA 20(소방용 펌프 기준) 및 국내 소방시설법에 따른 규정을 준수해야 함
- 배관망과의 연계 : 적절한 배관 설계를 통해 압력 손실을 최소화하고, 소방설비의 효율성을 극대화해야 함

2.2 소방펌프 성능 해석

소방펌프의 성능을 분석하기 위해서는 다양한 지표를 활용해야 한다. 이를 통해 최적의 운전 상태를 유지하고, 긴급 상황에서의 대응력을 극대화할 수 있다.

1. 성능 해석을 위한 주요 지표

1) 양정 (Total Head, m)

- 펌프가 공급할 수 있는 최대 압력 차이를 의미
- 배관 내 마찰 손실을 고려하여 충분한 양정이 보장되어야 함

2) 효율 (Pump Efficiency, %)

- 입력된 에너지 대비 출력되는 유압 에너지의 비율
- 고효율 펌프를 사용하면 에너지 절감 효과가 큼

3) 정격 유량 (Rated Flow, ℓ/min)

- 펌프가 최적의 상태에서 운전될 때 공급할 수 있는 유량
- 스프링클러 및 소화전 시스템의 수요량을 충족해야 함

4) 정격 압력 (Rated Pressure, kPa 또는 bar)

- 펌프가 일정한 유량을 공급할 때 유지하는 압력
- 일반적으로 7001,200 kPa (712 bar) 범위에서 설계됨

5) NPSH (Net Positive Suction Head, m)

- 펌프가 정상적으로 작동하기 위해 필요한 최소 흡입 압력

- 캐비테이션(cavitation)을 방지하기 위해 반드시 검토해야 하는 요소

2. 소방펌프 성능 곡선

소방펌프의 성능을 평가하기 위해 펌프 성능 곡선(Pump Performance Curve)을 활용한다. 성능 곡선은 다음과 같은 관계를 나타낸다.

- 유량 증가 → 압력 감소
- 유량 증가 → 효율 변화 (최대 효율 지점 존재)
- 최대 효율 지점 (BEP, Best Efficiency Point) : 가장 안정적인 작동 지점으로, 펌프의 수명을 연장하고 에너지 소비를 최소화할 수 있음

그림 8.2 소방펌프 성능 곡선

2.3 유지보수 방안

소방펌프는 지속적인 유지보수를 통해 신뢰성을 보장해야 한다. 이를 위해 일상 점검과 정기 점검을 체계적으로 수행해야 한다.

1. 일상 점검 항목

1) 펌프 외관 및 배관 연결 상태 확인

- 배관 연결부에서 누수가 없는지 점검
- 펌프 하우징의 균열 여부 확인

2) 윤활유 상태 및 베어링 마모 점검

- 회전 부품의 마찰을 최소화하기 위해 윤활 상태 확인
- 베어링이 과도하게 마모되었는지 점검

3) 전기 계통 및 제어 패널 점검

- 전기 모터의 상태 및 배선 점검
- 제어 패널의 경보 및 자동 작동 기능 확인

2. 정기 점검 항목

1) 압력 및 유량 테스트 수행

- 실제 방수 테스트를 통해 펌프의 유량과 압력이 정상적인지 점검

2) 캐비테이션 발생 여부 점검

- 흡입 배관 내 압력이 낮아질 경우 발생하는 기포 현상(캐비테이션)이 있는지 확인

3) 펌프 부품 교체 및 성능 재확인

- 씰, 개스킷, 베어링 등 마모된 부품 교체
- 교체 후 성능 곡선을 다시 분석하여 정상 작동 여부 확인

2.4 소방펌프의 유지보수 절차

소방펌프 유지보수는 체계적인 절차에 따라 진행되어야 한다.

표 8.3 소방펌프 유지보수 점검표 예시

점검 항목	점검 빈도	주요 확인 사항
배관 연결 상태	매월	누수 여부 확인
전기 계통 점검	매월	배선, 제어 패널 정상 작동 여부
유량 및 압력 테스트	매년	설계 기준 충족 여부 확인
베어링 및 윤활유 점검	매년	마모 및 윤활 상태 확인
캐비테이션 발생 여부	매년	흡입 압력 및 소음 분석

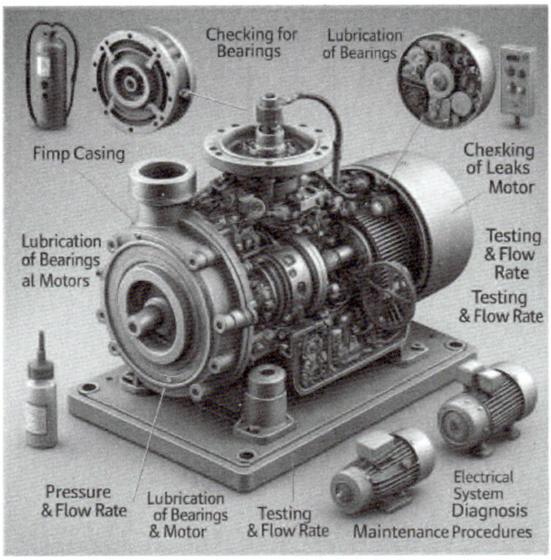

그림 8.3 소방펌프 유지보수 절차

그림 8.4 소방펌프의 효율적 운영을 위한 관리 절차

1. 사전 점검

- 배관 연결 상태 확인
- 전원 및 전기 계통 점검

2. 운전 테스트

- 실제 유량 및 압력 확인
- 이상 발생 여부 분석

3. 성능 기록 및 분석

- 유량, 압력, NPSH, 효율 측정
- 성능 곡선 비교

4. 부품 교체 및 정비

- 마모된 부품 교체
- 윤활유 보충 및 베어링 점검

5. 최종 점검 및 복구

- 모든 요소 정상 작동 여부 확인
- 테스트 후 복구 및 재설정

3 화재 현장에서의 유체역학 적용 사례

3.1 방수 패턴과 유체역학적 원리

화재진압에서 방수 방식은 효과적인 소화 성능을 결정하는 중요한 요소이다. 방수의 도달 거리, 확산 범위, 열 흡수 효율 등은 유체역학적 원리에 따라 결정된다.

1. 직사 방수 (Straight Stream)

- 높은 압력으로 먼 거리까지 방사하는 방식으로 강한 냉각 효과 제공
- 높은 운동 에너지를 유지하여 강한 화염을 효과적으로 제어
- 유체역학 적용 : 유속이 빠르며 뉴턴의 제2법칙(힘 = 질량 × 가속도)에 따라 높은 반작용력이 발생

2. 분무 방수 (Fog Stream)

- 미세한 물방울을 대량으로 분사하여 열을 흡수하고 산소 농도를 낮춤
- 넓은 면적을 커버하며 복사열 차단 효과가 뛰어남
- 유체역학 적용 : 베르누이 방정식에 의해 노즐 출구에서 압력이 낮아지면서 속도가 증가하고 미세 분무 형태로 방출됨

3. 커튼 방수 (Water Curtain Stream)

- 일정한 높이에서 물을 흘려내려 복사열 차단 및 연기 확산 방지
- 대형 화재에서 방어선 구축 및 연소 확산 방지에 유용
- 유체역학 적용 : 중력과 유속에 의해 형성되는 일정한 수막이 형성되며, 물 분자의 응집력과 표면장력에 의해 일정한 층 유지

표 8.4 방수 방식별 특성 비교

방수 방식	주요 특징	적용 사례	유체역학 원리
직사 방수	긴 도달 거리, 강한 충격력	고층 화재, 밀폐 공간 진압	높은 운동 에너지 유지, 뉴턴의 법칙
분무 방수	넓은 냉각 범위, 복사열 차단	실내 화재, 석유화학 시설	베르누이 원리 적용, 미세 입자 형성
커튼 방수	열 차단, 연기 억제	방화벽 보호, 대형 구조물 화재	중력, 표면장력, 유속 상호작용

그림 8.5 방수 패턴의 종류와 유체역학적 원리

3.2 배연 효과와 공기 흐름 제어

화재 현장에서 배연(Ventilation)은 유체역학적으로 연기의 흐름을 조절하여 시야 확보와 인명 구조를 용이하게 하는 중요한 전략이다.

1. 자연 배연 (Natural Ventilation)

- 건물 구조를 활용하여 연기를 배출
- 창문 개방, 천장 개구부 등을 이용한 공기 흐름 유도
- 유체역학 적용 : 부력 차이에 의해 더운 연기가 위로 상승하여 자연 배출됨

2. 기계 배연 (Mechanical Ventilation)

- 송풍기 및 배연 덕트를 이용하여 연기를 강제 배출
- 화재 시 인위적으로 공기 흐름을 조절하여 연기 층을 형성하고 대피 공간 확보
- 유체역학 적용 : 압력 차를 형성하여 강제 유도, 연기의 흐름을 최적화

3. 양압 배연 (Positive Pressure Ventilation, PPV)

- 외부에서 강한 송풍기로 공기를 주입하여 내부 연기를 밀어내는 방식
- 대피로를 유지하며 화재진압 중 소방관의 가시성 확보
- 유체역학 적용 : 송풍기의 유동량과 덕트 내 압력 분포를 조절하여 연기를 효과적으로 배출

표 8.5 배연 방식별 특성 비교

배연 방식	주요 특징	적용 사례	유체역학 원리
자연 배연	건물 구조 이용, 전력 소모 없음	창고, 산업 시설	부력 차이로 연기 상승
기계 배연	연기 배출 속도 조절 가능	고층 빌딩, 지하 시설	압력 차 이용한 공기 이동
양압 배연	연기 배출 속도 극대화, 가시성 확보	병원, 대형 공공시설	강제 송풍, 공기 흐름 조절

그림 8.6 배연 시스템 내 연기 흐름 분석

3.3 유체역학을 활용한 화재진압 사례 분석

소방 활동에서 유체역학적 원리를 실질적으로 적용한 사례를 살펴보면 더욱 효과적인 화재 대응이 가능하다.

사례 1 : 초고층 건물 화재진압

1) 문제점

- 고층에서는 방수 압력이 급격히 감소
- 연기의 수직 확산이 빠르고 대피 어려움

2) 해결책

- 고압 소방펌프를 사용하여 방수 압력 보정
- 양압 배연 시스템을 가동하여 연기 확산 최소화

사례 2 : 석유화학 공장 화재

1) 문제점

- 기름 화재는 물보다 가벼워 일반적인 방수로는 진압 어려움
- 높은 열 방출로 복사열 피해 가능성 증가

2) 해결책

- 물 분무 시스템과 포 소화 시스템을 결합하여 화재를 진압
- 강한 분무 방수를 이용하여 복사열을 차단

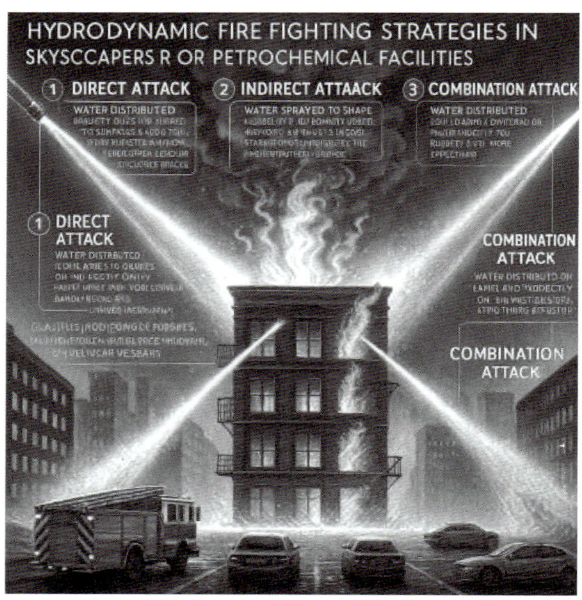

그림 8.7 초고층 건물 및 석유화학 시설의 유체역학적 화재 대응

참고문헌

- Fox, R. W., McDonald, A. T., & Pritchard, P. J. (2020). Introduction to Fluid Mechanics. Wiley.
- White, F. M. (2016). Fluid Mechanics. McGraw-Hill.
- Munson, B. R., Young, D. F., & Okiishi, T. H. (2015). Fundamentals of Fluid Mechanics. Wiley.
- 한국소방기술연구소 (2022). 소방 유체역학 실무 적용.
- 한국소방산업기술원 (2021). 소방설비기술기준 해설.
- 국립재난안전연구원 (2019). 소방유체역학과 화재진압 적용 연구.
- 한국소방안전원 (2021). 소방펌프 및 배관 시스템 설계 기준.
- Panton, R. L. (2013). Incompressible Flow. Wiley.
- 한국소방과학회 (2020). 소방 유체역학 연구 동향.

소방유체역학 **정가 17,000원**

저자 : 이해평

발행인 : 임정대
발행처 : 도서출판 화수목

발행 : 2025년 8월 13일

등록 : 제2014-000166호

주소 : 서울시 마포구 신촌로 2길 5-15
전화 : 02-338-9119
팩스 : 02-335-2201

ISBN 979-11-89933-49-4 (93530)